建筑工程防灾读本

方喜林　孙蓬鸥　主编

U0312728

中国环境出版社·北京

图书在版编目（CIP）数据

建筑工程防灾读本 / 方喜林，孙蓬鸥主编. —北京：
中国环境出版社，2014.5
ISBN 978-7-5111-1849-3

Ⅰ．①建…　Ⅱ．①方…②孙…　Ⅲ．①建筑工程—
防灾—普及读物　Ⅳ．①TU89-49

中国版本图书馆 CIP 数据核字（2014）第 088771 号

出 版 人　王新程
责任编辑　易　萌
责任校对　尹　芳
封面设计　金　喆

出版发行　**中国环境出版社**
　　　　　（100062　北京市东城区广渠门内大街 16 号）
　　　　　网　　址：http://www.cesp.com.cn
　　　　　电子邮箱：bjgl@cesp.com.cn
　　　　　联系电话：010-67112765（编辑管理部）
　　　　　　　　　　010-67150545（建筑图书出版中心）
　　　　　发行热线：010-67125803，010-67113405（传真）
印　　刷　北京中科印刷有限公司
经　　销　各地新华书店
版　　次　2014 年 5 月第 1 版
印　　次　2014 年 5 月第 1 次印刷
开　　本　787×1092　1/16
印　　张　16.5
字　　数　362 千字
定　　价　48.00 元

目　录

第一章 绪 论

第一节 概 述

在人类历史中，伴随人类社会的不仅仅只有人类文明、科学技术的进步，还有各种各样的灾害，它们为人类历史留下的是一页页触目惊心的篇章。从这种意义上讲，是人类成长过程付出的代价。随着人类社会工业化和城市化程度的提高，事故与灾害发生的概率与规模也随之增大，在过去的一个世纪里，自然的或人为的灾害给全球人类造成了巨大的伤害，灾害对于人类经济、社会发展的影响不断加剧，已成为可持续发展的隐患。

各种灾难一次次的给人类敲响了警钟，唤起世人对它的重视，防灾减灾是人类社会发展的重要主题。加强防灾减灾研究和防灾减灾建设是实现社会经济可持续发展的战略问题，是 21 世纪人类必须面对的重大挑战。据统计 2010 年全世界各种自然灾害造成了 26 万人死亡，财产损失更是无法估量。各种灾害还将直接威胁着人类未来的安全。

据统计，我国 70%以上的人口、80%以上的工农业、80%以上的城市承受着多种灾害的威胁。日益严峻的灾害和安全事故不容忽视，建立健全防灾减灾体系势在必行。经国务院批准，从 2009 年起，每年 5 月 12 日为全国"防灾减灾日"。我国是世界上自然灾害最为严重的国家之一，灾害种类多，分布地域广，发生频率高，造成损失重。在全球气候变暖和我国经济社会快速发展的背景下，我国面临的自然灾害形势严峻复杂，灾害风险进一步加剧，灾害损失日趋严重。"防灾减灾日"的设立，有利于唤起社会各界对防灾减灾工作的高度关注，有利于全社会防灾减灾意识的普遍增强，有利于推动全民防灾减灾知识和避灾自救技能的普及推广，有利于各级综合减灾能力的普遍提高，能最大限度地减轻自然灾害的损失。

一、基本概念

1. 安全

安全通常指各种事物（自然的和人为的）对人不产生危险、不导致危害、不产生事故、不造成损失，运行正常，进展顺利，平安祥和，国泰民安。

当代广义的安全指人们在从事生产、生活、生存活动的一切领域内，没有任何危险和伤害，可以身心安全、健康，能舒适、高效地从事活动。

安全的科学概念：安全是使人的身心免受外界不利因素影响的存在状态及保障条件。

2．灾害

联合国减灾组织给灾害下的定义是：一次在时间和空间上较为集中的事故，发生期间当地的人类群体及其财产遭到严重的威胁并造成巨大损失，以致家庭结构和社会结构也受到不可忽视的影响。

联合国灾害管理培训教材把灾害明确地定义为：自然或人为环境中对人类生命、财产和活动等社会功能的严重破坏，引起广泛的生命、物质或环境损失，这些损失超出了受影响社会靠自身资源进行抵御的能力。

3．防灾

防灾是指尽量防止灾害的发生以及防止区域内发生的灾害对人和人类社会造成不良影响。但这不仅指防御或防止灾害的发生，实际上还包括对灾害的监测、预报、防护、抗御、救援和灾后恢复重建等。

4．减灾

减灾包含两重意义：一是指采取措施减少灾害发生的次数和频率；二是指要减少或减轻灾害所造成的损失。

二、防灾减灾目标

自从人类社会诞生以来，各种灾害就形影不离地、时强时弱地不断威胁着人类的生存与发展。全世界每年由于各种灾害造成的经济损失占当年国民生产总值的10%～20%。灾害，特别是自然灾害所带来的一系列问题，严重地影响和制约着人类社会经济的发展。面对各种灾害的威胁，人类从来就没有被灾害所吓倒而显得束手无策。相反，在灾害发生时，人类总是冷静思考，努力抗争，把握生机，争取生存，保持和平。

为了避免或减少各种灾害对人类的威胁，世界各国都根据各自的能力制定了法律法规和防灾减灾目标。1989年12月22日联合国大会第44/236号决议宣告20世纪最后十年为"国际减轻自然灾害十年"。其目标是到2000年每个国家都做到在其发展规划中列入防灾的内容，包括灾害评估，国家和地区性防御计划，建立警报系统和紧急措施，使21世纪因自然灾害导致生命损失减少50%，经济损失减少10%～40%。为了实现这一目标，我国政府减灾委已针对重大灾害成立了调研组，规划了"减轻自然灾害系统工程"，提出2000

年达到减灾 30%。2020 年前达到减灾 50%的奋斗目标，平均每年给国家减少 100 亿～250 亿元的直接经济损失。

三、防灾减灾基本原则

中国人民在长期与灾害的斗争中积累了丰富的经验，制定了"预防为主、防治结合"，"防救结合"等一系列方针政策。防灾减灾的基本原则有：

（1）尽可能预防——运用技术预防措施和相应的法律法规提高防灾抗灾能力。

（2）控制损失——加强新技术开发应用，提高承灾能力。

（3）控制诱因——使用高技术性能材料，提高监控调控技术水平。

（4）消除隐患——改善技术环境，提高防灾意识。

（5）应急反应——提高装备水平和救灾能力。

第二节　灾害的类型

在全球范围内每年要产生各种各样的灾害。联合国公布了 20 世纪全球十项最具危害性的战争外灾难，分别是地震灾害、风灾、水灾、火灾、火山喷发、海洋灾难、生物灾难、地质灾难、交通灾难、环境污染。

对灾害进行分类的方法有很多种，一般按发生原因、发生过程等来分可概括为自然灾害和人为灾害两大类；对于自然灾害，还可按灾害特征和成因分类。

一、按灾害发生的原因分类

纵观人类的历史可以看出，灾害的发生原因主要有两种：一是自然变异，二是人为影响。而其表现形式也有两种，即自然灾害和人为灾害。

（1）自然灾害：以自然变异为主因产生的并表现为自然生态的灾害，如地震、风暴潮。

（2）人为灾害：以人为影响为主因产生的而且表现为人为的灾害，如人为引起的火灾和交通事故。

（3）自然人为灾害：由自然变异所引起的但却表现为人为的灾害，如太阳活动峰年发生的传染病大流行。

（4）人为自然灾害：由人为影响所产生的但却表现为自然态的灾害，如过量采伐森林引起的水土流失，过量开采地下水引起的地面沉陷等。

当然，灾害的过程往往是很复杂的，有时候一种灾害可由几种灾因引起，或者一种灾因会同时引起好几种不同的灾害。这时，灾害类型的确定就要根据起主导作用的灾因和其主要的表现形式而定。

人为灾害的发生可以是一些人有意识、有目的、有计划地制造出来的,如战争中的灾害就常常带有这种性质。在第二次世界大战中美国用一颗原子弹轰炸日本广岛,就是一个制造大规模灾害的例子。抗日战争初期,国民党军队为阻滞日本侵略军的进攻,不顾广大居民的死活,在河南郑州附近的花园口掘开黄河堤坝使黄河决口,造成大量的人员财产损失,也是一个显著的例子。另外,如人为纵火,常造成严重的人员和财产损失。但是大多数人为的灾害,并不是有意识、有目的、有计划地制造出来的,而是出于轻视,出于无知,出于疏忽,有时出于没有按照预先已经制定的防止灾害的规章制度办事,结果造成灾害。许多由于环境破坏造成的灾害就是出于轻视与无知。很多的煤矿事故,就是由于疏忽和违反防止灾害的规章制度而造成了重大责任事故。频频发生的建筑事故,大多因为当事人违反法律法规而酿成了严重后果。如 2008 年哈尔滨的高层住宅楼大火,就是操作人员失误造成的。

还有像大气污染、水污染、城市噪声、光污染、电磁波污染、臭氧层被破坏、核泄漏、飞机失事、易燃易爆物爆炸、战争等,都是人类有意或无意造成的。

由于我国正处于发展阶段,我们的灾难大多是人为的因素。我国是道路交通事故死亡人数最高的国家,我国交通事故的致死率也是世界最高的为 27.3%,而美国为 1.3%,日本只有 0.9%。同级地震,我们的伤亡也要比日本多得多。美国的煤炭百万吨死亡率仅为 0.03,一年死亡仅 30 多人,而我国煤矿事故死亡人数远远超过其他产煤国家事故死亡的总和,每生产百万吨煤炭就有近 3 名矿工遇难。

所谓自然灾害是指由于自然现象的变动使人类生存环境恶化的事实。而未影响到人类生存环境时,则不称为灾害。例如,在没有人类生存的沙漠中发生大地震而又没有影响到人类生存环境的话,这种地震就不成为自然灾害。但是在同样场合下发生火山爆发的话就可能对人类生存环境的气候、农业、交通等造成不良影响,这时火山爆发就成为自然灾害。

二、按灾害形成的过程分类

灾害形成的过程有长有短,有缓有急。有些灾害,当致灾因子的变化超过一定强度时,就会在几天、几小时甚至几分、几秒钟内表现为灾害行为,像火灾、爆炸、地震、洪水、飓风、风暴潮、冰雹等,这类灾害称为突发性灾害。旱灾,农作物和森林的病、虫、草害,流行性传染病等,虽然一般要在几个月的时间内成灾,但灾害的形成和结束仍然比较快速、明显,直接影响到国家的经济和人民的安全,所以也把它们列入突发性灾害。另外还有些灾害是在致灾因素长期发展的情况下,逐渐显现成灾的,如电线老化未及时更换引发火灾及土地沙漠化、水土流失、环境恶化等,这类灾害通常要几年或更长时间的发展,故称为缓发性灾害。一般来说,突发性灾害容易使人类猝不及防,因而常能造成死亡事件和很大的经济损失。缓发性灾害则影响面积比较大,持续时间比较长,虽然发展比较缓慢,但若不及时防治，同样也能造成人类的经济损失。

三、按自然灾害的类型特征和成因分类

自然灾害的分类是一个很复杂的问题，根据不同的考虑因素可以有许多不同的分类方法。

1. 按灾害特点、灾害管理及减灾系统

在中国发生的重要的自然灾害，考虑其特点和灾害管理及减灾系统的不同可归纳为七大类，每类又包括若干灾种。

（1）气象灾害：包括热带风暴、龙卷风、雷暴大风、干热风、干风、黑风、暴风雪、暴雨、寒潮、冷害、霜冻、雹灾及旱灾等。

（2）海洋灾害：包括风暴潮、海啸、潮灾、海浪、赤潮、海冰、海水入侵、海平面上升和海水回灌等。

（3）洪水灾害：包括洪涝灾害、江河泛滥等。

（4）地质灾害：包括崩塌、滑坡、泥石流、地裂缝、塌陷、火山、矿井突水突瓦斯、冻融、地面沉降、土地沙漠化、水土流失、土地盐碱化等。

（5）地震灾害：包括由地震引起的各种灾害以及由地震诱发的各种次生灾害，如沙土液化、喷沙冒水、城市大火、河流与水库决堤等。

（6）生物灾害：包括农作物病虫害、鼠害、农业气象灾害、农业环境灾害、流行性传染病等。

（7）森林灾害：包括森林病虫害、鼠害、森林火灾等。

2. 按自然灾害形成原因

人类赖以生存的地球表层，包括岩石圈、水圈、气圈和生物圈，不仅受着地球自身运动和变化的影响，而且也直接受太阳和其他天体的作用和影响。实际上，人类就是在不断地取之于自然又受制于自然的条件下生存和发展起来的。但是，自然界是在不断变化的，太阳对地球辐射能的变化，地球运动状态的改变，地球各圈层物质的运动和变异以及人类和生物的活动等因素，时常能破坏人类生存的和谐条件，导致自然灾害发生。

（1）若以自然灾害发生的原因划分，中国的自然灾害大致可分以下几类：

1）气象灾害和洪水：由大气圈变异活动所引起；

2）海洋灾害与海岸带灾害：由水圈变异活动所引起；

3）地质灾害与地震：由岩石圈活动所引起；

4）农、林病虫草鼠害：由生物圈变异活动所引起；

5）人为自然灾害：由人类活动所引起。

（2）若以地球所处宇宙环境和地球表面海陆分布来划分有：

1）天文灾害：宇宙射线等；

2）陆地灾害：地震、火山、台风等；

3）海洋灾害：海平面升高、厄尔尼诺现象等。

（3）若以地球四大圈层及成灾原因来划分有：

1）大气圈灾害：龙卷风、暴雨、寒潮等；

2）水圈灾害：洪涝、风暴潮、海啸等；

3）岩石圈灾害：山崩、泥石流、荒漠化等；

4）生物圈灾害：虫灾、鼠灾等。

（4）若以自然灾害波及范围分类有：

1）全球性灾害：磁暴等；

2）区域性灾害：洪涝、沙漠化等；

3）微域性灾害：地裂缝、地面下陷等。

（5）若以自然灾害出现时间的先后划分有：

1）原生灾害：如地震引起破坏；

2）次生灾害：如地震引发火灾；

3）衍生灾害：如灾害引起的社会动荡。

第三节　城市及建设工程安全和防灾减灾

中国是世界上自然灾害最严重的国家之一。中国自然灾害的多发性与严重性是由其特有的自然地理环境决定的，并与社会、经济发展状况密切相关。中国大陆东濒太平洋，面临世界上最大的台风源，西部为世界地势最高的青藏高原，陆海大气系统相互作用，关系复杂，天气形势异常多变，各种气象与海洋灾害时有发生；中国地势西高东低，降雨时空分布不均，易形成大范围的洪、涝、旱灾害；中国位于环太平洋与欧亚两大地震带之间，地壳活动剧烈，是世界上大陆地震最多和地质灾害严重的地区；西北是塔克拉玛干等大沙漠，风沙已危及东部大城市；西北部的黄土高原，泥沙冲刷而下，淤塞江河水库，造成一系列直接潜在的洪涝灾害。中国约有10%以上的大城市、半数以上的人口和75%以上的工农业产值分布在气象灾害、海洋灾害、洪水灾害和地震灾害都十分严重的沿海及东部平原丘陵地区，所以灾害的损失程度较大；中国具有多种病、虫、鼠、草害滋生和繁殖的条件，随着近期气候温暖化与环境污染加重，生物灾害也相当严重。其他灾害还有：大气污染、水污染、城市噪声、光污染、电磁波污染、臭氧层被破坏、核泄漏、易燃易爆物爆炸、雷电灾害、战争危险等。另外，近代大规模的开发活动，更加重了各种灾害的风险度。

我们的城市和遍布城乡的建设工程是我国经济发展水平的主要标志之一，国民收入的

50%，工业产值的 70%，工业利税的 80%和绝大部分科技力量都集中在城市；我国政府用于建设项目的投资数额巨大，每年达数万亿人民币。随着经济的发展，我国城市化进程加快，21 世纪中叶，我国城市人口估计将达到全国总人口的 50%以上。城市由于人口和财富集中，一旦发生灾害或突发事件，可能造成的损失和社会影响极大。

对于城市及建设工程安全和防灾减灾的内容主要有：

（1）防火灾：为预防和减轻因火灾对建筑设施造成损失而采取的各种预防和减灾措施。

（2）防地震灾害：为抵御和减轻地震灾害及由此引起的次生灾害，而采取的各种预防措施。

（3）防其他地质灾害：为抵御和减轻一些地质灾害及由此引起的次生灾害，而采取的各种预防措施。

（4）防洪水灾害：为抵御和减轻洪水造成灾害而采取的各种工程和非工程预防措施，根据所在地域的洪灾类型，以及历史性洪水灾害等因素，制定防洪的设防标准。为抵御和减轻洪水对城市造成灾害性损失而兴建的各种工程设施。

（5）防风灾：为抵御和减轻狂风造成的灾害及由此引起的次生灾害，而采取的各种预防措施。

（6）防雷电灾害：为防御雷电灾害对工程设施造成的灾害及由此引起的次生灾害，而采取的各种预防措施。

（7）城市防空：为防御和减轻城市因遭受常规武器、核武器、化学武器和细菌武器等空袭而造成危害和损失所采取的各种防御和减灾措施。

第四节　防灾减灾对策

现代科学观点认为各种灾害就个别而言有其偶然性和地区局限制，但从总体上看，它们有着明显的相关性和规律性。随着科学的发展，人类在长期与自然灾害的斗争中积累了丰富的经验。目前普遍的做法是，在满足各类建（构）筑物使用功能的同时，采用先进技术，提高其综合防灾能力。我国制定了"预防为主、防治结合"，"防救结合"等一系列方针政策和防灾减灾的法律法规，为城市和工程建设提供了依据。

一、防灾减灾基本原理

灾害的形成有三个重要的条件，即灾害源、灾害载体和承（受）灾体，因此，若要防止和减轻灾害的损失。就必须改善这三个条件，其主要措施是：

1. 消除灾害源或降低灾害源的强度

这一措施对减轻人为自然灾害的损失是有效的，如限制过量开采地下水，控制地面下沉和海水回灌；控制烟尘和二氧化碳的排放量，防止全球气温回升等。但是，面对自然变异所导致的自然灾害，特别是强度很大的自然灾害，如地震、海啸、飓风、暴雨等，现在人类还没有能力来减轻这些灾害源的强度，更不用说消除这些灾害载体了。

2. 改变灾害载体的能量和流通渠道

在与灾害长期作斗争的实践中，我国人民在这方面已积累了一定的经验，如用人工放炮的方法减小雹灾，用分洪、滞洪的方法减少洪水的流量和流向以减轻洪灾等，但是面对巨大的灾害载体，在现代科学发展水平的条件下，人类仍然束手无策。

3. 对受灾体采取避防与保护性措施

这是目前为了减轻灾害损失所采取的最主要的措施，如对建筑工程进行抗震设计和防火设计。以减少地震和火灾造成的损失；对山体边坡进行加固，以减少滑坡发生等。但是，面对突如其来的各种灾害，人类对于灾害发生的时间、强弱、损失大小的准确预测并采取非常有效的防护措施却不是很容易。

二、防灾减灾的总目标

（1）建立与社会、经济发展相适应的自然灾害综合防治体系，综合运用工程技术与法律、行政、经济、管理、教育等手段提高减灾能力，为社会安定与经济可持续发展提供更可靠的安全保障；

（2）加强灾害科学的研究，提高对各种自然灾害孕育、发生、发展、演变及时空分布规律的认识，促进现代化技术在防灾体系建设中的应用，因地制宜地实施减灾对策和协调灾害对发展的约束；

（3）当大灾害发生的情况下，努力减轻自然灾害的损失，防止灾情扩展，避免因不合理的开发行为导致的灾难性后果。保护有限而脆弱的生存条件，增强全社会承受自然灾害的能力。

三、防灾减灾战略措施

自然灾害对社会和经济发展已构成严重影响，它们已成为可持续发展的隐患。因此，加强减灾研究和减灾建设是实现社会和经济可持续发展的一个不可忽视的战略问题。为此提出如下几点减灾战略意见：

（1）加强减灾教育，提高减灾意识。减灾教育应是全民教育，有必要列入中小学课程内容，提高全民的防灾减灾意识，更重要的是要提高各级领导对减灾意义的认识，加强防灾减灾的投入，改变以往在这方面重抗灾轻防灾和重工程减灾轻非工程减灾的倾向。我们知道，科学技术对经济发展的重要作用主要体现在两方面：一是优化生产过程，提高生产效率，增加经济效益；二是防御灾害，减轻灾害的损失，从而获得相对的经济增值，从这个意义上说，减灾也是增产，也有重大经济效益。当前我国每年因自然灾害造成的直接经济损失是 1 700 亿元，如按国家减灾委提出的减轻灾害损失 30% 的目标，则每年可获得数百亿元的相对增值，可见其经济效益是相当可观的。

（2）加强减灾研究，加快发展高技术减灾。就目前的科学水平而言，我们对自然灾害形成规律的认识还是有限的，特别是对特大灾害和突发性的极端天气灾害的形成更缺乏了解，例如，对特大暴雨和强风暴的形成、台风移速和强度突变的原因等还不清楚，预测更加困难，对异常气候事件的预测也缺乏有效办法，为此有必要鼓励这方面的创新研究。近年来，我国对灾害监测、预警的手段已有很大改善，但还是比较落后，一些先进技术如飞机和卫星遥感监测、地理信息系统、全球定位系统、计算机网络和现代通信信息技术尚未广泛应用于减灾。需要加速发展高技术减灾，充分利用现代科学技术，迅速准确地获取灾害信息，及时、全面掌握重大自然灾害演变规律，提高国家综合减灾能力，最大限度地减轻自然灾害损失。

（3）进一步明确防灾重点，提高城市防灾能力。经济发达、人口密集的经济开发区和城市一旦遭遇重大自然灾害，其损失将会比其他地区大得多。因此，一般都视为防灾重点地区，应该特别注意这些地区的防灾工程和非工程建设，强化防灾教育和减灾法制教育，提高城市综合防灾减灾能力，特别是防灾技术和科学管理水平。

（4）把减灾建设纳入经济建设规划。减轻自然灾害损失是经济持续发展的必然要求，减灾建设既是经济发展也是社会发展的急需，有必要把减灾建设作为经济发展规划的一个组成部分，从而保证减灾建设的经费和技术投入。在经济建设中，必须把自然资源开发与减灾建设结合起来，注意加强资源、环境的管理和保护，合理开发利用自然资源，尽可能消除灾害隐患，确保社会和经济的可持续发展。

（5）加强减灾规划，提高减灾管理水平。制订减灾规划，加强灾害监测与预测，建立灾害预警系统与信息系统，开展风险评估与灾害区划，建立防灾减灾管理法规，使防灾、减灾管理规范化、科学化。

四、防灾减灾技术措施

考虑到目前的灾害形式，要有效地防灾减灾必须做到以下几点：

（1）灾害监测。包括灾害前兆监测、灾害发展趋势监测等。随时监测各种灾害，特别是洪水、干旱、地震等重大灾害发生情况。这些措施的减灾效果是很显著的，如 1970 年孟加拉国风暴潮死亡了 50 万人，后来由于建立了大风警报系统，1985 年遭受了同样规模的风暴潮，只死亡了 1 万人。

（2）灾害预报。对潜在灾害，包括发生时间、范围、规模等进行预测，为有效防灾做准备。这也是一项极其重要的减灾措施，如 1975 年我国地震工作者成功地预报了海城地震，结果拯救了数万人的生命，并减少了数 10 亿元的经济损失。

（3）防灾。即对自然灾害采取避防性措施，这是代价最小，且成效显著的减灾措施。

（4）抗灾。指对灾害所采取的工程性措施，如新中国成立后我国修建了 8 万多个水库，数十万千米的堤坝，为减轻洪灾起了巨大的作用。

（5）救灾。这是灾情已经开始或者遭灾之后最紧迫的减灾措施。当重大灾害发生时，快速准确提供灾情信息，是紧急救援所必须掌握的资料。必须制定有效的救灾预案并且常备不懈，方能取得明显的减灾效果。

（6）灾后重建。准确的灾情评估是灾后重建最主要的依据之一，而灾区生产和社会生活的恢复，也是重要的减灾措施。

第二章　建筑工程防震

地震是一种突发性、破坏性极大的自然灾害，它以其突发性及释放的巨大能量在瞬间造成大量建筑物和设施的毁坏而成灾，所造成的巨大破坏和损失居各种自然灾害之首，全球平均每年要发生百万次地震，具有破坏性的地震上千次。就各种自然灾害所造成的死亡人数而言，全世界死于地震的占各种自然灾害死亡总人数的 58%。我国大陆地震占全球大陆地震的 1/3，因地震死亡人数占全球的 1/2。2008 年 5 月 12 日汶川 8.0 级大地震是继 1976 年唐山大地震时隔 32 年后发生在我国的又一次毁灭性地震，造成了几十万人伤亡和数千亿元的直接和间接经济损失。随着我国城市化进程的加快，在城市中人口、基础设施、财富等高度聚集的同时，抗震防灾能力若没有得到相应的重视和提高，将会使人民的生命、财产遭到巨大的损失。因此，在建设活动中，必须考虑地震这个主要的环境地质因素，并采取必要的防震减灾措施。

第一节　概　述

一、地震的基本概念

地球表面的板块在不断地运动着。至于板块为什么会运动，则是一个尚在探索研究的课题。尽管其运动的原动力尚没有一个统一看法，各种学说也很多，但板块在不断的运动，是可以观测出来的。由于板块的运动，使板块不同部位的岩层受到了挤压、拉伸、旋扭等各种力的作用，当地下那些构造比较脆弱的处所，承受不了各种力的作用时，岩层就会突然发生破裂、错动，或者因局部岩层塌陷、火山喷发等发出震动，并以波的形式传到地表引起地面的颠簸和摇晃，同时激发出一种向四周传播出去的地震波，地震波传到地面时，引起地面震动，这就是地震。

地壳或地幔中发生地震的地方称为震源。震源在地面上的垂直投影称为震中。震中可以看作地面上震动的中心，震中附近地面震动最大，远离震中地面震动减弱。

震源与地面的垂直距离，称为震源深度。通常把震源深度在 70 km 以内的地震称为浅源地震，70～300 km 的称为中源地震，300 km 以上的称为深源地震。目前出现的最深的地震是 720 km。绝大部分的地震是浅源地震，震源深度多集中于 5～20 km，中源地震比较少，而深源地震为数更少。

同样大小的地震，当震源较浅时，波及范围较小，破坏性较大；当震源深度较大时，波及范围虽较大，但破坏性相对较小。多数破坏性地震都是浅震。深度超过 100 km 的地震，在地面上不会引起灾害。

地面上某一点到震中的直线距离，称为该点的震中距。震中距在 1 000 km 以内的地震，通常称为近震，大于 1 000 km 的称为远震。引起灾害的一般都是近震。

围绕震中的一定面积的地区，称为震中区，它表示一次地震时震害最严重的地区。强烈地震的震中区往往又称为极震区。

地震发生时，震源处产生剧烈振动，以弹性波方式向四周传播，此弹性波称地震波。地震波按传播方式分为两种类型：体波和面波。体波又分为纵波和横波。纵波是推进波，地壳中传播速度为 5.5～7 km/s，最先到达震中，又称 P 波，它使地面发生上下振动，破坏性较弱。横波是剪切波，在地壳中的传播速度为 3.2～4.0 km/s，第二个到达震中，又称 S 波，它使地面发生前后、左右抖动，破坏性较强。面波又称 L 波，是由纵波与横波在地表相遇后激发产生的混合波。其波长大，振幅强，只能沿地表面传播，是造成建筑物强烈破坏的主要因素。

地震对地表面及建筑物的破坏是通过地震波实现的。纵波引起地面上、下颠簸，横波使地面水平摇摆，面波则引起地面波状起伏。纵波先到，横波和面波随后到达，由于横波、面波振动更剧烈，造成的破坏也更大。随着与震中距离的增加，振动逐渐减弱，破坏逐渐减小，直至消失。

二、地震的活动及地震分布

世界上的地震主要集中在以下三个地震带：一是环太平洋地震带，世界上约 80% 的地震都发生在这一带。二是从印度尼西亚西部沿缅甸至我国横断山脉、喜马拉雅山区，穿越帕米尔高原，沿中亚细亚到地中海及附近一带，称为欧亚地震带。我国正好处在上述两大地震带之间。三是海岭地震带，它分布在大西洋、印度洋、太平洋东部、北冰洋和南极洲周边的海洋中，长度有 6 万多千米。

我国的地震活动主要分布在五个地区：一是台湾省及其附近海域；二是西南地区，主要是西藏、四川西部和云南中、西部；三是西北地区，主要是甘肃河西走廊、宁夏、天山南北麓；四是华北地区，太行山两侧、汾渭河谷、京津地区、山东中部和渤海湾；五是东南沿海，广西、广东、福建等地。在我国发生的地震又多又强，且大多数是浅源地震，震源深度大都在 20 km 以内。我国地震烈度为Ⅶ度和Ⅶ度以上地区的面积为 397 万 km²，占国土面积的 41%；Ⅵ度和Ⅵ度以上地区的面积为 758 万 km²，占国土面积的 79%。约有一半城市位于地震烈度Ⅶ度或Ⅶ度以上地区，其中，百万人口以上大城市约占 70%，还有北京、天津等城市位于地震烈度Ⅷ度地区。

三、地震震级与地震烈度

1．地震震级

地震有三要素，就是时空强，时间，发震时间；空间，震动位置；强度，地震强度。

地震震级表示地震本身强度大小的等级，是指一次地震时，震源处释放能量的大小。它用符号 M 表示。震级是地震固有的属性，与所释放的地震能量有关，释放的能量越大，震级越大。一次地震所释放的能量是固定的，因此无论在任何地方测定都只有一个震级，其数值是根据地震仪记录的地震波图确定的。

我国使用的震级是国际上通用的里氏震级，将地震震级划为 10 个等级，目前记录到的最大地震尚未超出 8.9 级。地震震级和能量的关系见表 2-1。

表 2-1 震级与能量关系表

地震震级	能量/erg	地震震级	能量/erg
1	2.00×10^{13}	6	6.31×10^{20}
2	6.31×10^{14}	7	2.00×10^{22}
3	2.00×10^{16}	8	6.31×10^{23}
4	6.31×10^{17}	8.5	3.55×10^{24}
5	2.00×10^{19}	8.9	1.41×10^{25}

从表 2-1 中可见，震级相差一级，能量相差 32 倍。一次大地震释放的能量是十分惊人的。到目前为止，世界上发生的最大地震是 1960 年智利 9.5 级大地震，其释放的能量转化为电能，相当于一个 122.5 万 kW 的电站 36 年的总发电量。

一般认为，小于 2 级的地震为微震；2～4 级为有感地震；5～6 级以上地震称破坏性地震；7 级以上地震，称强烈地震或大地震。

我国地震活动具有频度高、强度大、震源浅、分布广的特点。据统计，1900 年以前我国记录 6 级以上破坏性地震近 200 次，其中 8 级或 8 级以上的 8 次，7.0～7.9 级的 32 次。20 世纪以来，根据地震仪器记录资料统计，我国已发生 6 级以上强震 700 多次。其中 7.0～7.9 级的近 100 次，8 级或 8 级以上的 11 次。

2．地震烈度

（1）地震烈度。地震烈度是指地震时受震区的地面及建筑物遭受地震影响和破坏的程度。一次地震只有一个震级，而地震烈度却在不同地区有不同烈度。震中烈度最大，震中距越大，烈度越小。地震烈度的大小除与地震震级、震中距、震源深浅有关外，还与当地地质构造、地形、岩土性质等因素有关。

（2）地震烈度表。划分具体烈度等级是根据人的感觉，家具和物品所受振动的情况，房屋、道路及地面的破坏现象等因素的综合分析而进行的。地震烈度按不同的频度和强度通常可划分为小震烈度、中震烈度和大震烈度。所谓的小震烈度即为多遇地震烈度，是指在 50 年期限内，一般场地条件下，可能遭遇的超越概率为 63% 的地震烈度值，相当于 50 年一遇的地震烈度值；中震烈度即为基本烈度，是指在 50 年期限内，一般场地条件下，可能遭遇的超越概率为 10% 的地震烈度值，相当于 474 年一遇的地震烈度值；大震烈度即为罕遇地震烈度，是指在 50 年期限内，一般场地条件下，可能遭遇的超概率为 2%～3% 的地震烈度值，相当于 1 600～2 500 年一遇的地震烈度值。世界各国划分的地震烈度等级不完全相同，我国使用的是 12 度地震烈度表（见表 2-2）。表中将地震烈度根据不同地震情况分为 I～XII 度，每一烈度均有相应的地震力加速度和地震系数，以便烈度在工程上的应用。地震烈度小于 V 度的地区，具有一般安全系数的建筑物是足够稳定的；VI 度地区，一般建筑物不必采取加固措施，但应注意地震可能造成的影响；VII～IX 度地区，能造成建筑物损坏，必须按工程规范规定进行工程地质勘察，并采取有效防震措施；X 度以上地区属灾害性破坏地区，其勘察要求需作专门研究，选择建筑物场地时应尽可能避开不良地段并采取特殊防震措施。

表 2-2　中国地震烈度鉴定表

烈度	在地面上人的感觉	房屋震害程度		其他震害现象	水平向地面运动	
		震害现象	平均震害指数		峰值加速度/（m/s²）	峰值速度/（m/s）
I	无感					
II	室内个别静止中人有感觉					
III	室内少数静止中人有感觉	门窗轻微作响		悬挂物微动		
IV	室内多数人，室外少数人有感觉，少数人梦中惊醒	门窗作响		悬挂物明显摆动，器皿作响		
V	室内普遍，室外多数人有感觉，多数人梦中惊醒	门窗、屋顶、屋架颤动作响，灰土掉落，抹灰出现细微裂缝，有檐瓦掉落，个别屋顶烟囱掉砖		不稳定器物摇动或翻倒	0.31（0.22～0.44）	0.03（0.02～0.04）
VI	多数人站立不稳，少数人惊逃户外	损坏墙体出现裂缝，檐瓦掉落，少数屋顶烟囱裂缝、掉落	0～0.10		0.63（0.45～0.89）	0.06（0.05～0.09）

烈度	在地面上人的感觉	房屋震害程度		其他震害现象	水平向地面运动	
		震害现象	平均震害指数		峰值加速度/（m/s²）	峰值速度/（m/s）
VII	大多数人惊逃户外，骑自行车的人有感觉，行驶中的汽车驾乘人员有感觉	轻度破坏—局部破坏，开裂，小修或不需要修理可继续使用	0.11~0.30	河岸出现塌方；饱和沙层常见喷、冒水，松软土地上地裂缝较多；大多数独立砖烟囱中等破坏	1.25（0.90~1.77）	0.13（0.10~0.18）
VIII	多数人摇晃颠簸，行走困难	中等破坏—结构破坏，需要修复才能使用	0.31~0.50	干硬土上也出现裂缝；大多数独立砖烟囱严重破坏；树梢折断；房屋破坏导致人畜伤亡	2.50（1.78~3.53）	0.25（0.19~0.35）
IX	行动的人摔倒	严重破坏—结构严重破坏，局部倒塌。修复困难	0.51~0.70	干硬土上出现地方有裂缝；基岩可能出现裂缝、错动；滑坡塌方常见；独立砖烟囱倒塌	5.00（3.54~7.07）	0.50（0.36~0.71）
X	骑自行车的人会摔倒，处不稳状态的人会摔离原地，有抛起感	大多数倒塌	0.71~0.90	山崩和地震断裂出现；基岩上拱桥破坏；大多数独立砖烟囱从根部破坏或倒毁	10.00（7.08~14.14）	1.00（0.72~1.41）
XI		普遍倒塌	0.91~1.00	地震断裂延续很长，大量山崩滑坡		
XII				地面剧烈变化，山河改观		

注：表中的数量词：“个别”为 10% 以下，“少数”为 10%~50%，“多数”为 50%~70%，“大多数”为 70%~90%。“普遍”为 90% 以上。

震级与烈度是不同概念，一次地震只有一个震级，而随着离震中距离的远近有不同烈度，其对应关系见表 2-3。

表 2-3 震级与烈度对应关系

震级	3级以下	3	4	5	6	7	8	8级以上
震中烈度	I~II	III	IV~V	VI~VII	VII~VIII	IX	XI~X	XII

（3）工程应用地震烈度的划分。在工程建筑设计中，鉴定划分建筑区的地震烈度是很重要的，因为一个工程从建筑场地的选择，到建筑工程的抗震措施等都与地震烈度有密切的关系。

为了把地震烈度应用到工程实际中，地震烈度本身又可分为基本烈度、建筑场地烈度和设计烈度。

1）基本烈度。基本烈度是指一个地区在今后 100 年内，在一般场地条件下可能普遍遭遇的最大地震烈度（也叫区域烈度）。它是根据对一个地区的实地地震调查、地震历史记载、仪器记录并结合地质构造综合分析得出的。基本烈度提供的是地区内普遍遭遇的烈度。它所指的是一个较大范围的地区，而不是一个具体的工程建筑场地。国家地震局和建设部 1992 年颁布了新的《中国地震烈度区划图》，该图于 1990 年编制完成，图中所给出的烈度即为基本烈度。

地震基本烈度大于或等于Ⅶ度的地区为高烈度地震区。

2）建筑场地烈度。建筑场地烈度也称小区域烈度，它是指在建筑场地范围内，由于地质条件、地形地貌条件及水文地质条件不同而引起的基本烈度的提高或降低。通常可提高或降低半度至一度。但是，在新建工程的抗震设计中，不能单纯用调整烈度的方法来考虑场地的影响，而应针对不同的影响因素采用不同的抗震措施。

3）设计烈度。设计烈度是指在场地烈度的基础上，考虑建筑物的重要性、永久性、抗震性和修复的难易程度将基本烈度加以适当调整，调整后设计采用的烈度称为设计烈度，又称计算烈度或设防烈度。对于特别重要的建筑物，例如特大桥梁、长大隧道、高层建筑等，经国家批准，可提高烈度一度；对于重要建筑物，如各种公路工程建筑物、活动人数众多的公共建筑物等，可按基本烈度设计；对于一般建筑物如一般工业与民用建筑物，可降低烈度一度。但是，为保证属于大量的Ⅶ度地区的建筑物都有一定抗震能力，基本烈度为Ⅶ时，不再降低。对于临时建筑物，可不考虑设防。

第二节　地震的分类及成因

古今中外，地震灾害不断发生，但在很长一段时间里，地震到底是怎么回事，有哪几种地震，都不得其解，直到 1878 年，德国学者霍伊尔尼斯才把地震分成构造地震、火山地震和陷落地震三大类，并被世界各国学者所公认。

一、构造地震

由于地壳运动产生的自然力推挤地壳岩层，岩层薄弱部位突然发生断裂、错动引起地面震动称为构造地震。这种地震绝大部分都是浅源地震，由于它距地表很近，对地面的影响最显著，一些巨大的破坏性地震都属于这种类型。这种地震与构造运动的强弱有直接关系，破坏性最大。它分布于新生代以来地质构造运动最为剧烈的地区。构造地震是地震的最主要类型，约占地震总数的 90%。

二、火山地震

由于火山爆发，岩浆猛烈冲击地面时引起的地面振动称为火山地震。在世界一些大火山带都能观测到与火山活动有关的地震。火山活动有时相当猛烈，但地震波及的地区多局限于火山附近数十千米的范围。火山地震在我国很少见，主要分布在日本、印度尼西亚及南美等地。火山地震约占地震总数的 7%。这类地震一般规模较小，其影响范围小，不会造成大面积破坏。

三、陷落地震

由于洞穴崩塌、地层陷落等原因发生的地震，称为陷落地震。这类地震的地震能量小，震级小，影响范围很小，发生次数也很少，仅占地震总数的 3%。就全国而言，多发生在广西、贵州和云南东部地区。

除以上三类地震外，还有以下人为地震和天然地震。

（1）水库地震：因水库蓄水而诱发的地震。一是水的重量增大了基岩载荷；二是地基岩石的腐蚀作用，使岩石强度降低，水渗透到岩体裂缝中，使断裂更易滑动。

（2）爆炸地震：因开山炸石、工业大爆破或地下核爆炸所激发的地震。震级较小。

（3）油田注水诱发地震：利用注水井把水注入油层，以补充和保持油层压力的措施称为注水。水的注入使岩石产生水饱和，从而降低了岩石的抗剪强度。

（4）陨石坠落地面、山崩和海岸崩塌等造成的地震。

第三节　地震灾害的类型和造成灾害的原因

大地震时，不单在地表岩层中产生裂缝，更重要的是切过地壳表层且深入到地下岩层中的断裂，伴有明显的错动，这是地壳中的断层。这种断层长几十千米至数百千米，深十几千米或更深。一次大地震时除了一个主要断层活动外，同时还产生很多小断层。建造在地震断层上的各种建筑物和构筑物，在毁灭性的破坏中无一幸免。

一、地震造成灾害的类型

一次大地震造成的灾害可分为直接灾害、次生灾害和诱发灾害。

1. 地震的直接灾害

直接灾害是指强烈地震发生时，地面受地震波的冲击产生的强烈运动、断层运动及地壳变形等与地震有直接联系的灾害。

（1）地变形的破坏作用。

1）断裂错动、地裂缝与地倾斜。强烈地震时，地下断层面直达地表，地貌随之改变。显著的垂直位移造成断崖峭壁，过大的水平位移产生地形、地物的错位。挤压、扭曲造成地面的波状起伏和水平错动。由于这些断裂错位，使道路中断、铁轨扭曲、桥梁断裂、房屋破坏，严重的可使河流改道，水坝受损，直接造成灾害。

断裂错动是浅源断层地震发生断裂错动时在地面上的表现。地震造成的地面断裂和错动，能引起断裂附近及跨越断裂的建筑物发生位移或破坏。1976年河北唐山地震，地面产生断裂错动现象，错断公路和桥梁，水平位移达1m多，垂直位移达几十厘米。

地裂缝是地震时常见的现象。按一定方向规则排列的构造地裂缝多沿发震断层及其邻近地段分布，它们有的是由地上岩层受到挤压、扭曲、拉伸等作用发生断裂，直接露出地表形成；有的是由地下岩层的断裂错动影响到地表土层产生的裂缝。1975年辽宁海城地震，位于地裂缝上的树木也被从根部劈开，显然，这是张力作用的结果（见图2-1）。

图 2-1　地裂缝

地倾斜是指大地震前，由于地应力的积累和加强，使得地壳内某一脆弱地带的岩层失去平衡，于是地面就出现倾斜现象。所以，地倾斜是一种地震前兆。地震时地面出现相对隆起或下沉的波状起伏。这种波状起伏是面波造成的，不仅在大地震时可以看到它们，而且在震后往往有残余变形留在地表。

2）喷砂、冒水。地震时出现喷砂、冒水现象非常多见。沙和水有的从地震裂缝或孔隙中喷出，喷出的沙子有时可达1～2m的厚度，有的掩盖相当大的面积，有的形成一个个沙堆，有的造成沙堤。冒水是因为地震时，岩层发生了构造变动，改变了地下水的储存、运动条件，使一些地方地下水急剧增加。喷砂是含水层沙土液化的一种表现，即在强烈振动下，地表附近的沙土层失去了原来的黏结性，呈现了液体的性质，这种作用在含水较多的细砂中尤为明显。

地震出现的喷砂冒水有时淹没农田，堵塞水渠、道路，淹没矿井，使水库、土坝开裂滑动，造成灾害，也给人们的生活、行动带来不便。

3）局部土地陷落。地震造成的局部土地陷落的事件有多种。在有地下溶洞或矿区等存在空洞，大地震时都可能被震塌，地面的土层也随之下沉，造成大面积陷落。土地陷落的地方，当湖、海或地下水流入时，即可成灾。唐山地震时，天津市郊一村庄沉陷 2.6 m，池水流入，可以行船。

4）滑坡、塌方。在陡坡、河岸等处，强烈的地震作用常造成土体失稳，形成塌方和滑坡。有时会造成破坏道路、掩埋村庄、房屋倒塌、堵塞河道形成堰塞湖等严重灾害。

（2）建筑设施的破坏。

1）建筑物的破坏。地震力对地表建筑的作用可分为垂直方向和水平方向两个方向振动力。竖直力使建筑物上下颠簸；水平力使建筑物受到剪切作用，产生水平扭动或拉、挤。两种力同时存在、共同作用，但水平力危害较大，地震对建筑物的破坏，主要是由地面强烈的水平晃动造成的，垂直力破坏作用居次要地位。大地震时建筑物的破坏往往非常严重。

1923 年日本关东大地震，东京约有 7 000 幢房屋，大部分遭到严重破坏，仅有 1 000 余幢平房可以修复使用。1976 年我国唐山地震砖混结构的房屋倒塌率为 63.2%。2008 年汶川地震时，北川地震造成房屋倒塌率为 70%～80%，周边几镇房屋倒塌率为 80%～90%，中心城区房屋倒塌率为 95%。

建筑物的破坏和倒塌是地震造成人员伤亡和经济损失的主要原因。据统计，建筑物倒塌造成的人员伤亡占总数的 95%。

2）建筑地震破坏等级划分标准。建设部抗震办公室于 1990 年组织制定和颁布了《建筑地震破坏等级划分标准》。建筑的地震破坏等级划分为基本完好、轻微破坏、中等破坏、严重破坏和倒塌五个等级，其划分标准如下：

① 基本完好：承重构件完好，个别非承重构件轻微损坏，附属构件有不同程度的破坏，一般不需修理即可继续使用。

② 轻微破坏：个别承重构件轻微裂缝，个别非承重构件明显破坏，附属构件有不同程度的破坏，不需修理或需稍加修理，仍可继续使用。

③ 中等破坏：多数承重构件轻微裂缝，部分明显裂缝，个别非承重构件严重破坏，需一般修理，采取安全措施后可适当使用。

④ 严重破坏：多数承重构件严重破坏或部分倒塌，应采取排险措施，需大修，局部拆除。

⑤ 倒塌：多数承重构件倒塌，需拆除。

3）公路、铁路及桥梁的破坏。城市街道和交通公路震害特征基本相同，常见的破坏现象有：路基路面开裂、隆起或凹陷、道路喷沙冒水、道路两旁滑坡或堆积物阻塞或冲毁路面等。

铁路分为地面铁路和地下铁路两部分。震后，由于轨道、路基、桥梁等工程遭到不同程度的破坏，同时因房屋倒塌砸坏通信、电力、供水、机务等辅助设施和设备，常常使铁路瘫痪。轨道震害表现在平面和纵断面上的严重变形上，呈"蛇曲形"或"波浪形"。路基震害主要是下沉、开裂、边坡塌滑和塌陷等。

地下铁路破坏一般较轻微，相对安全。如 1995 年墨西哥大地震中，地表破坏十分严重，而地下铁路路基基本完好。

桥梁是铁路和公路交通的关键，桥梁（特别是重要交通干线上的桥梁）在地震时遭受破坏，将严重影响交通运输，甚至导致交通瘫痪。

桥梁的震害现象有以下几类：

① 上部结构坠毁：地震时常因支撑连接件失效或下部结构失效等引起的落梁现象，梁在发生坠落时，梁端撞击桥墩侧壁，给下部结构带来很大的破坏。

② 支撑连接件破坏：桥梁支座、伸缩缝和剪力键等支撑连接件历来被认为是桥梁结构体系中抗震性能比较薄弱的环节，破坏性地震中，支撑连接件的震害现象都较普遍。

③ 桥台、桥墩破坏：严重的破坏现象包括墩台的倒塌、断裂和严重倾斜；对钢筋混凝土桥台和桥墩，破坏现象还包括桥墩轻微开裂、保护层混凝土剥落和纵向钢筋屈曲等。

④ 基础破坏：基础会出现沉降、滑移等；桩基础由于承台的体积、强度和刚度都很大，因此极少发生破坏。对深桩基础，桩基的破坏可能出现在桩身任意位置，而且往往位于地下或水下，不利于震后迅速发现，而且修复的难度相当大。

4）构筑物。

① 烟囱。烟囱震害主要集中发生在中、上部，且破坏部位随烈度增高而下移。地震时烟囱的破坏形式是多种多样的，无筋砖烟囱的震害形式主要有水平裂缝、斜裂缝、竖向裂缝、扭转、水平错动及掉头倒塌等，而且常常是几种形式同时发生。钢筋混凝土烟囱的破坏形式主要有开裂、倾斜、弯曲、折断及坠落等。

② 水塔。水塔主要由水柜、支撑结构及基础几部分组成。其震害主要发生在支撑上。主要破坏形式有水平开裂、错动、扭转、倒塌等。

5）地下结构。在国内外的地震中，特别是 1976 年唐山大地震中，有不少地下结构，特别是浅埋的地下结构遭到不同程度的震害。其破坏形式是：

① 地层的破坏，如断裂、滑移、开裂导致的地下结构受剪断裂或严重破坏；

② 地基土液化引起地下结构破坏、下沉或上浮；

③ 地下结构接头部位产生裂缝。

其破坏特点是：

① 软弱或严重不均匀地基土中的地下结构破坏较重，土质较好的岩土层中的地下结构

破坏较轻，甚至无破坏；

　　② 软弱地基土中的延长地下结构容易出现环向裂缝；

　　③ 长度较短、平面规则、刚度较大的地下结构，通常破坏较轻或无破坏。

2. 地震次生灾害

　　地震的次生灾害是指在强烈地震以后，以地震直接灾害为导因引起的一系列其他灾害。以及虽与震动破坏无直接联系，但与地震的存在有关的灾害，如防震棚火灾，因避震移居室外而造成的冻害等。地震次生灾害的种类很多，表现为持续发生的特点。

　　不同地区发生地震，发生灾害链的重点也不同。在城市及人口稠密、经济发达地区，以建筑物倒塌、人员伤亡、火灾等灾害链为主。在山区，以泥石流、水灾等次生灾害链突出。当地震发生在沿海及海底时，有时会引起海啸。

　　（1）火灾。在多种次生灾害中，火灾是最常见也是造成损失最大的次生灾害。在城市地震灾害中，以火灾为首的次生灾害有时并不亚于直接灾害造成的损失。以往的实例证实，地震的强度越大，破坏性越严重，震区的火灾次数就越多，火灾的密度也就越大。震区内的火灾次数与该区域内的建筑物高度、密度、防火性能，以及发生地震的时间（白天或黑夜）和季节有很大关系。一般来说，如果震级较高，地震中心又在城市，每平方千米至少有 3～4 处火灾。例如，1988 年 12 月 7 日，前苏联的亚美尼亚共和国发生了里氏 7.1 级大地震，使 1 000 多平方千米内的 7 个城市和 20 多个专区遭到破坏。此次地震后，先后发生 173 起火灾，其中有 140 多起破坏性较大。在我国，从邢台地震到唐山地震，也都有火灾发生，火灾中很突出的是防震棚火灾，海城地震时次生火灾仅 60 起，而防震棚火灾有 3 142 起，烧死 424 人，烧伤 651 人；唐山地震时，天津发生火灾 36 起，而防震棚火灾有 452 起，烧死 52 人，烧伤 56 人，造成经济损失上百万元。2011 年 3 月 11 日发生在日本海域的地震，也造成多处火灾。

　　（2）地震滑坡和泥石流灾害。在山区，地震时一般都伴有不同程度的坍塌、滑坡、泥石流灾害。1970 年秘鲁 7.7 级地震时，泥石流以 80～90 m/s 的速度流动了 160 km，5 000 万 m³ 的泥土石块使 1.8 万人葬身其中，是世界上最大的地震泥石流灾害。滑坡、泥石流进入江河会堵塞河道，造成地震水灾。1933 年四川叠溪发生 7.5 级地震，使千年古城叠溪被地震滑坡毁灭，附近蜗江两岸山体崩塌滑坡堆积成三座高达 100 m 的天然石坝，将岷江截断，堵塞成 4 个堰塞湖，震后 45 天，坝体决口，酿成上游空前的大水灾。洪水纵横泛滥近千公里，淹没人口 2 万以上，冲毁农田约 3 000 km²。而且地震滑坡、泥石流灾害，也如地震余震活动那样，持续时间长，反复性大。可从地震开始一直延续到次年乃至数年。

3. 地震海啸

　　海底地震发生后，使边缘地带出现裂缝。这时部分海底会突然上升或下降，海水会发生严重颠簸，犹如往水中抛入一块石头一样会产生"圆形波纹"，故引发海啸。当地震在深海海底或者海洋附近发生时，地壳运动造成海底板块变形，板块之间出现滑移，这造成海水大量的逆流，并引发海水开始大规模的运动，形成海啸。

地震海啸灾害是沿海地区极为严重的地震次生灾害。1960 年 5 月智利 8.9 级地震引起世界著名的海啸，浪高 6 m，浪头高达 30 m，席卷了沿岸的码头、仓库及其他建筑。海浪以 600～700 km/h 的速度横渡太平洋，5 h 后，袭击夏威夷群岛，将护岸的重约 10 t 的巨大石块抛到百米以外，扫荡了沿岸的各类建筑物。又过 6 h 后，抵达远离智利 1.7 万 km 的日本海岸，浪高仍有 3.4 m，将 1 000 多所住宅冲走，将一艘巨大的船只推上陆地 40～50 m，压在民房之上。海啸巨浪骤然形成"水墙"，汹涌地冲向海岸，可使堤岸溃决，海水入侵，造成沿海地区的破坏，可使海上建筑物被摧毁，造成重大的损失。

2004 年 12 月 26 日，印度尼西亚苏门答腊岛附近海域发生强烈地震（中国地震台网测定震级为里氏 8.7 级，美国地震监测网测定震级为里氏 9 级），并引发海啸，影响到印度尼西亚、泰国、缅甸、马来西亚等东南亚、南亚和东非国家，造成重大人员伤亡和财产损失。这次灾难造成近 10 个国家 17.8 万人死亡，另有 5 万人至今下落不明，近百万人无家可归。

2011 年 3 月 11 日 13 时 46 分日本本州岛附近海域发生 9 级地震，强震引起 10 m 高海啸，海啸把整片村庄席卷而去，死亡、失踪 2 万多人，30 多万人无家可归。此外，还引发核电站的爆炸，核放射物泄漏，造成全世界的恐慌。

海啸是一个小概率灾难，但是一旦发生后果往往非常严重。与世界上防范海啸工程做得最好的日本相比，中国的海啸预警系统仍有很大差距。

4. 诱发灾害

诱发灾害是由地震灾害引起的各种社会性灾害，如因地震灾害造成的政治、经济、社会等方面的职能失调，社会秩序混乱，停工停产而造成的重大损失。如电脑控制系统失灵，造成记忆毁灭，指挥系统和生命线系统失控，灾民基本生产需求无法保证，伤亡人员得不到及时救治，社会治安恶化等系统的不正常反应，瘟疫、饥荒、社会动乱、人的心理创伤等。2010 年初海地 7 级地震和智利发生 8.8 级地震时都引起了骚乱，发生哄抢商店、纵火等事件。

直接灾害、次生灾害和进一步造成的各种社会性灾害，如停工停产、社会秩序混乱、饥荒、瘟疫等诱发灾害的成灾机制不同，灾害可或此或彼或长或短地连锁而成系列，被称为"灾害链"。地震的历史经验表明，一次强震发生后，因直接灾害将造成一定的人员伤亡和经济损失，但由直接灾害引发的次生灾害和诱发灾害所造成的伤亡和损失往往大于直接灾害所造成的伤亡和损失，甚至是 10 倍到数倍。

我国地处世界两大地震带的交会部位，震灾频次高，灾情重，次生灾害多，成灾面积广。全世界造成死亡人数在 20 万人以上的地震共 8 次，中国占了 4 次。1900—1980 年，全球震灾死亡人数 120 万，中国死亡 61 万，占全球死亡人数的 50%。和地震灾害最严重的日本等国家相比，我国在同级别的地震中死伤较多。

二、地震造成破坏的原因

在地震作用下，地面会出现各种震害和破坏现象，也称为地震效应，即地震破坏作用。它主要与震级大小、震中距和场地的工程地质条件等因素有关。地震破坏作用的原因可分为以下几个方面。

1. 地震力的破坏作用

地震力是由地震波直接产生的惯性力。它作用于建筑物能使建筑物发生变形和破坏。地震力的大小决定于地震波在传播过程中质点简谐振动所引起的加速度。地震力对地表建筑的作用可分为垂直方向和水平方向两个方向振动力。竖直力使建筑物上下颠簸；水平力使建筑物受到剪切作用，产生水平扭动或拉、挤。两种力同时存在、共同作用，但水平力危害较大，地震对建筑物的破坏，主要是由地面强烈的水平晃动造成的，垂直力破坏作用居次要地位。因此，在工程设计中，通常主要考虑水平方向地震力的作用。

2. 地变形的破坏作用

地震时在地表产生的地变形主要有断裂错动、地裂缝与地倾斜等。

这种地变形主要发生在土、沙和砾、卵石等地层内，由于振幅很大、地面倾斜等原因，它们对建筑物有很大的破坏力。

由于出现在发震断层及其邻近地段的断裂错动和构造型地裂缝，是人力难以克服的，对公路工程的破坏无从防治，因此，对待它们只能采取两种方法：一是尽可能避开；二是不能避开时本着便于修复的原则设计公路，以便破坏后能及时修复。

3. 地震具有促使软弱地基变形、失效的破坏作用

软弱地基一般是指可触变的软弱黏性土地基以及可液化的饱和沙土地基。它们在强烈地震作用下，由于触变或液化，可使其承载力大大降低或完全消失，这种现象通常称为地基失效。软弱地基失效时，可发生很大的变位或流动，不但不能支撑建筑物，反而对建筑物的基础起推挤作用，因此会严重地破坏建筑物。除此之外，软弱地基在地震时容易产生不均匀沉陷，振动的周期长、振幅大，这些都会使其上的建筑物易遭破坏。如 1985 年 9 月墨西哥 8.1 级地震（两天后又发生 7.5 级余震），该地震发生在远离墨西哥首都墨西哥城约 400 km 的海上，但造成墨西哥城及邻近地区 1 万多人死亡，伤 4 万多人，房屋倒塌 2 000 余栋，许多建筑物严重破坏。是什么原因造成一个远离震中 400 多千米的城市的建筑破坏如此惨重呢。据专家考察分析认为，重要的原因是松软地基造成建筑物倾斜、下沉（有的下沉一层）翻倒、地桩拔出（世界罕见）。原来现代的墨西哥城在 1325 年前是一个湖泊，因阿兹特克族征服了这块国土，在湖中心修建帝都，随着历史的发展，人口越来越密集，

不断填湖造地，所以墨西哥城的不少建筑是建立在软地基之上，造成了重大损失。

4. 地震激发滑坡、崩塌与泥石流的破坏作用

地震使斜坡失去稳定，激发滑坡、崩塌与泥石流等各种斜坡变形和破坏。如震前久雨，则更易发生。在山区，地震激发的滑坡、崩塌与泥石流所造成的灾害和损失，常常比地震本身所直接造成的还要严重。规模巨大的崩塌、滑坡、泥石流，可以摧毁道路和桥梁，掩埋居民点。峡谷内的崩塌、滑坡，可以阻河成湖，淹没道路和桥梁。一旦堆石溃决，洪水下泄，常可引起下游水灾。水库区发生大规模滑坡、崩塌时，不仅会使水位上升，且能激起巨浪，冲击水坝，威胁坝体安全。

地震激发滑坡、崩塌、泥石流的危害，不仅表现在地震当时发生的滑坡、崩塌、泥石流，以及由此引起的堵河、淹没、溃决所造成的灾害，而且表现在因岩体震松、山坡裂缝，在地震发生后相当长的一段时间内，滑坡、崩塌、泥石流连续不断，由于它们对公路工程的危害极大，所以地震时可能发生大规模滑坡、崩塌的地段为抗震危险的地段，路线应尽量避开这些地段。

三、我国地震灾害的特点

地震灾害作为我国城市五大主要灾害之首，具有以下几个方面的特点：

1. 突发性及不可预测性

地震是突发性很强的一种自然现象，灾害灾前迹象较小，现在还无法准确预测发生地震的准确时间，使得政府及人民均无法在灾前提前采取措施。

2. 不熟悉性

我国发生大型地震并引起重大灾害的次数并不频繁，距离上次我国的大型震灾"1978年唐山大地震"已经过去了三十多年，人们对于地震灾害的意识已经相当的薄弱，同时也缺乏地震逃生避难的相关知识，这也是造成"5·12"汶川大地震巨大伤亡的原因之一。

3. 危害面积大

地震可以造成大面积房屋与工程设施破坏，并改变自然环境。破坏程度随震中距的增大而减弱。当发生的地震震级较大时，其危害区域并不只限于震中，而是向外辐射出很远的距离。以"5·12"汶川大地震为例，2008 年 5 月 12 日 14 时 28 分 04 秒，四川汶川、北川，8 级强震猝然袭来，大地颤抖，山河移位。这是新中国成立以来破坏性最强、波及范围最大的一次地震。此次地震重创超过 40 万平方千米的中国大地，全国大部分地区都有明显震感，离震中较近的四川省内许多城市均受到不同程度的损害。

4．余震不确定性

由于强地震灾害无一例外地伴随的接二连三的余震，2008 年汶川地震后的几个月余震，不断发生有数千次。有些余震的震级及烈度也相当大，而其发生的时间及震中位置均无法估计。因此，余震灾害同样具有较大的破坏性，这也是地震灾害区别于其他自然灾害的特征之一。

5．地震灾害具有续发性和多发性特点

地震造成房屋工程设施大量的破坏、倒塌，导致人员伤亡；地震破坏自然环境，在城市导致生命线工程的破坏，引发火灾、爆炸、房屋倒塌、毒气泄漏，在山区可引发山体滑坡并阻断交通，埋没农田、村庄，截断河流，再引发水灾；人畜遗体若不能得到及时处理，可引发瘟疫蔓延等次生灾害。地震造成的破坏会诱发出一系列第二次灾害、第三次灾害等形成灾害链。而这些次生灾害可能会产生超过原生灾害更为严重的威胁。

6．地震灾害具有社会性

地震对社会的破坏效应是多方面的。地震一旦发生，即开始了一个非常时期，使物质匮乏和生存问题都提到前所未有的高度，人们处于极大的恐惧、失落之中，会导致社会失控。唐山地震后的半年里，我国东部几乎都笼罩在地震恐慌的气氛之中。重建家园同样是十分艰巨的，对地区、国家的经济发展都有重大影响。重建唐山耗资上百亿元，历时十载。汶川地震后数万个家庭支离破碎，数百万人失去了家园，直接经济损失 8 451 亿元。全国各地对口援建，虽然速度很快，但耗资万亿。1995 年日本阪神大地震，使关西地区的高速公路严重损坏，支撑日本经济的汽车业停产，重建耗资巨大，影响景气回升，使关西地区经济起飞化为泡影。2011 年日本的大地震使整个日本几乎一时瘫痪，核电厂的爆炸使城市停电，工厂停产，机关不能正常工作。地震灾害对社会的经济、政治和心理的多重影响，反映了地震灾害的社会性特征。

第四节　减轻地震灾害基本对策

减轻地震灾害损失是我国地震工作的主要目标。中国是一个地震多发的国家，有 32.5% 的土地位于地震基本烈度Ⅶ度和Ⅶ度以上的地区，100 万以上人口的大城市有 70% 位于这一区域内。因此，减轻地震灾害就显得非常重要。经过长期不懈的努力，我国减轻地震灾害工作已取得了初步成效，尤其是近 20 年以来，我国减轻地震灾害工作已经取得了系统的发展，在地震监测、预报、损失评估（专业系统），防灾、抗灾、救灾（社会公共安全系统），安置、恢复、保险、援助、立法、教育（社会保障安全系统），规划、指挥（社会

组织系统）四个方面取得了可喜的进步。进入 21 世纪后，我国对减轻地震灾害工作又有了新的进展，如防灾减灾应急系统的建立，地震灾害防御对策的国际化、地震灾害防御策略的法规化、防震减灾三大工作体系的确立及首都圈防震减灾示范区系统工程的建成等，都说明了我国政府对减轻地震灾害工作十分重视。

2000 年国务院明确提出，地震系统要按照"地震监测预报、地震灾害防御、地震应急救援"三大工作体系进行建设。针对新世纪三大地震工作体系建设要求和国务院关于我国十年防震减灾目标，中国地震局经过周密调研分析之后，在北京市、天津市和河北省建立了首都圈防震减灾示范区系统工程。

地震灾害系统工程包括地震监测系统、地震分析预报系统、地震触发系统、地震数据系统、地震通信网络系统、地震现场工作系统、地震灾害损失评估系统、地震应急指挥系统、防震减灾宣教系统等，可以涵盖地震监测、预报、防灾、抗灾、灾情评估、应急救援、灾后恢复与重建、规划与指挥、教育与立法、保险与基金、科技等方面。该系统科技含量高，可以将数据库、通信网络、远程可视等现代化手段进行全面的开发利用，同时该系统具有管理严密、结构合理、数据交换快捷和各方面协同配合的能力。整个系统中包含以下子系统。

一、地震灾害管理系统

地震灾害管理系统包括中国地震局、一级地震灾害应急指挥中心、二级地震灾害应急指挥中心，它们分别承担一定的地震灾害管理职能。一级地震灾害应急指挥中心总部是中国地震局地震灾害应急指挥大厅，行使一级地震灾害规划与指挥功能。二级地震灾害应急指挥中心是各省市地震灾害应急指挥大厅，行使二级地震灾害规划与指挥功能。

二、地震监测系统

地震监测系统包括数字遥测地震台网、数字强震台网、数字化地震前兆台网、地震前兆流动观测台网四部分，监测方式以实现数字化、综合化和网络化为标准，努力提高地震前兆信息的捕捉能力。

三、地震分析预报系统

地震分析预报系统是在地震发生前，由地震监测系统收集前兆数据，经分析预报系统工作确定后，由地震触发子系统作出响应，并将信息反馈给一级地震灾害应急指挥中心。该系统应能对中强以上地震作出有一定减灾实效的短期、临时预报，并在破坏性地震发生后及时做出有较高准确度的震后快速趋势判断。

地震预测预报，主要是根据对地震地质、地震活动性、地震前兆异常和环境因素等多种情况，通过多种科学手段进行预测研究，作出可能发生地震的预报。预报按可能发生地震的时间可分为四类：

（1）长期预报：预报几年内至几十年内将发生的地震。

（2）中期预报：预报几个月至几年内将发生的地震。

（3）短期预报：预报几天至几个月内将发生的地震。

（4）临时预报：预报几天之内将发生的地震。

正确的地震预报可大大减少人员伤亡和经济损失，但目前地震预报还存在着许多难以解决的问题，预报的水平仅是"偶有成功，错漏甚多"，致使未能及时防范，未能将损失减至最低。中外大多数破坏性的地震，或是错报（报而未震），或是漏报（震前未预报），导致严重的人员伤亡和财产损失，对人民生活、社会秩序造成严重的影响。

四、地震应急指挥与现场工作系统

当一级地震灾害应急指挥中心得到地震灾害的反馈信息后，将立即启动地震应急指挥子系统与现场工作子系统，经过地震通信网络的数据传输，将由远程可视子系统获取的灾情动态视频图像信息、图片信息、数据与语音信息传递给一级和二级地震灾害应急指挥中心，由地震灾害损失评估子系统作出灾区的损失评价，并由地震应急指挥子系统下达地震救灾命令。

五、地震通信网络系统

该子系统是地震灾害系统工程的基础平台，由广域网、局域网、拨号网组成，可实现地震灾害信息的汇集与交换，是连接各子系统的桥梁，可提供中央政府、中国地震局与各省、市地震局等部门的网络连接数据交换。

六、社会支持系统

地震灾害发生后，社会支持系统将会迅速启动。政府和相关的职能单位将会有计划地协调组织有关部门及军队、群众积极开展地震紧急救援，给灾区提供物资、社会保险资金及科技支持。地震灾害系统工程的各子系统，在设计上具有一定的独立性，必须经过整合才能形成一个统一体，这样有利于节约和优化资源，提高工作效率。整合主要从硬件整合、虚拟专网的建立、各大系统链接、系统间信息与资源共享、网络平台优势组合及可持续发展等几个方面进行。

第五节 建筑工程抗震设防

建筑抗震设防是指对建筑结构进行抗震设计并采取一定的抗震构造措施，以达到结构抗震的效果和目的。通常是在地震区进行工程建设和市镇建设时采取抗御地震破坏的工程对策，主要是通过抗震设计来实现。

一、抗震设防的必要性

大地震发生时，震动冲击各种人工建筑物、构筑物、桥梁、隧道、道路、水利工程以及自然环境如农田、河流、湖泊、地下水等，造成房屋、桥梁、水坝等建（构）筑物倒塌和破坏，必然导致人员伤亡和巨大经济损失。据统计，在过去发生的有较大人员伤亡的 130次地震中，95%以上的人员伤亡是由于建筑物倒塌造成的。因此，对建筑工程进行抗震设防，保证建筑物有足够的抗震能力，是减轻地震灾害的关键。1964 年美国阿拉斯加发生8.5 级大地震，安克雷奇这座新建的城市位于震中，因大部分建筑物都按抗震设防要求建造，所以地震时很少有房屋倒塌。而 1935 年和 1939 年发生在智利康塞普森的地震，使该城房屋倒塌，变成废墟，之后以法律形式规定，地震区所有建筑必须进行抗震设防。后来在 1960 年发生的 8.9 级特大地震中，经过设防的房屋大多完好。

1976 年 7 月 28 日唐山发生 7.8 级地震，死亡 24.27 万人，伤 16.48 万人，市区建筑物几乎全部夷平。在地震中，唐山78%的工业建筑，93%的居民建筑，80%的水泵站以及 14%的下水管道遭到毁坏或严重损坏。但市第一面粉厂的一栋五层框架面粉楼，除个别部位有轻微损坏外，其余均完好。原因是该楼在建造时套用新疆的图纸，按 8 级设防。

唐山地震波及天津，有 1 200 多万 m^2 的建筑遭破坏。但 1974 年按 7 级设防的建筑物遭 8 级地震后，中等破坏占 9%，轻微损坏占 20%，其余完好。辽阳化肥厂有座高 67 m、重 600 万 t 的造粒塔，按 7 级设防，并考虑地震时可能沙土液化，扩大了桩基直径和深度，还打了一定数量的斜桩。1976 年 7.8 级地震时，厂区普遍冒水、喷沙，造粒塔附近不少建筑物遭破坏，并多处喷沙，而造粒塔却完好。

1923 年日本关东发生 8.2 级大地震，但 700 栋经抗震设防的大楼，完好的占 75%，有不同程度破坏的占 23%，只有 2%倒塌。

在 2010 年 2 月下旬发生在智利的里氏 8.8 级的地震中，遵循严格的要求建成的房子拯救了成千上万人的生命，但在海地这样比较落后的国家里，2010 年 1 月发生的 7 级强烈地震一共造成 22.25 万人死亡，数百万人无家可归，一些普通的房子根本无法抵抗地震。

所以现阶段能将地震灾害损失减到最低限度的方法之一就是抗震设防。

二、我国规定的抗震设防范围

国家抗震减灾法规定下列工程应考虑抗震设防：

（1）新建、扩建、改建建设工程，必须达到抗震设防要求。

（2）一般工业与民用建筑建设工程，必须按照国家颁布的地震烈度区划图或者地震动参数区划图规定的抗震设防要求进行抗震设防。

（3）重大建设工程、可能发生严重次生灾害的建设工程、核电站和核设施建设工程必须进行地震安全性评价，并根据经过国务院地震行政主管部门审定的地震安全性评价结果确定的抗震设防要求，进行抗震设防。

（4）建设工程必须按照抗震设防要求和抗震设计规范进行抗震设计，并按照抗震设计进行施工。

（5）已经建成的建筑物、构筑物（防震减灾法规定属于重大建设工程、可能发生严重次生灾害的，有重大文物价值和纪念意义的和地震重点监视防御区的），未采取抗震设防措施的，应当按照国家有关规定进行抗震性能鉴定。并采取必要的抗震加固措施。

国家为了对所有的建设工程的抗震设防实施管理，将全部建设工程划分为两大类，即重要建设工程和一般建设工程。重要建设工程即《防震法》规定的那些对社会有重大价值和重大影响的建设工程；一般建设工程是指那些一般的工业与民用建设工程，或者说，对那些必须进行抗震设防、风险水准为 50 年超越概率 10%的建设工程，统称为一般建设工程。

对上述两类工程，确定抗震设防要求的方法和途径是不同的。按照防震减灾法的规定，对于重要工程是通过地震安全性评价的方法和途径确定抗震设防要求；而对一般建设工程是通过制定区划图的方式确定抗震设防要求。

三、抗震设防标准

工程场地地震安全性评价工作是根据地震地质、地震活动性和工程场地条件，客观地评价了地震地面运动的各个参数（如峰值加速度、反应谱、持续时间等），但这些参数并不等于抗震设防标准，还应考虑工程的重要性、投资强度、社会发展和环境影响等多方面的因素，综合给出适于工程设计用的地震动参数，作为设计施工的依据，这些参数即为工程抗震设防标准。

制定工程抗震设防标准的目的是，以最少代价建造具有合理安全度的、满足使用要求的工程结构。所谓合理安全度是指经济与安全之间的合理的平衡。这是一切设计的总原则。设防标准不能追求绝对的安全，要想使结构强度一定大于结构反应，几乎不可能，而且不经济，不现实。应该从危险概率的大小来定义安全度。按经济与安全原则表述使用权总效益为最大形式：

$$总效益=收益-生产投资-可能的损失（包括修复）$$

式中，收益——直接收益和间接收益；

损失——人员伤亡、政治、社会、经济、物质财产和连锁反应的损失。

若不考虑非结构损失，上式可改写为：

$$总费用=造价+修复费$$

在总费用尽可能小的情况下，总效益应越大越好。

这些费用中包括材料费、施工管理费等。如减少造价就会增加损坏的可能性或危险性，从而增加修复费。据统计测算：6 度地区新建工程抗震设防所增加的投资，仅占土建造价的 1%～2%，而用于加固的费用未经设防的是经过设防的 10 倍。而且，未经设防的工程易造成严重破坏甚至倒塌，损失更大。

1. 城市抗震设防规划标准

（1）遭受多遇地震时，城市一般功能正常；

（2）遭受相当于抗震设防烈度的地震时，城市一般功能及生命系统基本正常，重要工矿企业能正常或者很快恢复生产；

（3）遭受罕遇地震时，城市功能不瘫痪，要害系统和生命线工程不遭受破坏，不发生严重的次生灾害。

2. 建筑工程抗震设防标准

（1）建筑分类。建筑按其使用功能的重要性，分为甲、乙、丙、丁四类，其划分应符合下列要求：

1）甲类建筑，地震破坏后对社会有严重影响，对国民经济有巨大损失或有特殊要求的建筑，必须经国家的批准权限批准；

2）乙类建筑，主要指使用功能不能中断或需尽快恢复，以及地震破坏会造成社会重大影响和国民经济重大损失的建筑，国家重点抗震城市的生命线工程的建筑；

3）丙类建筑，地震破坏后有一般影响及其他不属于甲、乙、丁类的建筑；

4）丁类建筑，地震破坏或倒塌不会影响上述各类建筑，且社会影响、经济损失轻微的建筑，一般指储存物品价值低，人员活动少的单层仓库建筑。

（2）各类建筑的抗震设防标准的确定。近年来，国内外抗震设防目标的发展总趋势是要求建筑物在使用期间，对不同频率和强度的地震，应具有不同的抵抗能力，即"小震不坏，中震可修，大震不倒"。这一抗震设防目标亦为我国抗震设计规范所采纳。我国《建筑抗震设计规范》（GB 50011—2010）中抗震设防的目标是：

在遭受低于本地区设防烈度（基本烈度）的多遇地震影响时，建筑物一般不受损失或不需修理仍可继续使用。

在遭受本地区规定的设防烈度的地震影响时，建筑物（包括结构和非结构部分）可能有一定损坏，但不致危及人民生命和生产设备安全，经一般修理或不需修理仍可继续使用。

在遭受高于本地区设防烈度的预估罕遇地震影响时，建筑物不致倒塌或发生危及生命的严重破坏。

1）按建筑物类型确定设防标准：

① 甲类抗震建筑，应提高设防烈度一度设计（包括地震作用和抗震措施）。当为Ⅷ、Ⅸ度时，应作专门的考虑。

② 乙类抗震建筑，地震作用应按本地区抗震设防烈度计算，当设防烈度为Ⅵ～Ⅷ度时，应提高一度采用，当为Ⅸ度时应适当提高。对较小的乙类建筑，可采用抗震性能好，经济合理的结构体系，并按本地区的抗震设防烈度采取抗震措施。乙类建筑的地基基础可不提高抗震措施。

③ 丙类抗震建筑，丙类建筑应按本地区设防烈度采取抗震措施。

④ 丁类抗震建筑，可按本地区设防烈度降低一度采取抗震措施，但设防烈度为Ⅵ度时不宜降低。

2）按建筑功能确定设防标准。地震烈度Ⅵ度地区的省会城市和市区人口在百万以上的城市，位于市区的下列新建工程须按Ⅶ度设防：

① 位于城市上游、地震会影响安全的一级挡水建筑物；

② 担负对国内外广播发射台等中央直属省、直辖市 200 kW 以上大功率发射台；

③ 城市通信枢纽的无线电台卫星地面站等的主机房和油机房；

④ 铁路干线和枢纽通信房屋、乘务员公寓、大型候车室、重要桥梁；

⑤ 对外主要公路干线的重要桥梁；

⑥ 装机容量为 50 万 kW 以上的电厂、变电站和调度楼；

⑦ 重要大型工矿企业的主厂房、动力设施、通信、调度及危险品仓库；

⑧ 7 层或 7 层以上的砖混建筑和 10 层以上的钢筋混凝土建筑；

⑨ 高度大于 30 m 的砖烟囱。

第六节　抗震防灾措施

突如其来的地震，曾给人类带来无尽的物质和精神损失，面对这样的自然灾害，我们虽然无法制止，但是至少可以预先做好各种准备来应对这些灾难。我国地震工作经过 30 多年的努力探索，总结出一条符合我国国情的"以预防为主，防御与救助相结合"的防震减灾工作方针，明确了地震监测预报、震灾预防、地震应急以及地震救灾和恢复重建四个环节的综合防震思路。

一、城市规划中的抗震防灾措施

在城市建设中，震害防御是一项与总体规划同步，甚至要超前进行的重要工作。城市抗震防灾不仅要重视城市单个类项的防灾能力，更应重视如何提高城市整体的防灾水平，以便更有效地减轻地震灾害。为此，必须做到：

（1）确定合理的地震设防标准，使防灾水平与城市的经济能力达到最佳组合关系。

（2）结合城市改造和土地利用，尽量缩小城市易损性组成部分，进行城市和工程建设时尽量避开地震危险区；提高城市抗震能力。

（3）做好勘察工作，从地形、地貌、水文地质条件等方面评价城市用地。在可能发生滑坡或有活断层存在的潜在不稳定地区，采取改善建筑物场址的措施或将其指定为空地。

（4）结合城市建设的地区特征，进行地震地质工作，研究不同场地的地震效应，进行地震影响小区域划分，划分出地震相对危险区与安全区，为确定抗震设防标准提供科学依据。

（5）结合城市改造，对不符合设防标准的已建工程按设防标准进行加固。

（6）防止地震次生灾害的发生。制定对地震可能引起水灾、火灾、爆炸、放射性辐射、有毒物质扩散或者蔓延等次生灾害的防灾对策。

（7）对重要建（构）筑物，超高建（构）筑物，人员密集的教育、文化、体育等设施的布局、间距和外部通道提出抗震要求。

（8）对城市功能、人民生活和生产活动有重大影响的城市交通、通信、供电、供水、供热、医疗、卫生、粮食、消防等生命线工程进行地震反应研究，进行最佳抗震设计。同时将生命线工程尽量建成网状系统，以确保整体功能。

（9）严格控制市区规模和建筑物密度，降低人口密度，拓宽主要干道，扩大街区，增设街心花园或其他空地，确保城市避灾通道、防灾据点和避震疏散场地的使用。

（10）合理按照功能分区，调整工业布局，按照环保防灾要求设计和改造城市。

（11）加强本部门的专项立法工作，使城市管理秩序化、科学化。

（12）开展地震科普的宣传教育工作，使市民提高这方面的素养，增加应变能力及对抗震工作的理解和支持。

二、建筑物抗震防灾措施

为使建筑物达到规定的抗震设防要求，必须采取相应的抗震防灾措施，这些措施的基本原理是：增强强度、提高延性、加强整体性和改善传力途径等。

在具体进行建筑结构的抗震设计时，为简化计算，《建筑抗震设计规范》（GB 50011—2010）提出了两阶段设计方法，即建筑结构在多遇地震作用下应进行抗震承载能力验算以及在罕遇地震作用应进行薄弱部位弹塑性变形验算的抗震设计。

1. 对新建建筑物

为了提高新建建筑物的抗震性能必须把好抗震设计和施工两道关。抗震设计必须按照抗震设防要求和抗震设计规范进行。设计出来的结构，在强度、刚度、吸能和延性变形等能力上有一种最佳的组合，使之能够经济地达到小震不坏、中震可修、大震不倒的目的。

根据当前的震害经验和理论认识，良好的抗震设计应尽可能地考虑下述原则：

（1）场地设计。地震对建筑物的破坏程度，首先取决于地震释放能量的大小，同时还和震源深浅程度、建筑物与震中距离以及建筑物所处场地性质有关。例如：墨西哥城多次遭到地震严重破坏，20 世纪中超过 7 级的地震大约发生过 40 次以上，主要都与墨西哥城附近的场地性质有关。墨西哥城建造在古代一个湖的沉积土上，城市边缘靠近湖边。地震时城市中心破坏的建筑物最多，10～20 层建筑的自振周期正好与场地周期吻合，产生共振，地震反映强烈，而较低和较高的建筑破坏率都相对较低。究其原因，主要是墨西哥的场地条件和建筑物的特性影响。因此，设计时除了根据地震安全性评价尽量选择比较安全的场地之外，还要考虑一个地区内的场地选择。选择的原则是：避免地震时可能发生地基失效的松软场地，选择坚硬场地。在地基稳定的条件下，还可以考虑结构与地基的振动特性、力求避免共振影响；在软弱地基上，设计时要注意基础的整体性，以防止地震引起的动态的和永久的不均匀性变形。对于单体建筑工程，应该选择有利抗震的地段，即开阔平坦、密实均匀的地段。在同一结构单元，不宜设在不同的地质土层上，也不宜部分采用天然地基部分采用桩基。当地基位于较弱的地基土层上时，应加强基础及土部结构的整体性。

（2）材料和结构体系的选择。我国多层建筑以承重墙和框架结构为主。普通房屋的墙体所使用的砖比较便宜，也比较重，这种类型的砖在发生地震的时候非常容易碎裂，这也正是引起房屋倒塌的主要原因。2010 年在海地发生的地震中，使用混凝土屋顶的房屋大多出现了坍塌情况，而木质桁架的铁皮屋顶则更富有弹性，可以提高房屋在地震中的安全系数。印度的研究人员已经成功找到了一种用来加固房屋的竹子。而科罗拉多州立大学的约翰·范德林特专门为印尼地震多发地区设计了一种房屋模型，底部安装有地面运动装置，用填满了沙子的轮胎制成，虽然这种房子的安全程度只有那些安装了先进减震装置的房子的 1/3，但是它的建造费用非常低廉，非常适合在印尼地区进行推广。在巴基斯坦北部地区，有许多房屋利用了秸秆。在这里，一般的房子是由石头和泥浆建成的，然而秸秆拥有无可比拟的弹性，同时在冬天还有一定的保温作用。

1923 年的关东大地震证明砖结构房屋不抗震。从那以后开始，砖结构建筑在日本几乎不再被使用，取而代之的多为高抗震的木结构及轻钢结构以及辅以轻型墙面材料的钢筋混凝土结构。加拿大及美国也多采用这种结构，这种结构的建筑既安全抗震，又节省能源。

我国高层建筑中常采用钢筋混凝土结构。结构体系有：框架、框架—剪力墙、剪力墙和筒体等几种体系，这也是其他国家高层建筑采用的主要体系。但很多发达国家，特别地震区，高层建筑是以钢结构为主，在我国钢筋混凝土结构及混合结构占了90%。高层建筑的抗侧力体系是高层建筑结构是否合理、经济的关键，而钢结构比钢筋混凝土结构更有优势。

（3）选择有利的建筑体型。建筑设计中，在满足建筑功能的前提下，应重视平面、立面和竖向剖面的规则性对抗震性能和经济合理性的影响。结构平面布置应该简单、规则、对齐、对称，力求使平面刚度中心和质量中心重合，尽量减少偏心，以减小地震作用下的扭转。例如，1978年日本宫成冲地震，有两栋钢筋混凝土结构建筑遭破坏。两建筑十分相像：楼梯间布置在建筑物一端，实心剪力墙围成筒，刚度很大；另一端只有柱子，刚度很小。显然其平面刚度不均匀，地震作用下房屋没有剪力墙的一端柱子塌落，楼板塌下。其原因是：核心筒布置使得平面分布不均衡，产生了偏心。对平面刚度来说，剪力墙的对称布置、并筒、周边布置剪力墙或密柱，都是增加结构抗扭转刚度的重要措施。

在形体上，从抗震设计的要求出发。宜采用方形、矩形、圆形、正六边形、正八边形、椭圆形、扇形等平面。尽量不要采用带有突然变化的阶梯形立面、大底盘建筑甚至倒梯形立面。立面形状的突然变化将产生质量和刚度的剧烈变化，从而在地震中该部位产生严重的塑性变形和应力集中，加重结构的地震灾害。《建筑抗震设计规范》（GB 50011—2010）对于平面不规则、立面不规则类型给出了详细的规定（见表2-4、表2-5）。

表2-4　平面不规则的类型

不规则类型	定　义
扭转不规则	楼层的最大弹性水平位移（或层间位移），大于该楼层两端弹性水平位移（或层间位移）平均值的1.2倍
凹凸不规则	结构平面凹进的一侧尺寸，大于相应投影方向总尺寸的30%
楼板局部不连续	楼板的尺寸和平面刚度急剧变化，例如，有效楼板宽度小于该层楼板典型宽度的50%，或开洞面积大于该楼层面积的30%，或较大的楼层错层

表2-5　立面不规则的类型

不规则类型	定　义
扭转不规则	该层的侧向刚度小于相邻上一层的70%或小于其上相邻三个
凹凸不规则	结构平面凹进的一侧尺寸，大于相应投影方向总尺寸的30%
楼板局部不连续	楼板的尺寸和平面刚度急剧变化，例如，有效楼板宽度小于该层楼板典型宽度的50%，或开洞面积大于该楼层面积的30%，或较大的楼层错层

历史上杰出的高层建筑一般都采用简洁均衡的平面，如日本东京千年塔采用圆形平面，香港的中银大厦是一个正方平面，对角划成4组三角形，德国法兰克福商业银行大楼是三角形平面。

同时，平面的长宽比宜控制在一定范围内，避免两端受到不同地震运动的作用而产生复杂的应力情况。地震区高层建筑的立面应采用矩形、梯形等均匀变化的几何形状，避免立面形状的突然变化带来的质量和抗震刚度的改变，建筑的竖向体型应力求规则、均匀和连续，结构的侧向刚度沿竖向应均匀变化，由下至上逐渐减小，尽量避免夹层、错层、抽柱及过大外挑和内收等情况。外挑内收不大于 25%，且水平外挑尺寸不宜大于 4 m。如：芝加哥汉考克大厦矩形平面采用平顶锥体收分造型，充分体现了对结构性能的深刻掌握，表现了工业时代特有的准确性和逻辑美感。建筑越高，所受的地震作用和倾覆力矩越大，我国的研究人员对工程实际情况进行研究后，对适用范围内的建筑物最大高度作了规定，在规划时就会对此进行限制，设计时一定要将高度定在规定范围内。

对高层建筑来说，高宽比越大，结构越柔弱，在水平力作用下侧移会较大，结构对抗倾覆能力也较差。对于钢筋混凝土和钢结构的高层建筑，其高宽比应该满足我国《高层建筑混凝土结构技术规程》（JGJ 3—2010）和《高层民用建筑钢结构技术规程》（JGJ 99—98）规定。规范规定 6、7 级抗震设防烈度地区，A 级高度钢筋混凝土高层建筑结构适用的最大高宽比，框架、板柱—剪力墙结构为 4，框剪结构为 5，剪力墙结构为 6，筒中筒、框筒结构为 6。

结构布置力求对称——核心筒、剪力墙均匀布置，楼梯间尽量均匀分布，剪力墙竖向尽量不要断开，竖向断面一次不要收得过多。当建筑平面简单且对称时，如若结构布置不对称，同样会造成结构偏心，地震时还会因发生扭转震动而使震害加重。

建筑的防震缝应根据建筑的类型、结构体系和建筑形状等具体情况设置。当建筑体型复杂而又不设防震缝时，应选用符合实际的结构计算模型，进行较精细的抗震分析。估计其局部应力和变形集中及扭转影响，判明其易损部位，采取措施提高抗震能力；当设置防震缝时，应将建筑分成规则的结构单元。防震缝应根据烈度、场地类别、房屋类型等留有足够的宽度，其两侧的上部结构应完全分开。

（4）提高结构和构件的强度和延性。结构物的振动破坏来自地震动引起的结构振动，因此抗震设计要力图使从地基传入结构的振动能量为最小，并使结构物具有适当的强度、刚度和延性，以防止不能容忍的破坏。在不增加重量、不改变刚度的前提下，提高总体强度和延性。由于地震动是多次循环作用，还要注意循环作用下刚度与强度的退化。提高强度而降低延性不是良好的设计。有日本最高的公寓楼之称的琦玉县川口公寓，地上 55 层，高 185 m，采用了与美国纽约世界贸易中心相同的建筑材料 168 根 CFT 钢管（钢管混凝土）。这种钢管的直径最大达 800 mm，厚度达 40 mm，管芯中还注入了比通常混凝土强度高 3 倍的特种混凝土，提高了结构的强度和延性。在高层建筑中，有一些薄弱部位，如果能有意识地使它提早屈服或提高其承载力，可以减小它的破坏。如加强转换层；注意防震缝的设计，必须留有足够的宽度；高层部分和低层部分之间的连接构造；框架柱的箍筋量和锚固长度等。

（5）多道抗震防线。一次大的地震动能使建筑物产生多次往复式冲击，使建筑造成积累式破坏。如果建筑采用多道支撑和抗水平力的体系，就可在强地震动过程中，一道防线破坏后尚有第二道防线可以支撑结构，避免倒塌。因此超静定结构优于同种类型的静定结构。

（6）结构构件及连接。结构及结构构件应具有良好的延性，力求避免脆性破坏或失稳破坏。为此，砌体结构构件，应按规定设置钢筋混凝土圈梁和构造柱、芯柱（指在中小砌块墙体中，在砌块孔内浇筑钢筋混凝土所形成的柱）或采用配筋砌体和组合砌体柱等，以改善变形能力。混凝土结构构件，应合理地选择尺寸，配置纵向钢筋和箍筋，避免剪切先于弯曲破坏，混凝土压溃先于钢筋屈服，钢筋锚固黏结破坏先于构件破坏；钢结构构件，应合理控制尺寸，防止局部或整个构件失稳。结构构件间的连接应具有足够的强度和整体性，要求构件节点的强度，不应低于其连接构件的强度；预埋件的锚固强度，不应低于连接件的强度；装配式结构的连接，应能保证结构的整体性。抗震支撑系统应能保证地震时结构稳定。

（7）非结构构件。对于附着于楼、屋面结构构件的非结构构件（如女儿墙、雨棚等）应与主体结构有可靠的连接或锚固，防止脆性与失稳破坏，避免倒塌伤人或砸坏仪器设备；围护墙如隔墙应考虑对主体结构抗震有利或不利的影响，避免不合理设置而导致主体结构的破坏；幕墙、装饰贴面与主体结构应有可靠的连接，避免塌落伤人，当不可避免时应有可靠的防护措施。

脆性与失稳破坏常常导致倒塌，故应防止。这种破坏常见于设计不良的细部构造。设计时应注意以下几点：

① 出入口或人流通道处的女儿墙和门脸等装饰物应有锚固。

② 出屋面小烟囱在出入口或人流通道处应有防倒塌措施。

③ 钢筋混凝土挑檐、雨罩等悬挑构件应有足够的稳定性。

④ 隔墙与两侧墙体或柱应有拉结，长度大于 5.1 m 或高度大于 3 m 时，墙顶还应与梁板有连接。

⑤ 无拉结女儿墙和门脸等装饰物，当砌筑砂浆的强度等级不低于 M2.5 且厚度为 240 mm 时，其突出屋面的高度，对整体性不良或非刚性结构的房屋不应大于 0.5 m；对刚性结构房屋的封闭女儿墙不宜大于 0.9 m。

2．对已有建筑物

为使已有建筑物提高抗震能力，进行抗震加固是工程中常采取的措施。具体措施有：

（1）在建筑物和构筑物外面增加水泥砂浆面层、钢筋水泥砂浆面层或钢筋混凝土面层，也可以采用喷射混凝土的方法加固。

（2）对于砖烟囱可用扁钢网箍进行加固。

（3）加设圈梁、加设构造柱和加设拉杆。外加圈梁可采用现浇钢筋混凝土圈梁或加型钢圈梁。

（4）为防止砌体房屋外纵墙或山墙外闪、屋架或梁端外拔，通常可采用拉杆进行加固。

（5）结构抗震能力不足而需增强时，可采用增设抗震墙方法以改变其结构传力途径。

对已建工程进行抗震加固是我国防震减灾工作的重要内容，经过加固的工程在近几年发生的地震中有的已经经受了考验，证明抗震加固和不加固大不一样。抗震加固确实是建筑物不被破坏或减轻破损程度，保证生产发展和人民生命安全的有效措施。

三、桥梁的震害与防震原则

1．桥梁的震害

强烈地震时，桥梁的震害较多，其原因主要是由于墩台的位移和倒塌，下部构造发生变形而引起上部构造的变形或坠落。因此，地基的好坏对桥梁在地震时的安全度影响最大。

（1）沙层液化，使地基丧失承载能力，导致桥台或桥墩下沉、移动、变形或偏转。桥台向河中心滑移而导致上部结构的坠落和构件的损失。

（2）建于岩石基础上的混凝土或砖砌桥墩倾斜或剪断。

（3）桥梁上部结构与桥台或墩顶发生错动，致使桥台或墩顶的锚栓剪断或拔出。支撑处圬工结构局部开裂等。

（4）修建于沙土地基上的拱桥，拱基不均匀沉陷，引起桥面起伏，桥面及拱圈拉裂。

2．桥梁抗震措施

（1）桥梁抗震的总体设计准则是要防止桥梁在强烈地震中部分或整体倒塌；战略性的道路桥梁为了疏散、救援和经济上的原因，在任何时刻至少应保证轻型运输的通畅。因此，桥梁的设防重点应放在对道路畅通十分关键，破坏后一时又不易修复的长大桥梁上。

（2）地基失稳是导致桥梁失事的关键，选择桥位时，应尽量避开活动断层及其邻近地段，避开危及桥梁安全的滑坡、崩塌地段，避开饱和松散粉细沙、故河道等软弱土层地段。

（3）选择合理的基础形式和桥梁结构方案。可以认为，在软土地基上，桩基就比沉井和扩大基础要好，深基显然优于浅基。桥梁结构方案选择上，一般来说，在山区峡谷基岩地带易修建石拱桥，在开阔的河谷地或地质条件不均匀地带和平原覆盖层较厚、土层软弱地基上的大中桥梁，应适当加长桥孔，将桥台设置在比较稳定的河岸上，不宜设计斜交桥。

（4）多孔长桥宜分节建造，使各分节能互不依存地变形。

（5）用砖、石圬工和水泥混凝土等脆性材料修建的建筑物，易发生裂纹、位移和坍塌等，应尽量少用，宜选用抗震性能好的钢材或钢筋混凝土。

（6）桥梁抗震设计的先决条件之一是要保持地震铰能在所预先指定的部位上形成，即为了在震后易于修复。一般是设在桥墩可见部位。

（7）在规模较大、较长的桥梁及其邻近自由地表设置强震仪，积累基础性资料。

四、大坝的震害与防震原则

1．混凝土坝的震害

（1）混凝土重力坝遭受地震时，由于顶部的加速度比底部大好几倍，因此，重力坝顶部的断面和刚度如设计得较小和突变时，就容易产生裂缝。

（2）由于基础岩石破碎，节理发育或坝基混凝土与基岩结合不好等，致使坝体开裂或原有裂缝扩展破坏。

（3）地震时，坝段间伸缩缝发生张合现象及坝内各接缝处发生变形等，致使伸缩缝、接缝处或坝与基岩接合面处漏水或渗流增加。

（4）坝内孔洞及廊道应力较为集中的区段，易产生裂缝。

2．大坝的抗震对策

（1）选择坝址时，应尽量避开风化破碎岩体和活动断层，应避开软弱黏土和饱和松散砂土层。应选择以坝址为中心一定范围内构造稳定和近坝址库区边坡稳定的地段。

（2）按大坝地震危险性评定准则，对坝址进行地震危险性评定，并给出符合坝址特征的地震动强度、频谱和持续时间的设计地震动工程参数。

（3）设计坝高时，应在最高库水位以上留有足够的高度，以防库水漫顶。

（4）沿重大坝体及其邻近自由地表设置强震仪，开展原型观测，积累基础性资料。

第七节　建筑结构减震措施

一、建筑结构减震控制原理

传统建筑结构抗震是通过增强结构本身的抗震性能（强度、刚度、延性）来抵御地震作用的，即由结构本身储存和消耗地震能量，这是被动消极的抗震对策。由于人们尚不能准确地估计未来地震灾害作用的强度和特性，按照传统抗震方法设计的结构不具备自我调节能力。因此，结构很可能不满足安全性的要求，而产生严重破坏或倒塌，造成重大的经济损失和人员伤亡。

合理有效的抗震途径是对结构施加抗震装置（系统），由抗震装置与结构共同承受地震作用，即共同储存和耗散地震能量，以调谐和减轻结构的地震反应。这是积极主动的抗震对策，是抗震对策中的重大突破和发展。

二、建筑结构减震控制方式

结构减震控制根据是否需要外部能源输入可分为：被动控制、主动控制、半主动控制、智能控制和混合控制。

1. 被动控制

（1）结构隔震的概念与原理。不需要外部能源输入提供控制力，控制过程不依赖于结构反应和外界干扰信息的控制方法。如基础隔震、耗能减震和吸振减震等均为被动控制。

在建筑物基础与上部结构之间设置隔震装置（或系统）形成隔震层，把房屋结构与基础隔离开来，利用隔震装置来隔离或耗散地震能量以避免或减少地震能量向上部结构传输，以减少建筑物的地震反应，实现地震时隔震层以上主体结构只发生微小的相对运动和变形，从而使建筑物在地震作用下不损坏或倒塌，这种抗震方法称为房屋基础隔震。

基础隔震的原理就是通过设置隔震装置系统形成隔震层，延长结构的周期，适当增加结构的阻尼，使结构的加速度反应大大减小，同时使结构的位移集中于隔震层，上部结构像刚体一样，自身相对位移很小，结构基本上处于弹性工作状态，从而使建筑物不产生破坏或倒塌。

隔震结构通过隔震层的集中大变形和所提供的阻尼将地震能量隔离或耗散，地震能量不能向上部结构全部传输。因上部结构的地震反应大大减小，振动减轻，结构不产生破坏，人员安全和财产安全均可以得到保证。

根据上述原理，日本学者研究出地震时防止建筑物破坏的免震建筑法，就是在建筑物与地基之间加进一种特殊装置，用以吸收地震动的能量，把建筑物的晃动控制在最低限度，使建筑物不受损坏。这种建筑结构的设想虽然早已提出，但一直未引起人们的重视。

日本在 1995 年 1 月阪神大地震发生前，在神户建有 2 栋免震楼房。阪神大地震后，神户的这 2 栋免震楼丝毫无损，由此证明了这一建筑技术的优越性。

对吸收结构给予地震力时，一旦出现变形很难停止其缓慢运动。尽管地震已停止，但吸收结构仍在慢慢晃动，这就是橡胶的特性。为了抑制这一晃动，就需要配合使用上述的抗震结构。在抗震壁的下段安装铁板箱，从上段吊下来的铁板嵌入到铁板箱中，在其间隙处注入高黏度流体，当地震造成建筑物晃动时，黏性液体能起减震的作用。它不仅能减少水平振动而且也能减少垂直振动，对减轻地震动能发挥很好的效果。

（2）隔震建筑结构特点。与传统抗震建筑结构相比，隔震建筑结构具有以下特点：

① 提高了地震时结构的安全性；

② 上部结构设计更加灵活，抗震措施简单明了；

③ 防止内部物品的振动、移动、翻倒，减少了次生灾害；

④ 防止非结构构件的损坏；

⑤ 抑制了振动时的不舒适感，提高了安全感和居住性；

⑥ 可以保持机械、仪表、器具的功能；

⑦ 震后无须修复，具有明显的社会效益和经济效益；

⑧ 经合理设计，可以降低工程造价。

（3）隔震结构适用范围。结构减震控制的研究与应用已有将近 30 年的历史，以改变结构频率为主的隔震技术是结构减震控制技术中研究和应用最多、最成熟的技术。国内外已建隔震建筑数百栋，并在桥梁、地铁等工程中大量应用，其中一些隔震建筑已在几次大地震中成功经受考验。

以增加结构阻尼为主的被动耗能减震理论与技术已趋于成熟，并已成功用于工程结构的抗震抗风控制中。可以用于各类有抗震需要的建筑物和构筑物中，根据国内外的经验，隔震结构体系适用于下述工程的应用：

① 地震区的住宅、办公楼、学校教学楼、学校宿舍楼、剧院、旅馆、大商场等长年住人或有密集人群而要求确保地震时人们生命安全的建筑物。

② 地震区重要的生命线工程，需确保地震时不损坏以免导致严重次生灾害的建筑物。例如，医院、急救中心、指挥中心、水厂、电厂、粮食加工厂、通信中心、交通枢纽、机场。

③ 地震区较为重要的建筑物，需确保地震时不损坏以免导致严重经济、政治、社会影响的建筑物。例如，重要历史性建筑、博物馆、重要纪念性建筑物、文物或档案馆、重要图书资料馆、法院、监狱、危险品仓库、有核辐射装置的建筑物等。

④ 内部有重要设备仪器设备，需确保地震时不损坏的建筑物。例如，计算机中心、精密仪器中心、试验中心、检测中心等。

⑤ 重要历史文物、重要艺术珍品，以及需确保地震中得到保护的各种珍贵物品等的局部隔震。

⑥ 重要设备、仪器、雷达站、天文台等需确保地震中受到保护的各种重要装备或构筑物的局部隔震。

⑦ 建筑物、构筑物内部需特别进行局部保护的楼层，可设局部隔震区。

⑧ 已有的建筑物、构筑物或设备、仪器、设施等不符合抗震要求者，可采用隔震技术进行隔震加固改良，使其能确保在强震中的安全。

常用的隔震器有叠层橡胶支座、螺旋弹簧支座、摩擦滑移支座等。目前国内外应用最广泛的是叠层橡胶支座，它又可分为普通橡胶支座、铅芯橡胶支座、高阻尼橡胶支座等。

2. 主动控制

需要外部能源输入提供控制力，控制过程依赖于结构反应和外界干扰信息的控制方法。当结构受到地震作用或风荷载的激励作用，瞬时利用外部能源（计算机或智能材料）施加控制力或瞬时改变结构的动力特性，以迅速衰减和控制结构振动反应的一种技术。主动控制系统由传感器、运算器和驱动设备三部分组成。传感器用来监测外部激励或结构响应，计算机根据选择的控制算法处理检测的信息及计算所需的控制力，驱动设备根据计算机的指令产生需要的控制力。主动控制是将现代控制理论和自动控制技术应用于结构控制的高新技术。

结构减震的主动控制具有很广泛的适应范围，控制效果好，已进行了大量的理论研究，并已在少数试点工程中应用，但控制系统结构复杂，造价昂贵，所需的巨大能源在强烈地震时无法完全保证，因此，其推广应用遇到较大困难。

3．半主动控制

不需要很大外部能源输入提供控制力，控制过程依赖于结构反应和外界干扰信息的控制方法。半主动控制系统根据结构的响应和（或）外激励的反馈信息实时地调整结构参数，使结构的响应减小到最优状态。

半主动控制系统结合了主动控制系统与被动控制系统的优点，既具有被动控制的可靠性又具有主动控制的强适应性，通过一定的控制率可以达到主动控制的效果，而且构造简单，所需能量小，不会使结构系统发生不稳定，是一种具有前景的技术。

4．智能控制

采用智能控制算法和采用智能驱动或智能阻尼装置为标志的控制方式。

采用智能控制算法为标志的智能控制，它与主动控制的差别主要表现在不需要精确的结构模型，采用智能控制算法确定输入或输出反馈与控制增益的关系，而控制力还是需要很大外部能量输入下的驱动器来实现；采用智能驱动材料和器件为标志的智能控制，它的控制原理与主动控制基本相同，只是实施控制力的制动器是智能材料制作的智能驱动器或智能阻尼器。

5．混合控制

结构混合控制是指在一个结构上同时采用被动控制方式和主动控制相结合的控制方法。被动控制简单可靠，不需外部能源，经济易行，但控制范围及控制效果受到限制；主动控制的减震效果明显，控制目标明确，但需要外部能源，系统设置要求较高。把两种系统混合使用，取长补短，可达到更加合理、安全、经济的目的。

合理选取控制技术的较优组合，吸取各控制技术的优点，避免其缺点，可形成较为成熟而先进有效的组合控制技术，但其本质上仍是一种完全主动控制技术，仍需外界输入较多能量。

近年来，智能驱动材料制作装置的研究和发展为土木工程结构的抗震控制开辟了新的天地，将为土木工程结构减震控制的第二代高性能耗能器和主动控制驱动器的研制和开发提供基础，从而使结构与其感知、驱动和执行部件一体化的减震控制智能系统设计成为可能。

第八节　社会化防震减灾

近年来，全球大地震灾害不断发生，说明地壳变动又进入到一个相对活跃期，以目前的科学技术发展水平，还不能避免地震灾害的出现，只能采取适当措施减小或削弱地震灾害的程度。根据地震发生过程可以将其分为三个阶段：地震前、地震发生中和地震后。相应地减轻地震灾害的措施与对策可以根据地震阶段性分为：震前预防、震中应急避震和震后救灾与重建三个组成部分。震前预防主要是根据地震活动性对地震进行研究，并结合地区特点，采取健全法律法规、防灾规划、做好地震应急预案和进行震害保险等非工程措施，从技术上进行工程抗震研究，可以采取加强监测预报、提高结构抗震能力和地震能量的转移分散等工程措施。地震发生中，采用有效的应急避险方法可以有效地减小人员伤亡。震后救灾与重建是避免次生灾害发生的最有效途径。震前预防、震中应急避震和震后救灾与重建三者有机结合综合防灾，才能实现防震减灾的目标。

一、非工程性防御措施

非工程性防御措施则是除专业部门的地震监测和工程建设以外的一些政府和社会防御措施。主要是法律法规建设、制定防灾规划、震害预防和应急对策、防震教育、震后保险等。

1. 建立健全有关法律法规

为减轻地震灾害对社会生活和经济建设的影响，我国一直以来建立健全地震法律法规的建设，第八届全国人民代表大会第二十九次会议于 1997 年 12 月 29 日通过了《中华人民共和国防震减灾法》，并于 1998 年 3 月 1 日实施，汶川地震后，中华人民共和国第十一届全国人民代表大会常务委员会第六次会议于 2008 年 12 月 27 日修订通过，修订后的《中华人民共和国防震减灾法》于 2009 年 5 月 1 日实施。

2009 年实行《中华人民共和国防震减灾法》是我国人民几十年来防震减灾的基本经验的结晶，也是党中央关于防震减灾工作一系列方针、政策的法律化、制度化，它的实施，为我们在社会主义市场经济条件下进一步做好防震减灾工作提供了法律依据和保障。《中华人民共和国防震减灾法》及其一系列的配套法规的制定，标志着我国防震减灾工作进入了法制化管理的新阶段。

《中华人民共和国防震减灾法》规定，我国防震减灾的指导方针是：以防为主，防御与救助相结合。

建立了从上到下的地震灾害管理制度，国务院抗震救灾指挥机构负责统一领导、指挥和协调全国抗震救灾工作。县级以上地方人民政府抗震救灾指挥机构负责统一领导、指挥和协调本行政区域的抗震救灾工作。国务院地震工作主管部门和县级以上地方人民政府负责管理地震工作的部门或者机构，承担本级人民政府抗震救灾指挥机构的日常工作。

目前，我国已经建立起较完备的防震减灾法律体系，先后实施的法律法规有：

《发布地震预报的规定》（1998 年）；

《地震监测设施和地震观测环境保护条例》（1994 年）；

《破坏性地震应急条例》（1995 年）；

《中国地震烈度区划图》（1990 年）及其使用规定；

《中国地震动参数区划图》（2001 年）；

《建筑抗震设计规范》（2010 年）。

同时各地区还又建立了一批地方性防震减灾法规。这些法律法规的建立健全标志着我国防震减灾工作已经进入到有法可依的阶段，今后的防震减灾将逐步实现有法必依的目标，达到减轻我国地震灾害的目的。

2. 编制防震减灾规划

我国约有 80% 的国土处于基本烈度Ⅵ度及其以上的地震区，提高我国城镇和企业的综合防御地震灾害能力非常重要。各级人民政府应把防震减灾工作纳入国民经济和社会发展计划，其中编制防震减灾规划成为提高我国综合防御地震灾害能力的一项重要措施。

防震减灾规划一般可包括：规划纲要、地震小区划和土地利用规划、震前综合防御规划、震前应急准备和震后早期抢险救灾对策、震后恢复重建规划及规划实施细则等几个部分。防震减灾规划在编制前一般都需要开展一系列基础性的研究工作，如地震危险性分析、地震小区化、建筑物的震害预测等，这些工作使防震减灾工作朝着健康有序的方向发展。由此可见，各级政府和工业企业编制防震减灾规划，是一项提高企业、乡镇、城市乃至整个社会防震减灾综合能力的有效措施。

3. 编制地震的应急预案

地震应急工作是指破坏性地震临震预报发布后的震前应急防御和破坏性地震发生后的震后应急抢险救灾。

地震应急是防震减灾工作的一项重要内容。破坏性地震发生后，地震应急工作及时、高效、有序的开展，可以最大限度地减轻地震灾害。

制订应急预案，是应急准备乃至整个应急工作的核心内容。目前，国家及国务院有关部门，省、自治区、直辖市的人民政府和部分市、县人民政府，甚至乡镇、企事业单位、街道社区等都制定了相应的破坏性地震应急预案。

4. 防震教育持之以恒、提高防震知识和技能

目前一些发达国家，对国民进行有关防震抗灾方面的知识教育，可以说相当普及。地震大国日本，防灾教育充斥着报刊、电视、画廊，有关防震抗灾方面的知识教育相当普及。人们不仅要知道和了解地震等自然灾害，更要掌握相应的防范技能。日本社会的各行各业，经常会举行各种形式的防震防火演习。日本各地还设有许多防灾体验中心，免费向市民开放，供人们亲身体验发生灾害时的实况，了解避难方法。校园、公园、缓冲绿地等公共设施在灾难事件发生时也都能成为避难所。

从小培养防震抗灾意识，是一个成功做法。为了让地震的灾害减少到最小限度，日本各地中小学都非常重视防灾组织的建立、教师防灾研修、学生防灾知识的学习和防灾演习等防灾教育工作。以兵库县为例，该县所有的小学（828 所）、初中（361 所）、高中（186所）和特殊学校（40 所）都设置了常设的防灾教育委员会，负责平时的防灾教育规划和灾时避难救灾的领导工作；有 77%的小学、69%的初中、60%的高中和 43%的特殊学校开展了定期的有关防灾对策、学生的防灾指导和心理辅导为主要内容的教师防灾研修会；几乎所有的学校每年都实施了 1～2 次防灾演习，30%左右的小学每一学年的防灾演习更高达 4、5 次之多。

特别值得一提的是，日本中小学一般都把防灾教育列入学校年间教育计划中，编制符合学生年龄特点的防灾教育课程。如在理科、社会等课程中指导学生学习地震发生的机理、所在地区的自然环境以及过去所遭受的自然灾害的特征等，在道德课、综合学习课、课外活动等课程中培养学生的防灾意识、讲解日常生活中防灾的注意事项、灾害发生时应采取什么样的行动，以提高学生防灾的实际技能。防灾演习是把学生平时学得的知识和技能运用于实践的一项综合活动，日本各学校分别针对地震发生在课上、课间、放学回家途中等不同情形进行各种实战训练，并请防灾教育专家或当地消防员来校指导，总结每次演习的经验和不足之处，以便下次改进。由于日本各地学校防灾教育都能做到持之以恒，每个学生从幼儿园到高中都要接受几十次防灾演习，所以当真正遭遇地震等灾难时，几乎所有的师生都能迅速作出规范的避难行为，不但不会慌乱，而且还知道如何规避和救助，从而避免了无辜伤亡。

5. 震害保险

目前，我国并没有专门的地震保险。在人身险范围内，寿险、意外伤害险、旅游意外险等的保险责任中包含地震受损责任。购买这些保险的客户在地震中身故或伤残将获得相关赔偿，受伤以及接受住院治疗也将按照合同约定获得赔付。在财产险范围内，部分建筑工程险和安装工程险包括地震险，很多公司推出的企财险会将地震作为附加条款，也有地震扩展险承保因地震造成的企业财产损失。在车辆保险条款中，地震属于免责的，而且也

没有相应的附加险种。家财险也是因为附加地震险费用太高、赔付不足、保险需求匮乏，而对地震的免疫力微乎其微。地震保险在车辆和家财保险上的缺位，使百姓的财产安全完全暴露在地震的危险当中，要尽快建立完善的地震保险机制。

二、工程性防御措施

1．加强地震监测，提高预报水平

地震监测是指在地震来临之前，对地震活动、地震前兆异常的监视、测量。地震预报是指用科学的思路和方法，对未来地震（主要指强烈地震）的发震时间、地点和强度（震级）作出预报。

目前地震监测主要有几种划分方法，一种是专业与群众之分，指专业的地震台站和一些群测点，前者主要用监测仪器，如水位仪、地震仪、电磁波测量仪等，用来监测地震微观前兆信息；后者则主要靠浅水井、水温、动植物活动异常等手段，来观察地震前的宏观异常现象。

地震前兆有两种，一种是微观前兆，另一种是宏观前兆。宏观前兆是人的感官能觉察到的地震前兆。它们大多在临近地震发生时出现。如井水的升降、变浑，动物行为反常，地声、地光等。发现临近地震前的宏观前兆，既要靠科学家，也要靠广大群众。由于宏观前兆往往在临近地震发生时出现，因此，了解它的特点，学会识别它们，对防震减灾有重要作用。微观前兆是人的感官不易觉察，须用仪器才能测量到的震前变化。例如，地面的变形、地球的磁场、重力场的变化、地应力、地磁场、地电场、地下水物理化学成分的变化、小地震的活动等异常变化。

地震预报要指出地震发生的时间、地点、震级，这就是地震预报的三要素。完整的地震预报这三个要素缺一不可。地震预报按时间尺度划分：

（1）长期预报，是指对未来10年内可能发生破坏性地震的地域的预报。

（2）中期预报，是指对未来一两年内可能发生破坏性地震的地域和强度的预报。

（3）短期预报，是指对3个月内将要发生地震的时间、地点、震级的预报。

（4）临震预报，是指对10日内将要发生地震的时间、地点、震级的预报。

1975年2月，中国成功地预报了辽宁海城7.3级地震，拯救了成千上万人的生命。

国家对地震预报实行统一发布制度。全国性的地震长期预报和地震中期预报由国务院发布。省、自治区、直辖市行政区域内的地震长期预报、地震中期预报、地震短期预报和临震预报，由省级、自治区、直辖市人民政府发布。已经发布地震短期预报的地区，如发现明显临震异常，在紧急情况下，可由当地市、县人民政府发布48 h内的临震警报，并同时向上级报告。任何单位和个人都无权发布地震预报消息。凡未经政府认可的地震预报信息，均属地震谣传，不可轻信。

地震预报是十分复杂的世界性科学难题，地震预报难度大的原因主要有：一是地震现象本身的复杂性；二是地震多发生在地下深处，目前的科学技术水平难以直接探测震源深处的情况；三是强地震（尤其 7 级以上大地震）发生较少，因此预报实践机会不多。我国开始正式进行地震预报的探索，还仅仅是四十多年前的事。现在，我们对地震孕育发生的原理和规律已经有所认识，但还没有完全认识；我们已经能够对某些类型的地震作出一定程度的预报，但还不能对所有的地震都作出准确的预报。

2．提高工程抗震设防标准

据统计，世界上 130 次巨大的地震灾害中，90%～95%的伤亡是由于建筑物倒塌造成的。因此，居民住房、单位办公楼、学校及校舍、医院、工厂厂房，乃至水、电、气、通信等生命线工程，能否抗御大地震的袭击，是能否把震灾损失降到最低的关键所在。因此，在《中华人民共和国防震减灾法》中明确规定，建设工程必须按照抗震设防要求和抗震设计规范进行抗震设计，并按照抗震设计进行施工。因此，加强工程结构抗震设防，提高现有工程结构的抗震能力的工程性措施是减灾的重要手段。工程性措施叫作工程抗震设防，包括三个组成部分。

（1）对重大建筑物、构筑物、开发区建设要在立项前依法进行充分的地震安全性评价，为工程的选址和建筑抗震设计提供依据。

地震安全性评价工作：地震安全性评价是指对具体建设工程地区或场地周围的地震地质、地球物理、地震活动性、地形变等研究，采用地震危险性概率分析方法，按照工程应采用的风险概率水准，科学地给出相应的工程规划和设计所需的有关抗震设防要求的地震动参数和基础资料。

地震安全性评价的主要内容包括：地震烈度复核、设计地震动参数的确定（加速度、设计反应谱、地震动时程曲线）、地震小区划、场区及周围地震地质稳定性评价、场区地震灾害预测等。

经审定通过的地震安全性评价结果，即可确定为该具体建设工程的抗震设防要求。

重大工程与生命线工程的抗震设防：重大工程与生命线工程指大型的水电站、核电站、通信、交通及供水供电等，这些设施的地震破坏，危害性大，损失严重，有时会造成城市功能的瘫痪，因此，相对于一般的建筑结构，要求对重大工程与生命线工程提高相应的抗震设防要求。

（2）一般工业和民用建筑的抗震设防。一般工民建工程，必须按照抗震设防要求进行抗震设计、施工，确保在 6 级左右地震条件下的安全。

（3）对国家划定监视防御区的老旧楼房，特别是人口聚集的公共场所，进行抗震性能的鉴定，不合格和不安全的要进行加固改造，使其能够具备法定的抗震能力。

各类建筑物只要按照国家规定进行抗震设计加固改造，就可以达到小震不坏、中震可修、大震不倒的基本安全效果。

三、应急避震

应急避震包括震前应急准备、已发布短临预报、震时避险三个阶段应对措施和对策。

1. 震前应急准备

由于地震的复杂性，现有的地震监测预报水平还不能准确地预报地震的时间和地点，只能说预报工作是"偶有成功，多是失败"，因此，地震时应急准备工作是非常重要的。

（1）家庭或单位应准备应急防震包，包内备有食品、水、常用药品、手电、手机及铁锤等小型工具，并放置于众所周知、易于取用的位置，以备不时之需，并定期检查用品是否过期，及时予以更换。

（2）确认避难路线并实地查看。

（3）检查加固住房、家具、家电的防震措施。

当地震发生的时候，有相当部分人体的伤害或财产损失是由于家具倾倒造成的。大衣柜、异形高柜或酒柜不宜放置在离床、沙发等人容易停留的空间太近，因为在晃动中这些过高的家具很容易倒地而伤人。若这些家具实在无法挪开，摆放时应保证其倒地后不能直接砸向床或沙发，并且一定要遵循柜体底部放置重物，顶部放置较轻的物品或空置，以增加这种较高家具的稳定性，防止倾倒砸人。吊柜在地震的时候很容易脱落伤人。一定要注意安装吊码时要避开空心砖才能保证其安全性。而利用柜体顶板与底板的"四点角码固定"，虽然美观度不足但安全性更高一些。对于架上摆放的饰品，质轻的摆放到顶部用双面胶简单固定，重的放在低处以防滑落伤人。解决抽屉滑落的现象可在抽屉外加装小扣条来实现。而玻璃家具，除了尽量将它们摆放在软家饰附近以防摔坏之外，最有效的办法就是给玻璃家具贴上安全膜，这种透明的安全膜除了可以使玻璃制品更牢固之外，还能防止玻璃家具因破损而引起碎屑飞溅伤人。

2. 已发布短临预报

如果政府已发布短临预报，家庭应做的震前准备工作有：

（1）撤离易损易倒老旧房屋；

（2）选好相对安全的避震空间；

（3）清除床下、桌下，楼道杂物以利避震和疏散；

（4）将高大家具与墙体锚固在一起，以免震时倾倒伤人；

（5）取下高架重物和阳台围栏上的花盆杂物以免震时掉下砸人；

（6）将有毒、易燃、易爆物品搬到室外；

（7）将卧床移离窗户旁、大梁下；

（8）开一次家庭防震会讨论和约定避震方案。

3. 震时科学避险

地震一旦发生，持续时间短则十几秒，长则 1 min 左右，在如此短的时间内，选择恰当的、科学的避震方法和措施是非常重要的。因此，除了事先有一些准备外，人们只要掌握一定的知识，又能临震保持头脑清醒，就可能抓住这段宝贵的时间，成功地避震脱险。

地震时的应急防护原则：就近躲避，即要因地制宜，根据不同情况采取不同对策，震后迅速撤离到安全的地方。

（1）恰当地选择避险位置。一旦发生地震，如果身处平房或楼房一层，能直接跑到室外安全地点也是可行，否则不宜夺路而逃，因为，地震时间短，大地剧烈摇动引起门窗变形不能开启，楼道可能因拥挤践踏造成伤亡，地震时人们进入或离开建筑物时，被砸死砸伤的可能性最大。

地震时应首先"伏而待定"，短暂的时间内首先要设法保全自己；只有自己能脱险，才可能去抢救亲人或别的心爱的东西。可以选择坚实的家具下、课桌下、座位下面、柱子或大型商品旁、大型机床和设备旁边等地方避震，无论在何处躲避，都要尽量用棉被、枕头、书包或其他软物体保护头部。

如果你在室外，要尽量远离狭窄街道、高大建筑、高烟囱、变压器、玻璃幕墙建筑、高架桥和存有危险品、易燃品的场所。地震发生时，高层建筑物的窗玻璃碎片和大楼外侧混凝土碎块，以及广告招牌、霓虹灯架等，可能会掉下伤人。因此地震时在街上走，最好将身边的皮包或柔软的物品顶在头上，无物品时也可用手护在头上，尽可能做好自我防御的准备，要镇静，迅速离开电线杆和围墙，跑向比较开阔的地方躲避。

如果在野外应躲避山崩、滑坡、泥石流，遇到山崩、滑坡，要向垂直于滚石前进方向跑，切不可顺着滚石方向往山下跑；也可躲在结实的障碍物下，或蹲在地沟、坎下；特别要保护好头部。

（2）避免次生灾害。地震时，为防止次生灾害的发生，应该切断电源、燃气源，防止火灾发生。当遇到燃气泄漏时，可用湿毛巾或湿衣服捂住口、鼻，不可使用明火，不要开关电器，注意防止金属物体之间的撞击。

当遇到火灾时，要趴在地下，用湿毛巾捂住口、鼻，逆风转移到安全地带。

当遇到有毒气体泄漏时，要用湿毛巾捂住口、鼻，逆风方向跑到上风地带。

四、震后救灾与重建

1. 震后自救与互救

震后，余震还会不断发生，周围环境还可能进一步恶化，被困人员应尽量改善自己所处的环境，稳定下来，设法脱险。

虽然灾害 72 h 是救援最佳时期，但救援工作应坚持"不到最后时刻绝不放弃"的原则，灾后生命奇迹还是不断出现，如 2008 年中国汶川地震绵竹老人震后 266 h 获救。

2. 震后卫生防疫与心理干预

在地震发生后，由于大量房屋倒塌，下水道堵塞，造成垃圾遍地，污水流溢；再加上畜禽尸体腐烂变臭，极易引发一些传染病并迅速蔓延。历史上就有"大灾后必有大疫"的说法。因此，在震后救灾工作中，认真搞好卫生防疫非常重要。地震灾区的每一位公民应注意防寒保暖，预防感冒、气管炎、流行性感冒等呼吸道传染病。

心理危机干预即"心理救灾"，是灾后重建的一项重要内容。地震发生后，不少群众还摆脱不了心中的恐慌，飞来的天灾横祸，给人们留下的不只是痛苦的记忆。特别对那些经历了生离死别的人来说，哀莫大于心死，若没有外界细致入微地抚慰、疏导和心理干预，他们很难在短时间内脱离梦魇，回归正常状态。特别是在灾难面前，人们应该寻求更人性化、更加有效的救助。群众需要消除恐慌心理，灾民尤其是儿童更需要心理治疗摆脱地震后遗症。卓有成效的心理干预，能帮助灾区群众的心灵伤口最大限度被爱心缝合，恐慌不安的公众情绪很快被舒解。灾难会在人身上造成严重心理创伤，如果不及时治疗，会折磨一生，改变病人的性格，甚至导致极端行为如自杀和暴力。精神上的帮扶与物质上救援同样重要。灾后重建不该缺失心理干预专家的身影。

3. 震后重建

震后重建是指在地震应急工作之后的全面救灾行动和恢复生产，重建家园。包括修复生命线工程和各类建筑物、恢复生产及社会正常生活，开展震害调查与损失评估，进行地震安全性评价，制定恢复重建计划，重建美好家园等。震后重建可以分为两个阶段：震后应急重建和震后长期重建。

（1）震后应急重建。震后应急重建是指为救灾需要，保证灾区基本生活、生产活动的生命线工程和各类建筑物应急抢修、应急加固工程。

（2）震后长期重建。震后长期重建工作是涉及震区地震安全性评价、重建选址、城镇规划、建筑设计、施工及资金筹措等多方面的一门综合科学，在科学规划的基础上，用系统、整体的思维加以统筹，拿出一个整体的长远的发展规划和目标显得尤其重要。

"地震监测预报、震灾预防、地震应急、地震救灾与重建"这四个环节彼此密切相关，互相补充，相辅相成，每个组成部分在减轻地震灾害中都起着重要作用，但各自又都有其阶段性。因此，四个环节必须有机结合，并构成整体，才能取得防御和减轻地震灾害的实效。很显然，地震灾害的综合防御是一项宏大的社会系统工程。

第三章　建筑工程防火与防爆

第一节　火灾及其分类与特征

一、概述

在人类出现之前，火就已经存在于自然界。在人类发展的历史长河中，火，燃尽了茹毛饮血的历史；火，点燃了现代社会的辉煌。在云南省元谋县发现"元谋人"用火的证据，更将人类用火的历史追溯到 170 万年以前。火给人类带来文明进步、光明和温暖。但是，失去控制的火，就会给人类造成灾难。

随着社会的不断发展，在社会财富日益增多的同时，导致发生火灾的危险性也在增多，火灾的危害性也越来越大。据统计，全世界每年火灾经济损失可达整个社会生产总值的 0.2%，我国的火灾次数和损失虽比发达国家要少，但损失也相当严重。我国火灾每年直接经济损失，20 世纪 50 年代平均 0.5 亿元；60 年代平均 1.5 亿元；70 年代平均 2.5 亿元；80 年代平均 3.2 亿元。到了 20 世纪 90 年代，经济社会快速发展，中国已处于工业化发展中期阶段，城市化水平已进入快速发展阶段，火灾损失也急速上升，20 世纪 90 年代火灾直接损失平均每年为 10.6 亿元；21 世纪 10 年间的年均火灾损失达 14.1 亿元。由此可见，火灾造成的损失是非常惊人的。

何谓火灾？国家标准《消防基本术语：第一部分》（GB 5907—86）将火灾定义为：在时间或空间上失去控制的燃烧所造成的灾害。

二、燃烧

如果要准确认识火灾，必须了解燃烧，那么何谓燃烧？燃烧是可燃物与氧化剂作用发生的放热反应，通常伴有火焰、发光和发烟现象。

从本质上讲，燃烧是剧烈的氧化还原反应。任何物质的燃烧都有一个由未燃烧状态转向燃烧状态的过程，其发生和发展应具备三个必要条件：可燃物、氧化剂（助燃物）和温度（点火源），三者缺一不可。这三个条件只是燃烧的基本条件，如果可燃物的数量不够多，氧化剂不足或者温度不够高，也不能发生燃烧。因此，要发生燃烧，还必须具备以下的充分条件：

（1）一定数量或浓度的可燃物：必须使可燃物质与助燃物有一定的数量或浓度才能发生燃烧，例如，氢气在空气中的含量达到4%～75%才能着火或爆炸。

（2）一定数量的助燃物：助燃物的数量必须足够，可燃物才能燃烧，否则燃烧就会减弱甚至熄灭。测试表明，大多数可燃物质在含氧量低于16%的条件下，就不能发生燃烧，因为助燃物浓度太低的缘故。

（3）一定能量的点火源：点火源必须有一定的温度和足够的热量，否则燃烧不能发生。

（4）可燃物、助燃物和点火源三者的相互作用：燃烧不仅必须具备可燃物、助燃物和点火源，而且必须满足彼此间的数量比例，同时还必须相互结合、相互作用，否则燃烧将不能发生。

三、火灾分类、成因及特征

1. 火灾分类

针对火灾研究目的不同，火灾可以按照不同标准进行分类，主要分类依据和分类结果有：

（1）根据火灾的发生地点分类。可以分为建筑火灾、露天生产装置火灾、可燃物料堆场火灾、森林火灾、交通工具火灾等。发生次数最多、损失最严重者，当属建筑火灾，其发生次数占总火灾的75%左右，直接经济损失占总火灾的85%左右。

（2）根据可燃物的形态分类。依据2009年5月1日实施的中国国家标准《火灾分类》（GB/T 4968—2008），火灾根据可燃物的类型和燃烧特性，分为A、B、C、D、E、F六类。

A类火灾：指固体物质火灾。这种物质通常具有有机物质性质，一般在燃烧时能产生灼热的余烬。如木材、煤、棉、毛、麻、纸张等火灾。

B类火灾：指液体或可熔化的固体物质火灾。如煤油、柴油、原油，甲醇、乙醇、沥青、石蜡等火灾。

C类火灾：指气体火灾。如煤气、天然气、甲烷、乙烷、丙烷、氢气等火灾。

D类火灾：指金属火灾。如钾、钠、镁、铝镁合金等火灾。

E类火灾：带电火灾。物体带电燃烧的火灾。

F类火灾：烹饪器具内的烹饪物（如动植物油脂）火灾。

（3）根据火灾大小标准分类。2007年6月26日，公安部下发了《关于调整火灾等级标准的通知》，新的火灾等级标准由原来的特大火灾、重大火灾、一般火灾三个等级调整为特别重大火灾、重大火灾、较大火灾和一般火灾四个等级：

1）特别重大火灾，指造成 30 人以上死亡，或者 100 人以上重伤，或者 1 亿元以上直接财产损失的火灾；

2）重大火灾，指造成 10 人以上 30 人以下死亡，或者 50 人以上 100 人以下重伤，或者 5 000 万元以上 1 亿元以下直接财产损失的火灾；

3）较大火灾，指造成 3 人以上 10 人以下死亡，或者 10 人以上 50 人以下重伤，或者 1 000 万元以上 5 000 万元以下直接财产损失的火灾；

4）一般火灾，指造成 3 人以下死亡，或者 10 人以下重伤，或者 1 000 万元以下直接财产损失的火灾。

2．火灾原因

在火灾统计中，将火灾原因分为七类：

① 放火；

② 生活用火不慎；

③ 玩火；

④ 违反安全操作规程；

⑤ 违反电器安装使用规定；

⑥ 设备不良；

⑦ 自燃。在生产、生活活动中，大量的火灾是由于操作失误、设备缺陷、环境和物料的不安全状态、管理不善等引起的。为此我们要从人、设备、环境、物料和管理等方面提高防火意识，消除火灾隐患。

3．火灾特征

火灾根据发生区域不同可以概括为两大类：室内火灾和室外火灾，特点也不尽相同，随着人类对火灾研究和认识的不断深入，掌握其发生、发展的规律和特点，采取更有效的方式与火灾进行斗争，最大限度地减轻火灾危害。

（1）室内火灾一般都具有三个特点：突发性、多变性和瞬时性。

1）突发性。一般情况下火灾隐患都有较长时间的潜伏性，往往是小患不除，酿成大灾。火灾的发生大多是随机和难以预料的，造成的危害是突然袭击式的、多方面的。

2）多变性。火灾的多变性特点包含两个方面：一是指火灾之间的千差万别。引起火灾的原因多种多样，每次火灾的形成和发展过程都各不相同。二是指火灾在发展过程中瞬息万变，不易掌握。火灾的蔓延发展受到各种外界条件的影响和制约，与可燃物的种类、数量、起火单位的布局、通风状况、初期火灾的处置措施等有关。

3）瞬时性。

（2）室外火灾与室内火灾相比，主要有以下不同的特点：

1）室外火灾受空间的限制小，燃烧时处于完全敞露状态，供氧充分，空气对流快，火势蔓延速度快，燃烧面积大。

2）室外火灾受气温影响大。气温越高，可燃物的温度随之升高，与着火点的温差就越小，更容易被引燃，造成火势发展迅猛。气温越低，火源与环境温度的差异越大，火场周围可燃物质所蒸发出的气体相对较少，火势蔓延速度会相对较慢。但是，随着火场上空空气对流速度加快，会使火场周围温度迅速升高，燃烧速度加快。

3）风对室外火灾的发展起决定影响。风助火势是指风会给燃烧区带来大量新鲜空气，随着空气当中的氧气成分的不断增多，促使燃烧更加猛烈。火势蔓延方向随着风向改变而改变，在大风中发生火灾，会造成飞火随风飘扬，形成多处火场，致使燃烧范围迅速扩大。

由于室外火灾火势多变，经常出现不规则燃烧，火势难控制，用水量大，扑救难度大，一旦发展成室外火灾，往往形成立体、多层次燃烧，扑救更加困难，火灾危害和损失也更为严重。

四、火灾危害

火灾的危害首先表现在威胁人们的生命安全。火灾统计资料表明，我国每年有大量人员在火灾中死亡。2010 年，全国共接报火灾 13.17 万起，死亡 1 108 人，受伤 573 人，直接财产损失 17.7 亿元，全国共发生一次死亡 3～9 人或损失 1 000 万～5 000 万元（不含）的较大火灾 65 起，发生一次死亡 10～29 人或损失 5 000 万～1 亿元（不含）的重大火灾 4 起。尤其是一些群死群伤恶性火灾事故的发生，更给人们带来巨大灾难，严重影响社会和谐稳定。可以说，火灾直接或间接地威胁着人类的生存和发展。

1. 火灾致灾原因

在火灾过程中，物体燃烧后产生高温和烟雾可以使人体受到伤害，甚至危及人的生命。火灾中，人的生命受到威胁主要有以下几个因素：

（1）缺氧。人在空气中能自由活动，是因为空气中有氧气。通常情况下，氧气占空气中所有气体成分的 21%，如果氧气浓度过低，人体就会产生各种反应，包括肌肉功能会减退、神志不清，产生幻觉，直至窒息死亡。一般人存活的氧气浓度最低极限为 10%。

（2）火焰。烧伤主要是因为人体与火焰直接接触或者热辐射引起。如果皮肤温度在 66℃以上，仅持续 1 s 就可以造成烧伤。所以任何人在没有保护措施的情况下是绝不能在火焰中穿行的，尤其是火焰外围的外焰，其温度比焰心温度高出好几倍。所以，人在火场中千万不能靠近外焰。

热辐射也容易把人灼伤，人在火场周围经常感到一股热浪迎面而来，这股热浪就是热辐射。火场中热辐射往往非常强，即使与火焰相隔好几米远，人体也会被灼伤。

（3）高温。高温对火场中的人员也具有危险性。火焰产生的热空气，能引起人体烧伤、热虚脱、脱水、呼吸不畅。人的生存极限气温是 130℃，超过这个温度，可以使血压下降，毛细血管破坏，以致血液不能循环，严重的会导致脑神经中枢破坏而死亡。另外，物体发热还使强度降低，建筑物受热作用后容易倒塌。

（4）毒气。火场中的有毒气体对人体呼吸器官或感觉器官产生刺激，使人窒息或昏迷。

火场中，一些材料燃烧后产生的气体种类很多，有时多达上百种，这种混合气体中包含着大量有毒气体，如一氧化碳、二氧化氮、硫化氢等。

大量火灾死亡统计资料显示，大部分人因为吸入一氧化碳等有毒气体后在火场遇难。一般情况下，空气中一氧化碳含量达到1%时，人吸气数次后就丧失知觉，经1~2 min就可能中毒死亡。即使一氧化碳含量只有0.5%，人体吸入后20~30 min也有生命危险，甚至在火灾现场吸入一氧化碳而昏倒的人被救醒后，往往还会留下不同程度的后遗症。

（5）烟。很多人认为，火灾中人员死亡的主要原因是被火烧死，实际上，物体燃烧后产生的烟气，才是致死的主要原因。

烟是物体燃烧的产物，由微小的固体、气体颗粒组成。建筑物起火后，大多数受害者首先见到的是烟。烟的迅速蔓延会使受灾者呼吸困难，心率加快，判断力下降，造成恐慌心理。更加严重的是，烟降低了能见度，隐蔽了逃生线路，恶化人员疏散条件。在火灾现场，人们经常会见到既没有烧伤又无压伤的尸体。科学家对火灾中人的死亡原因进行统计分析，发现其中因缺氧窒息和中毒死亡的要占70%以上。因此可以说，火场上的浓烟比烈火更可怕，烟气是火场上的真正"杀手"。

2．火灾危害主要表现

（1）毁坏物质财富。

我国2000—2008年重特大火灾造成直接财产损失共计68 076.91万元。

（2）残害生命。有关火灾统计资料表明，我国每年有大量人员在火灾中死亡。2000年3月29日凌晨3时许，河南省焦作市山阳区一个体私营影视厅，因观众在包房内使用石英管电热器烤着靠近的可燃物引起火灾，造成74人死亡。

（3）破坏生态平衡、污染环境。人类的生存，离不开森林、草原、江河湖海，它们对调节气候、净化空气、维持生态平衡、保护人类适宜的生存环境，都有着很大的作用和影响。而一场大火，尤其是森林、石油品仓库和重要工业基地火灾，往往对环境和人们健康造成一定影响。此外，火灾对环境所造成的污染，生态平衡的严重破坏，在短期内都是难以消除的。

（4）间接损失严重，造成不良的社会影响。火灾的破坏性不仅表现在造成人身死亡、财物毁坏的后果，还表现在造成严重的间接损失。一场火灾烧毁房屋、工厂，财产损失可以用金钱来计算，但是火灾造成工厂停产、工人失业、学校停课、学生失学等损失就无法用金钱来计算。现代社会的各行各业都密切相关，如果烧毁了文物、档案、科研成果、重要资料等，其损失更是难以用经济价值计算。1994年11月15日，吉林市银都夜总会发生火灾，烧毁建筑物6 800 m²，烧毁长11 m、宽6 m的7 000多万年前的黑龙江恐龙化石，还有明代一批珍贵文物、文字资料及 10 万册图书，死亡 2 人，直接经济损失 671 万元。文物损失无法估算。

第二节　建筑火灾

一、建筑火灾概述

建筑火灾是所有火灾灾害中最为常见一种，同时也是财产损失和人员伤亡最大的灾害之一。

建筑火灾是一种在有限空间里发生的燃烧，是指各类建筑中，由于人的不安全行为和物的不安全状态相互作用而引起，并危及人们生命和财产的失控燃烧。

建筑火灾的起因多种多样，归纳起来，大致可分为六类：生活和生产用火不慎；违反生产安全制度；电气设备设计、安装、使用或维护不当；自燃、雷电、静电、地震等自然灾害引起；人为纵火；建筑布局不合理，建筑结构材料选用不当等因素促进火灾蔓延。

建筑火灾特点可以归纳为以下几个方面：

（1）易形成大面积燃烧。单层毗连式住宅或走廊式宿舍楼，以及棚户区居民住宅火灾，往往一家失火，殃及四邻，形成大面积燃烧。

（2）火灾蔓延迅速。高层住宅由于向空中发展，竖向空间、烟囱作用十分明显，竖向交通形成的电梯井、楼梯井，以及管道井、垃圾井等众多的"竖井"，在失火时会成为火势竖向蔓延的主要途径，而火灾竖向蔓延的速度比水平蔓延快 4~5 倍，因此，高层住宅发生火灾，如不及时控制，很容易蔓延发展成立体大火。

（3）财物损失严重。居民住宅面积有限，在有限的空间内，集中着大量的家用电器、各种家具和衣物，还有许多易燃装饰材料，一旦发生火灾，物资不易疏散，财物损失严重。

（4）易造成人员伤亡。居民中的老、弱、病、残者及小孩常常是受害者。如果是住在高层住宅内，则人员更难以疏散。

（5）扑救困难。居民住宅内可燃物集中，通风条件差，发生火灾时产生大量的烟雾给扑救工作带来困难。如是住在高层，灭火设施及器材受楼高的限制，扑救工作将更为复杂。

二、火灾的发展过程

除地震起火是多处同时起火外，一般建筑内火灾往往是由一点引燃，并逐步扩大的过程，根据室内火灾温度随时间的变化特点，可以将其发展过程分为四个阶段：

（1）火灾初起阶段。室内发生火灾后，最初只是起火部位及其周围可燃物着火燃烧，这时火灾如同在敞开的空间里进行一样。

初起阶段的特点是：火灾燃烧范围不大，火灾仅限于初始起火点附近；室内温度差别大，在燃烧区域及其附近存在高温，室内平均温度低；火灾发展速度较慢，在发展过程中火势不稳定；火灾发展时间因受点火源、可燃物质性质和分布以及通风条件影响，其长短差别很大。

初起阶段一般持续在几分钟到十几分钟，初起阶段是灭火的最有利时机，也是人员安全疏散的最有利时段。因此，应设法尽早发现火灾，把火灾及时控制、消灭在起火点。许多建筑火灾案例说明，要达到此目的，在建筑物内除安装配备灭火设备外，设置及时发现火灾的报警装置是非常必要的。

（2）火灾发展阶段。在火灾初起阶段后期，火灾范围迅速扩大，当火灾房间温度达到一定值时，聚积在房间内的可燃气体突然起火，整个房间都充满了火焰，房间内所有可燃物表面部分都卷入火灾之中，燃烧很猛烈，温度升高很快。房间内局部燃烧向全室性燃烧过渡的这种现象通常称为轰燃。轰燃是室内火灾最显著的特征之一，它标志着火灾全面发展阶段的开始。对于安全疏散而言，人们若在轰燃之前还没有从室内逃出，则很难幸存。

（3）火灾燃烧猛烈阶段。轰燃发生后，房间内所有可燃物都在猛烈燃烧，放热速度很快，因而房间内温度升高很快，并出现持续性高温，最高温度可达 1 100℃左右。火焰、高温烟气从房间的开口部位大量喷出，把火灾蔓延到建筑物的其他部分。室内高温还对建筑构件产生热作用，使建筑构件的承载能力下降，甚至造成建筑物局部或整体倒塌破坏。

（4）火灾熄灭阶段。在火灾猛烈燃烧后，随着室内可燃物的挥发物质不断减少以及可燃物数量的减少，火灾燃烧速度递减，温度逐渐下降。当室内平均温度降到温度最高值的80%时，则一般认为火灾进入熄灭阶段。随后，房间温度明显下降，直到把房间内的全部可燃物烧尽，室内外温度趋于一致，宣告火灾结束。但是，火灾熄灭之前，温度还是很高，这一阶段应该注意防止结构长时间高温作用导致结构破坏。

上述四个阶段的持续时间，是由引起燃烧的多种因素和条件所决定的，完全相同的火灾是不存在的。

三、建筑材料耐火性能

1. 建筑材料的燃烧性

目前的建筑材料主要有金属、石材、木材、混凝土、含均匀散布胶合剂或聚合物的矿物棉等。根据我国现行国家标准《建筑材料及制品燃烧性能分级》（GB 8624—2006），按燃烧性能将建筑材料分为 7 级：普通材料按 A1、A2、B、C、D、E、F，铺地材料按 $A1_{fl}$、$A2_{fl}$、B_{fl}、C_{fl}、D_{fl}、E_{fl}、F_{fl}，管状保温隔热材料按 $A1_L$、$A2_L$、B_L、C_L、D_L、E_L、F_L 各分为七个级别。

常见材料燃烧时温度见表 3-1。

表 3-1 常见材料的燃烧温度

材料	温度/℃	材料	温度/℃	材料	温度/℃
汽油	1 200	氢气	2 130	木材	1 000～1 700
煤油	700～1 030	煤气	1 600～1 850	石蜡	1 427
煤	1 647	液化气	2 100	橡胶	1 600
乙醇	1 180	一氧化碳	1 580	石油气	2 120
乙炔	2 127	天然气	2 020	石油	1 100

2. 建筑材料的发烟浓度

（1）透过烟的能见距离。透过烟的能见距离是指普通人视力所能达到的距离。烟中含有大量碳的粒子，影响光线透过，烟的浓度高时，透过的距离短，也就阻挡了人的视线，视线能见距离的大小，对人员疏散安全具有重要意义。透过烟的能见距离过小时，疏散的人找不到疏散的方向，看不到封闭楼梯间的门或疏散的标志，影响疏散安全。根据实测：火烟中能见距离只有几十厘米。而确保人员安全疏散的最小能见距离是：对起火建筑熟悉者为 5 m；对起火建筑陌生者为 30 m。

（2）烟的毒性。

1）建筑材料燃烧中毒的危险性。砖混结构建筑物比木屋火灾中毒的危险性大，因为，在砖混结构房屋中缺氧多，产生二氧化碳的数量也比较多。砖混结构建筑起火时，开窗中毒的危险性比关窗时中毒的危险性要大。这是因为开窗时，缺氧的程度比关窗时严重。各种有毒气体集中的部位，多数在顶部，而只有一氧化碳的最高浓度出现在中部，相当于人呼吸的部位。所以疏散和抢救时，人最好取较低位置吸气。

2）烟中的有毒气体对人体的危害。被火封锁在建筑物上层的人，吸收气体燃烧产物（其中包括一氧化碳和其他有毒气体如氰化氢，以及大量的二氧化碳），或者因为氧的浓度降低，造成缺氧，可导致人的死亡。

实验表明：一氧化碳为不完全燃烧产物，当空气中的含量为 0.1% 时，人 1 h 后便会感到头痛、作呕、不舒服；当含量达到 0.5% 时，20～30 min 内人员会死亡；含量为 1% 时，人员吸气数次后失去知觉，1～2 min 内会即刻死亡。羊毛丝织品及含氮的塑料制品燃烧时会产生有毒物质氰化氢气体。不同浓度的氰化氢对人体的影响为：当氰化氢含量为 110 ppm 时，大于 1 h 人即死亡；当含量为 181 ppm 时，10 min 人即可死亡；当含量为 280 ppm 时，人会立即死亡（1 ppm=1×10^{-6}）。

（3）烟的温度。当空气适量，木材完全燃烧，烟的理论温度值为 1 890℃。如果供燃烧的空气不足，燃烧不完全或混进的空气过多，产生的热量分散，烟的温度会降低。离开起火部位时，烟的温度很高，它带着大量的热离开起火点，沿走廊、楼梯进入其他房间，并沿途散热，使可燃物升温自行燃烧。因为木材的自燃点在 400～500℃，所以温度在 500℃以上的热烟所到之处，都有被引燃的危险。特别是在密闭的建筑物内发生火灾时，由起火房间流出的，具有 600～700℃以上高温的（含有大量一氧化碳）未完全燃烧的产物和走廊头上的窗口的新鲜空气相遇，还会产生爆燃。通过爆燃，会把在建筑物内接触到的可燃物全部点燃。实验表明，人对高温的暂时忍耐性最高为 65℃，而火烟温度常在 500℃以上，因此，火灾中常造成人员大面积烧伤现象。

四、常用建筑材料火灾性能

常用的建筑材料可以分成三大类：有机材料、无机材料和复合材料。有机材料包括：木材、塑料、装饰性材料、涂料等；无机材料包括：砖、石材、石膏及制品、玻璃、钢材、混凝土等。复合材料主要指各种功能性复合材料，如合成树脂、橡胶、碳纤维等。下面介绍几种主要建筑材料的火灾性能。

1. 木材

虽然树种很多，但木材的化学组成并没有多大的差别。主要成分有碳、氢、氧等。木材由常温受热后再慢慢蒸发水分，到 100℃左右呈干燥状态，继续加热便开始分解，并逐步炭化。木材在分解时，不仅分解可燃气体，同时也在放热。木材在常温下放热的现象是很不明显的，大约到 200℃以后方才突出。

木材燃烧的速度，是用木材变黑，即炭化扩展的深度来计算的。木材本色与炭化层黑色之间分界面处的温度，约等于 300℃。木材的密度大时，燃烧的速度缓慢；木材的湿度对木材燃烧的速度也有同样的影响。木材受热的温度高，而且通风供氧的条件良好时，木材的燃烧速度也会加快。

2. 塑料

塑料是以天然树脂或人工合成树脂为主要原料，加入填充剂、增塑剂、润滑剂和颜料等制成的一种高分子有机物。塑料具有可塑性。相对密度小、强度大、耐油浸、耐腐蚀、耐磨、隔声、绝缘、绝热、易切削及易于塑制成型等优越性能。塑料燃烧的产物主要有：

（1）烟雾。大多数聚合物热分解出的烟雾是浓的或非常浓的，即便是完全燃烧也会有烟，只不过密度较小。氨基甲酸乙酯泡沫在阴燃和明火燃烧时都产生浓烟，而且在 1 min 之内达到伸手不见五指的浓度。各类聚合物产生的烟雾取决于聚合物的性质、添加剂的种类、是明火或阴燃以及通风条件等因素。

（2）毒性。塑料的燃烧产物带来的危害与易燃液体燃烧产物的危害基本相同。然而有些性质和特点在类似用途的天然材料中是找不到的。塑料燃烧产生的一氧化碳同样是致命的可燃气体，二氧化碳也是提高产物毒性的重要组成部分，高聚物中的碳、氢、氧以及硫等元素都可以产生这样或那样的毒气。

（3）腐蚀性。聚氯乙烯热分解产生的大量氯化氢会腐蚀金属，破坏金属结构和生产设备。

3. 黏土砖

建筑用的人造小型块材，分烧结砖（主要指黏土砖）和非烧结砖（灰砂砖、粉煤灰砖等），俗称砖头。黏土砖以黏土（包括页岩、煤矸石等粉料）为主要原料，经泥料处理、成型、干燥和焙烧而成。目前，黏土砖由于环境保护的压力在城市使用越来越少，但在农村或不发达地区，仍然是构成墙体的主要建筑材料之一。

由于黏土砖是经过高温煅烧而成的，因而再次受到高温作用时性能保持基本稳定，在800～900℃时无明显破坏，耐火性能较好。普通黏土砖墙耐火时间与厚度有关。

4. 石材

目前，常用的石材种类分为两大类：天然石材和人造石材。

天然石材的耐热性与其化学成分及矿物组成有关。石材经高温后，由于热胀冷缩、体积变化而产生内应力或因组成矿物发生分解和变异等导致结构破坏。如含有石膏的石材，在107℃以上时就开始分解破坏；含有碳酸镁的石材，温度高于725℃会发生破坏；含有碳酸钙的石材，温度达827℃时开始破坏。由石英与其他矿物所组成的结晶石材，如花岗岩等，当温度达到600℃以上时，由于石英受热发生膨胀，强度迅速下降。

人造石材是以不饱和聚酯树脂为胶黏剂，配以天然大理石或方解石、白云石、硅砂、玻璃粉等无机物粉料，以及适量的阻燃剂、颜色等，经配料混合、浇铸、振动压缩、挤压等方法成型固化制成的一种人造石材。人造石大体分为人造亚克力石和人造石英石，复合亚克力石耐高温到90℃左右，纯亚克力耐高温为120℃，但不可长时间接触过热物体。

5. 石膏及石膏制品

生产石膏的原料主要为含硫酸钙的天然石膏（又称生石膏）或含硫酸钙的化工副产品和磷石膏、氟石膏、硼石膏等废渣，也称二水石膏。将天然二水石膏在不同的温度下煅烧可得到不同的石膏品种。如将天然二水石膏在107～1 700℃的干燥条件下加热可得建筑石膏。

建筑石膏及制品具有优异的防火性能，由于石膏受热时吸收大量热量发生脱水，要释放化合水，其耐火极限可达2h以上，此外，石膏制品为多孔结构，其导热系数为0.30，与砖（0.43）和混凝土（1.63）相比，隔热性能优良。但是，由于石膏受热会产生一定的收缩变形，导致石膏制品高温时容易开裂，失去隔火性能。

6. 玻璃

玻璃是以石英砂、纯碱、长石和石灰石等为原料，在 1 550～1 600℃烧至熔融，再经急冷而得的一种无定形硅酸盐物质，是一种非晶材料。玻璃的高硬度主要是由于结构的非晶态引起的，如果是发生了有序转变，力学性能会发生很大的下降，这就是俗称的玻璃临界温度。非晶态材料的临界转变温度与其结构有关。常见的玻璃成分主要为二氧化硅，单纯的二氧化硅转变温度是很低的。所以，现在很多玻璃都是通过掺杂其他成分来提高玻璃的耐高温性能。现在很多玻璃，如钢化玻璃等都是通过掺杂适当的成分来实现的。

（1）普通平板玻璃。常用于建筑的门窗。普通玻璃火灾条件下 250℃，1 min 左右因变形自行破裂。

（2）防火玻璃。按照耐火性能分为 A、B、C 三类；A 类要同时满足耐火完整性隔热性要求；B 类同时满足耐火完整性、热辐射强度要求；C 类需满足耐火完整性要求。按照耐火等级分为四级：一级（≥90 min）、二级（≥60 min）、三级（≥45 min）、四级（≥30 min）。

目前，随着技术的发展，耐高温玻璃种类越来越多，耐温最高可达 2 000℃以上。

7. 高温下钢材的物理、力学性质

（1）钢材在高温下的热物理性质。火灾发生时，钢材的密度、热传导率、比热容、导热系数和热膨胀系数，是决定火灾条件下钢材温度上升速度和钢结构热应力的重要参数。钢材的导热系数大、比热容小是被火烧以后迅速升高温度的根本原因。

钢材的弹性模量是应力与应力引起变形的比率。它是度量钢材抵抗变形能力的。在给定应力的条件下，钢材的弹性模量越大，变形就越小。钢材的弹性模量，一般是随着温度的增加而迅速减小。当温度≤200℃时，弹性模量下降有限，温度在 300～700℃迅速下降，温度等于 800℃时弹性模量很低，不超过常温下模量的 10%。耐火钢是掺加微量合金元素耐火温度达到 600℃以上，600℃屈服强度大于 2/3 常温屈服强度的特种建筑钢。

钢材的线胀系数是表示钢材由于加热而产生的膨胀或收缩的特性。温度升高，钢材的长度伸长，其线胀系数是正的；缩短时，其线胀系数是负的。钢随温度增加而产生的膨胀，只有在约 700℃以下时才有一定规律，而在 700℃以上时钢材实际上已失去了它的所有强度。

钢材的泊松比是横向应变与纵向应变之比值，也叫横向变形系数，它是反映材料横向变形的弹性常数。钢的泊松比在室温时约为 0.3，一般认为，钢的泊松比在 750℃以下时变化不大，在进行火灾性能分析时可不考虑泊松比的变化。

（2）钢在高温下的力学特性。当发生火灾后，由于热空气对流和辐射作用导致构件或材料环境温度升高，钢材的力学性能对温度变化很敏感，其力学性质变化的大小取决于温度的高低和钢材的种类。当温度升高时，钢材的屈服强度、抗拉强度和弹性模量的总趋势是降低的，但在 200℃以下时变化不大。当温度在 250℃左右时，钢材的抗拉强度反而有

较大提高，而塑性和冲击韧性下降，此现象称为"蓝脆现象"。当温度超过 300℃时，钢材的屈服强度、抗拉强度和弹性模量开始显著下降，而变形显著增大，钢材产生徐变；当温度超过 400℃时，强度和弹性模量都急剧降低；当温度达 600℃时，屈服强度、抗拉强度和弹性模量均接近于零，其承载力几乎完全丧失。因此，我们说钢材耐热不耐火。

8. 高温下混凝土热学性能

混凝土是由胶凝材料（水泥）、水、粗或细骨料按适当比例配合，搅拌成混合物，经一定时间硬化而成的人造石材。混凝土按密度的大小可分为重混凝土、普通混凝土和轻混凝土三种。混凝土的技术性质在很大程度上是由原材料的性质及其相对含量决定的，同时也与施工工艺（搅拌、成型、养护）有关。

（1）传热系数。混凝土是一种普通的建筑材料，其传热系数，一般不易发生大的变动。

（2）比热容。混凝土比热容随温度的变化很少是有规律的。

（3）强度。一般混凝土的抗压强度随温度的变化而变化，但大量的因素影响混凝土的强度随温度变化。此外，骨料的品种、大小，水泥黏结剂和骨料的配合比，水灰比对混凝土的强度，就是在常温条件下也有影响。

高温作用造成混凝土的强度损失和变形性能恶化的主要原因是：

① 水分蒸发后形成的内部空隙和裂缝；

② 粗骨料和其周围水泥砂浆体的热工性能不协调，产生变形差和内应力；

③ 骨料本身的受热膨胀破裂等，这些内部损伤的发展和积累随温度升高而更趋严重。

（4）弹性模量。在高温下，普通混凝土的初始弹性模量应计算取得，常温下混凝土的初始弹性模量，按现行《混凝土结构设计规范》（GB 50010—2010）确定。

（5）线胀系数。混凝土随着温度变化的膨胀，完全取决于骨料。混凝土的骨料越软，对混凝土膨胀的影响越小。相反，骨料越硬，对混凝土随温度变化的影响就越强。有些骨料在升高温度时，由于它的结构发生变化，也会明显地影响混凝土的膨胀，导致混凝土脱落，钢筋暴露在空气中。

（6）蠕变性质。钢筋混凝土梁一般是允许有较大蠕变的，一般在 500℃以上，虽然试件已经产生了很大挠度，但因蠕变而倒塌的还没有。混凝土的蠕变率与预应力钢筋混凝土相比，对温度是不敏感的。当温度低于 300℃时，蠕变比钢材高，但到 325℃以上时，则又明显地低于钢材的蠕变率。

五、火灾在建筑物内蔓延规律

建筑物内某一房间发生火灾，当发展到轰燃之后，火势就会突破该房间的限制向其他空间蔓延。建筑物平面布置和结构的不同，火灾时蔓延的途径也有区别。常见的蔓延途径是：

1. 火灾在水平方向的蔓延

（1）未设防火分区。对于主体为耐火结构的建筑来说，造成水平蔓延的主要原因之一是建筑物内未设水平防火分区，没有防火墙及相应的防火门等形成控制火灾的区域空间。例如，美国内华达州拉斯维加斯市的米高梅旅馆发生火灾，由于未采取严格的防火分隔措施，甚至对 4 600 m² 的大赌场也没有采取任何防火分隔措施和挡烟措施，大火燃毁了大赌场及许多公共用房，造成 84 人死亡、679 人受伤的严重后果。

（2）洞口分隔不完善。对于耐火建筑来说，火灾横向蔓延的另一途径是洞口处的分隔处理不完善。例如，户门为可燃的木质门，火灾时被烧穿；普通防火卷帘无水幕保护，导致卷帘失去隔火作用；管道穿孔处未用不燃材料密封等。

此外，防火卷帘和防火门受热后变形很大，一般凸向加热一侧。普通防火卷帘在火焰的作用下，其背火面的温度很高，如果无水幕保护，其背火面将会产生强烈辐射，在背火面堆放的可燃物或卷帘与可燃构件、可燃装修材料接触时，就会导致火灾蔓延。

（3）火灾在吊顶内部空间蔓延。装设吊顶的建筑，房间与房间、房间与走廊之间的分隔墙只做到吊顶底皮，吊顶上部仍为连通空间，一旦起火极易在吊顶内部蔓延，且难以及时发现，导致灾情扩大；就是没有设吊顶，隔墙如不砌到结构底部，留有孔洞或连通空间，也会成为火灾蔓延和烟气扩散的途径。

（4）火灾通过可燃的隔墙、吊顶、地毯等蔓延。可燃构件与装饰物在火灾时直接成为火灾荷载，由于它们的燃烧因而导致火灾扩大。

2. 火灾通过竖井蔓延

在现代建筑物内，有大量的电梯、楼梯、设备、垃圾等竖井，这些竖井往往贯穿整个建筑，若未作完善的防火分隔，一旦发生火灾，就可以蔓延到建筑的其他楼层。

此外，建筑中一些不引人注意的孔洞，有时也会造成整座大楼的恶性火灾。例如在现代建筑中，吊顶与楼板之间、幕墙与分隔构件之间的空隙，保温夹层、通风管道等都有可能因施工质量等留下孔洞，而且有的孔洞水平方向与竖直方向互相穿通，用户往往不知道这些孔洞隐患的存在，更不会采取什么防火措施，所以发生火灾时往往会因此导致生命财产的更大损失。

（1）火灾通过楼梯间蔓延。建筑的楼梯间，若未按防火、防烟要求进行分隔处理，则在火灾时犹如烟囱一般，烟火很快会由此向上蔓延。

（2）火灾通过电梯井蔓延。电梯间未设防烟前室及防火门分隔，则其井道形成一座座竖向"烟囱"，发生火灾时则会抽拔烟火，导致火灾沿电梯井迅速向上蔓延。如美国米高梅旅馆，1980 年 11 月 21 日其"戴丽"餐厅失火，由于大楼的电梯井、楼梯间没有设置防烟前室，各种竖向管井和缝隙没有采取分隔措施，使烟火通过电梯井等竖向管井迅速向上蔓延，在很短时间内，浓烟笼罩了整个大楼，并窜出大楼高达 150 m。

在现代商业大厦及交通枢纽、航空港等人流集散量大的建筑物内，一般以自动扶梯代替了电梯，自动扶梯所形成的竖向连通空间也是火灾蔓延的主要途径，设计时必须予以高度重视。

（3）火灾通过其他竖井蔓延。建筑中的通风竖井、管道井、电缆井、垃圾井也是建筑火灾蔓延的主要途径。此外，垃圾道是容易着火的部位，也是火灾中火势蔓延的主要通道。

3．火灾通过空调系统管道蔓延

建筑空调系统未按规定设防火阀、采用可燃材料风管、采用可燃材料做保温层都容易造成火灾蔓延。通风管道使火灾蔓延一般有两种方式，第一种方式为通风管道本身起火并向连通的水平和竖向空间（房间、吊顶内部、机房等）蔓延；第二种方式为通风管道吸进火灾房间的烟气，并在远离火场的其他空间再喷冒出来。后一种方式更加危险。因此，在通风管道穿越防火分区之处，一定要设置具有自动关闭功能的防火阀门。如杭州某宾馆，空调管道采用可燃保温材料，在送、回风总管与垂直风管与每层水平风管交接处的水平支管上均未设置防火阀，因气焊燃着风管可燃保温层而引起火灾，烟火顺着风管和竖向孔隙迅速蔓延，从底层烧到顶层，整个大楼成了烟火柱，楼内装修、空调设备和家具等统统化为灰烬，造成巨大损失。

4．火灾由窗口向上层蔓延

在现代建筑中，从起火房间窗口喷出的烟气和火焰，往往会沿窗间墙经窗口向上逐层蔓延。若建筑物采用带形窗，火灾房间喷出的火焰被吸附在建筑物表面，有时甚至会卷入上层窗户内部。

第三节　建筑防火设计

建筑物按结构大体分为五类：

① 易燃结构建筑。主要建筑构件以竹、木、草、油毡为主。

② 砖木结构建筑。以砖木为主要建筑构件的房屋，它在整个建筑中占有很大比例。

③ 砖混结构建筑。竖向承重构件采用砖墙或砖柱，水平承重构件采用钢筋混凝土楼、屋面板。

④ 钢结构建筑。以各种型钢为主要承重构件的房屋，使用于大跨度厂房、库房和高层建筑。

⑤ 钢筋混凝土结构建筑。以钢筋混凝土为主要承重构件的房屋，钢筋混凝土作柱、梁、楼板及屋顶等承重构件，砖或其他轻质材料做墙体等围护构件，使用范围很广，在各类建筑中，占有很大比例。

一、易燃结构建筑防火

易燃结构建筑是指以木、竹等易燃材料为主要承重构件的建筑。我国北方的木屋，南方的竹楼，以及未改造的城市老城区住宅和部分乡镇的老街等均属于易燃结构建筑。这类建筑在我国一定范围内还普遍存在，其火灾危害仍然比较严重。

易燃结构建筑大多是单层或两层建筑。其结构除部分外墙采用砖、石和土坯外，其他承重构件和围护部分都采用可燃材料建造。

1. 易燃结构建筑的火灾特点

易燃结构建筑的结构形式、所处地理位置、使用性质等，对其火灾时的火势发展蔓延有着直接的影响。

（1）受风的因素影响大。易燃结构建筑火灾易受风的因素影响，包括风向和风速等。

1）风向对易燃结构建筑火灾的影响。火势主要向下风方向蔓延；在热辐射作用下，也向上风、侧风方向蔓延。假设城市的某棚户区着火，风速为 3～5 m/s，若以火势向下风方向蔓延的速度为 1 时，则向侧风方向蔓延的速度为 0.66，向上风方向蔓延的速度为 0.48，火场形状呈卵形。

2）火势蔓延速度与风速有直接关系。据测试，易燃结构建筑区初起火灾的火势蔓延速度约为风速的（0.3～0.5）/60 倍。当风速为 10 m/s 时，卵形火场在不同时间内向各个方向蔓延的距离见表 3-2。

表 3-2　风速 10 m/s 时火势蔓延距离

着火后的时间/min	蔓延距离/m		
	下风向	侧风向	上风向
10	20	15	10
20	75	35	25
30	130	50	35
40	180	70	45
50	235	95	55

（2）易形成大面积火灾。易燃结构建筑形成大面积火灾的主要影响因素有延烧、热辐射、火焰流、空气流以及飞火等。

1）易燃结构建筑着火后，一般 8～10 min，火势就会突破门窗向外延烧，引起毗邻建筑着火。

2）火场产生的强辐射热，会使燃烧部位周围的空气温度和地表温度大幅升高，会引起毗邻建筑着火。

3）在风与火的作用下，火场会形成火焰流，风力越强，火焰流达到的距离就越远，会造成火势大面积发展蔓延。

4）火场形成的局部空气对流，会形成火场"旋风"，使火势发生无规则蔓延。

5）火场中心产生的强大热气流，在风力和环境条件的共同作用下，常常将大量燃烧着的木板、油毡、苇片等碎片卷入空中，形成飞火。据有关易燃结构建筑火灾资料统计，在 6 级风的情况下，火场最大飞火飘落距离达到 2 750 m。

例如，1985 年 5 月 23 日 14 时 40 分，黑龙江省伊春市建设街木屋区发生火灾，当天风力为 6~7 级。消防队到场时，燃烧面积已达 300 m²。由于风力过大，燃烧的木板、油毡等随风飞落，形成许多新的火点，导致燃烧范围迅速扩大至 20 余万 m²。后又调集了增援力量，并使用 14 台推土机配合开辟防火隔离带，才最终控制了火势。这起火灾波及 7 条街道，燃烧面积达 28.6 万 m²，有 1 687 户、6 824 人受灾，直接经济损失 2 097 万余元。

（3）易造成人员伤亡。易燃结构建筑，特别是棚户区，不仅耐火等级低，而且居住人口较多。火灾时火势会迅速发展，造成重大人员伤亡。

2．易燃结构防火设计

易燃结构建筑防火技术应是一个完整的体系，把整个建筑防火安全按一个系统考虑，在系统中各个部分或子系统消防安全水平应该做到协调一致。分析易燃结构消防安全应达到的整体防火技术要求，主要考虑以下几个方面：

（1）木结构建筑主要适用于 3 层及 3 层以下的低层住宅建筑、公寓或适用于 3 层及 3 层以下的部分使用功能的公共建筑以及单层中、小型大型公共建筑。

（2）木结构建筑的允许建筑高度。重型木结构建筑的建筑层数不应超过 2 层，建筑高度不应超过 10 m；轻型木结构建筑高度不应超过 15 m。

（3）木结构建筑中燃烧性能和耐火极限应符合《建筑设计防火规范》（GB 50016—2006）的规定（见表 3-3）。

表 3-3　易燃结构构件的燃烧性能和耐火极限

构件名称	燃烧性能和耐火极限/h
防火墙	不燃烧 3.00
承重墙、住宅单元之间的墙、住宅分户墙、楼梯间和电梯井墙体	难燃烧 1.00
非承重外墙、疏散走道两侧的隔墙	难燃烧 0.50
房间隔墙	难燃烧 1.00
多层承重柱	难燃烧 1.00
单层承重柱	难燃烧 1.00
梁	难燃烧 1.00
楼板	难燃烧 1.00
屋顶承重构件	难燃烧 1.00
疏散楼梯	难燃烧 0.50
室内吊顶	难燃烧 0.25

（4）木结构建筑物发生火灾后，在水平方向的蔓延情况由建筑物之间的防火间距、建筑物水平方向的防火分隔措施决定。如不能在水平方向控制建筑火灾的蔓延，则一座建筑物越长、建筑面积越大，其火灾损失与危害也越大。因此，建筑物的长度越长对火灾扑救也就越难。考虑我国的建设规划要求，一座建筑物的长度一般不应超过 150 m。木结构建筑物的允许建筑长度和一个防火分区的最大允许建筑面积应符合《建筑设计防火规范》（GB 50016—2006）的规定。

（5）防火间距。木结构建筑之间与其他耐火等级的民用建筑之间的防火间距需满足（不小于）：一、二级 8 m、三级 9 m、四级 11 m，两座木结构建筑之间及其与相邻其他结构民用建筑之间的外墙均无任何门窗洞口时，其防火间距不应小于 4 m。

二、砖木结构防火

砖木结构建筑是指以砖、木为主要承重构件的建筑。其承重构件有砖墙、木楼板、木屋架等。这类建筑在我国农村或不发达地区应用比较广泛，在各类建筑火灾中，砖木结构建筑火灾目前仍占较大比例。

1. 砖木结构建筑的火灾特点

砖木结构建筑的建筑结构、平面布局以及使用功能各异，火灾的发展蔓延及危害特点也各不相同。这里仅介绍砖木结构居住建筑的火灾特点。

（1）火灾蔓延特征明显。砖木结构住宅，不同的部位着火，火灾蔓延有着不同的特征。

1）房间起火的蔓延方向。

① 火势先沿着房间内的可燃构件和物品逐步发展扩大，产生大量的高温烟气。若门窗处于关闭状态，着火初期的高温烟气将在室内积聚；若门窗处于开启状态，高温烟气和火焰将很快向室外发展。

② 门窗处于关闭状态的房间，火势发展到一定阶段后，将会把木质的门窗烧穿，室外新鲜空气的补入，进一步加速火势的发展。

③ 从外窗喷出的火焰和高温烟气翻卷上升，将引起上层房间着火，造成垂直延烧。

④ 房门被烧穿后窜出的高温烟气，很快会充满走廊，并沿楼梯间向顶层垂直抽拔；火焰、高温烟气和辐射热将引燃走廊、楼梯间内的可燃物，导致火势扩大，威胁其他房间。

⑤ 火势在通过门窗向室外发展的同时，将烧穿木质隔墙或楼板向相邻房间和上层蔓延。楼板烧穿后，若有燃烧的物件落下，又会引起下层燃烧。如是空心隔墙或空心楼板，火势还会沿着空心部分向水平或垂直方向蔓延，对相邻房间或上层房间构成威胁。

2）走廊、楼梯间着火的蔓延方向。

① 走廊火势主要沿走廊放置的可燃物品或吊顶向水平方向发展，火焰和高温烟气直接威胁走廊两侧的房间。另外，一部分高温烟气将通过楼梯间拔向上层，直至顶层，引发火

势垂直蔓延。

②楼梯间着火,火势主要是沿楼梯间垂直发展。若木质的楼梯被引燃或烧断,则楼上人员将无法从楼梯逃生,消防人员也难以利用内楼梯向上进攻。

3)顶层着火的蔓延特点。

顶层的房间、走廊或楼梯间着火,除具有其他楼层的蔓延特点外,还会通过下列途径向闷顶蔓延,引起闷顶燃烧。

①火焰直接烧穿吊顶,进入闷顶。

②外窗喷出的火焰引起屋檐燃烧,进而导致闷顶燃烧。

③火势沿空心隔墙垂直延烧,进入闷顶,引起闷顶燃烧。

(2)易发生结构倒塌。砖木结构住宅的主要承重木构件,其可燃性决定了火灾情况下的易倒塌性。当梁或楼板被烧损时,房间会发生局部倒塌;屋顶承重屋架被烧损时,屋顶会发生局部倒塌;主要承重的柱或梁被烧毁时,房屋会发生整体倒塌。这些情况都对遇险人员和消防人员的作战行动构成重大威胁。

(3)易造成人员伤亡。砖木结构住宅,一般居住人员较多,而且通道狭小。火灾时,人员疏散非常困难,特别是发生在深夜的火灾,迅速发展蔓延的火势与人员允许疏散时间的矛盾十分突出,极易造成较多人员伤亡。如1996年11月27日零时左右,上海市黄浦区一幢4层的老式砖木结构住宅因一精神病患者放火,引发火灾,造成房屋倒塌,导致36人死亡。

2．砖木结构防火

(1)砖木结构房屋,按照《建筑设计防火规范》(GB 50016—2006)的规定,其耐火等级为四级。根据《高层民用建筑设计防火规范》(GB 50045—2005)第4.2.1条的规定,低层建筑与四级耐火等级建筑的防火间距应不小于9 m;

(2)防火材料,用不燃材料或防火板材、不燃涂料装修改造;

(3)注意用电安全,忌家用电器"带病工作",乱接、乱拉的电线;

(4)清理走道,不得在走廊、楼梯口、消防车道等处堆杂物;

(5)配备相应的消防器材,如灭火器,"灭火散"或沙包、水缸等。

三、混凝土结构防火

建筑物的承重构件是维系建筑结构安全的关键,现代建筑,大多采用不燃材料:混凝土结构、砖混结构和钢结构,特别是混凝土结构应用越来越多。实际火灾和试验研究表明,混凝土结构在火场持续700℃以上高温时会出现脱水,在射水的作用下,体积膨胀,水泥保护层酥松剥落,对钢筋失去保护作用,强度几乎消失;钢材的耐火极限很低,当钢材自身温度达到临界温度(540℃)时,其支撑强度会下降40%。构造柱等受压承重构件由于水泥的炸裂,抗压强度大大降低,在重压下会导致自身解体。梁、楼板等受弯承重构件的迎火面主筋一旦暴露在火焰中失去保护，挠曲速率会发生突变，抗弯、抗拉强度急剧下降，容易造成建筑物坍塌。火灾坍塌事故不多，但是建筑火灾坍塌的危害性却是巨大的，不仅直接导致了物质财产的巨大损失，更重要的是给建筑物内未来得及疏散的人群及内攻灭火的消防队员造成了灭顶之灾。2003 年 11 月 3 日湖南衡阳衡州大厦特大火灾，燃烧了近 3 h，突然整体坍塌，造成正在灭火战斗的 20 名消防官兵阵亡，15 人受伤。

1. 高温对钢筋与混凝土黏结性能的影响

混凝土结构主要由钢筋和混凝土构成，钢筋与混凝土之间的黏结力反映钢筋与混凝土界面相互作用的能力，通过黏结作用来传递两者的应力和协调变形。钢筋与混凝土之间的黏结力主要组成部分为：钢筋与水泥胶体的吸附和黏着力，约占总黏结力的 10%；混凝土在钢筋环向方向的收缩、钢筋微弯或直径不均匀所产生的摩阻力，约占总黏结力的 15%～20%；混凝土与钢筋接触表面上凹凸不平的机械咬合力，约占总黏结力的 75%。

在高温作用下，由于钢筋和混凝土之间的差异变形增大，接触面上的剪应力随之增大，加上混凝土抗压强度降低和混凝土内部产生裂缝等原因，从而使钢筋与混凝土的黏结力逐渐降低，直至完全破坏。

2. 混凝土结构的高温损伤问题

对混凝土结构而言，火灾将产生一个复杂的、不均匀的温度升高与下降过程。火灾的高温作用对混凝土结构造成的损伤，可以从温变引起的应变场、高温引起材性退化以及体变形作用受到约束造成附加应力等几方面进行分析。这些因素的存在改变了混凝土结构内部的应力状态与抗力机理，因而会出现与常温结构不同的破坏模式。

（1）内部不均匀温度场。由于混凝土的热传导系数很小，受火后，结构的迎火表面温度迅速升高，而内部的温度增长缓慢，因此形成了不均匀的温度场，其中表面的温度变化梯度较大。随着火灾时间的延续，构件的这种温度场也在不断变化，它取决于火灾的温度—时间过程、构件的形状与尺寸以及混凝土材料的热工性能等。研究发现，结构的初始内力状态、变形和细微裂缝等对其温度场的影响极小。但是，结构的温度场由于改变混凝土内部应力状态，它对结构的内力、变形、裂缝扩展和承载力等产生很大的影响。

（2）材料性能的严重恶化。经历火灾后，在高温时以及降温后，混凝土和钢筋各自的强度、弹性模量以及混凝土与钢筋之间的黏结力锐减，在同样的荷载作用下结构变形猛增。在高温作用下，混凝土还出现开裂、酥松和边角崩裂等外观损伤现象，且随温度的升高这种截面削弱渐趋严重。这是混凝土构件和结构的高温承载力与耐火极限严重下降的主要原因。

（3）构件截面应力和结构内力的重分布。发生火灾后的任意时刻，构件截面会存在不均匀的温度场，它将产生不均匀的温度变形。截面的高温区受到相邻的非高温构件的约束，将引起截面的应力重分布。对大多数混凝土结构，由于结构呈现超静定性，温度变形还将受到支座和节点的约束，继而会产生剧烈的内力重分布。随着温度的变化和时间的延续，混凝土结构将形成一个连续变化的内力重分布过程，并最终导致出现与常温结构不同的破坏机构和形态，影响结构的高温极限承载力。

3. 建筑物耐火等级

（1）建筑构件的耐火类别。建筑构件的耐火极限是指对任一建筑构件按标准温度—时间曲线进行耐火试验，从受到火作用时起，到失去稳定性或完整性被破坏或失去隔火作用时为止的这段时间，以小时（h）表示。失去稳定性是指建筑构件在火作用过程中失去了承载能力或抗变形能力，此条件主要针对承重构件；完整性被破坏是指分隔构件（如楼板、门窗、隔墙等）当其一面受火作用时出现穿透裂缝或穿火孔隙，火焰穿过构件使其背火面可燃物起火，从而失去了阻止火焰和高温气体穿透或阻止其背火面出现火焰的性能；失去隔火作用是指分隔构件失去隔绝过热热传导的性能，使得构件背火面后的平均温度超过初始温度 $140℃$ 或背火面上任一测点温度超过初始温度 $180℃$ 而使邻近可燃材料被燎烤炭化起火。

混凝土结构主要材料是钢筋和混凝土，这两种材料属于不燃烧体，因此，混凝土结构主要考虑耐火极限。混凝土构件多种多样，但从其耐火性来分，主要包括分隔构件、承重构件以及具有承重和分隔双重作用的承重分隔构件。对分隔构件，如隔墙、吊顶、门窗等，当构件失去完整性或绝热性时，构件达到其耐火极限，即此类构件的耐火极限由完整性和绝热性两个条件共同控制。对承重构件，如梁、柱、屋架等，此类构件不具备隔断火焰和过量热传导功能，所以由失去稳定性单一条件来控制承重构件是否达到其耐火极限。对承重分隔构件，如承重墙、楼板、屋面板等，此类构件具有承重兼分隔的功能，所以当构件在试验中失去稳定性或完整性或绝热性任何一条时，构件即达到其耐火极限。可见，它的耐火极限由三个条件共同控制。

（2）耐火等级。建筑物的耐火等级是衡量建筑物耐火程度的标准，它是由组成建筑物的构件的燃烧性能和耐火极限的最低值决定的。耐火等级越高，建筑物对火灾的忍耐程度越强。建筑物耐火等级是由建筑构件的耐火极限决定的，耐火极限的延长，能够提高建筑物抵抗火灾的能力，但必然会加大建筑成本。因此，选择适当的建筑物耐火等级，使其与建筑物的使用功能和重要度相适应，是建筑防火设计应首先确定的防火指标。

划分建筑物耐火等级的目的在于根据建筑物的用途不同提出不同的耐火等级要求，做到既有利于安全，又有利于节约基本建设投资。现行《建筑设计防火规范》将建筑物的耐火等级按建筑构件的耐火极限和燃烧性能划分为四级：一级、二级、三级和四级。建筑物所要求的耐火等级确定之后，其各种建筑构件的燃烧性能和耐火极限均不应低于相应耐火等级的规定。对于各类建筑构件的燃烧性能和耐火极限，可查阅《建筑设计防火规范》（GB 50016—2006）。现就构件的耐火极限和燃烧性能作如下说明：

1）构件的耐火极限。构件的耐火极限是指构件在标准耐火试验中，从受到火的作用时起，到失去稳定性、完整性或绝热性止，这段抵抗火作用的时间，一般以小时计。

2）构件的燃烧性能。构件的燃烧性能分为三类，即不燃烧体、难燃烧体和燃烧体。不燃烧体是指用非燃烧材料做成的构件，如天然石材、人工石材、金属材料等。难燃烧体是指用不易燃烧的材料做成的构件，或者用燃烧材料做成，但用非燃烧材料作为保护层的构件，例如，沥青混凝土构件、木板条抹灰的构件均属于难燃烧体。燃烧体是指用容易燃烧的材料做成的构件，如木材等。

根据各级耐火等级中建筑构件的燃烧性能和耐火极限特点，可大致判定不同结构类型建筑物的耐火等级。一般来说，钢筋混凝土结构、钢筋混凝土砖石结构建筑可基本定为一级、二级耐火等级；砖木结构建筑可基本定为三级耐火等级；以木柱、木屋架承重及以砖石等不燃烧或难燃烧材料为墙的建筑可定为四级耐火等级。

我国现行防火规范对厂房（仓库）建筑各耐火等级相应的建筑构件，要求其燃烧性能、耐火极限分别不应低于表 3-4 所列出的规定。

表 3-4　厂房（仓库）建筑构件的燃烧性能和耐火极限　　　　　　　单位：h

名称		耐火等级			
构件		一级	二级	三级	四级
墙	防火墙	不燃烧体 3.00	不燃烧体 3.00	不燃烧体 3.00	不燃烧体 3.00
	承重墙	不燃烧体 3.00	不燃烧体 2.50	不燃烧体 2.00	难燃烧体 0.50
	楼梯间的墙和电梯井的墙	不燃烧体 2.00	不燃烧体 2.00	不燃烧体 1.50	难燃烧体 0.50
	疏散走道两侧的隔墙	不燃烧体 1.00	不燃烧体 0.50	不燃烧体 0.50	难燃烧体 0.25
墙	非承重墙	不燃烧体 0.75	不燃烧体 0.50	不燃烧体 0.50	难燃烧体 0.25
	房屋隔墙	不燃烧体 0.75	不燃烧体 0.50	不燃烧体 0.50	难燃烧体 0.25
柱		不燃烧体 3.00	不燃烧体 2.50	不燃烧体 2.00	难燃烧体 0.50
梁		不燃烧体 2.00	不燃烧体 1.50	不燃烧体 1.00	难燃烧体 0.50
楼板		不燃烧体 1.50	不燃烧体 1.00	不燃烧体 0.75	难燃烧体 0.50
屋顶承重构件		不燃烧体 1.50	不燃烧体 1.00	难燃烧体 0.50	燃烧体
疏散楼梯		不燃烧体 1.50	不燃烧体 1.00	不燃烧体 0.75	燃烧体
吊顶（吊顶包括吊顶格栅）		不燃烧体 0.25	难燃烧体 0.25	难燃烧体 0.15	燃烧体

目前我国民用建筑结构构件耐火极限见表3-5。

表 3-5　建筑结构构件的燃烧性能和耐火极限　　　　　　　单位：h

名称		耐火等级			
	构件	一级	二级	三级	四级
墙	防火墙	不燃烧体 3.00	不燃烧体 3.00	不燃烧体 3.00	不燃烧体 3.00
	承重墙	不燃烧体 3.00	不燃烧体 2.50	不燃烧体 2.00	难燃烧体 0.50
	楼梯间的墙和电梯井的墙、住宅单元之间的墙、住宅分户墙	不燃烧体 2.00	燃烧体 2.00	不燃烧体 1.50	难燃烧体 0.50
	疏散走道两侧的隔墙	不燃烧体 1.00	不燃烧体 1.00	不燃烧体 0.50	难燃烧体 0.25
	非承重外墙	不燃烧体 1.00	不燃烧体 1.00	不燃烧体 0.50	燃烧体
	房屋隔墙	不燃烧体 0.75	不燃烧体 0.50	不燃烧体 0.50	难燃烧体 0.25
柱		不燃烧体 3.00	不燃烧体 2.50	不燃烧体 2.00	难燃烧体 0.50
梁		不燃烧体 2.00	不燃烧体 1.50	不燃烧体 1.00	难燃烧体 0.50
楼板		不燃烧体 1.50	不燃烧体 1.00	不燃烧体 0.50	燃烧体
屋顶承重构件		不燃烧体 1.50	不燃烧体 1.00	燃烧体	燃烧体
疏散楼梯		不燃烧体 1.50	不燃烧体 1.00	不燃烧体 0.50	燃烧体
吊顶（吊顶包括吊顶格栅）		不燃烧体 0.25	不燃烧体 0.25	难燃烧体 0.15	燃烧体

4．建筑物结构防火

在建筑设计中应采取防火措施，以防火灾发生和减少火灾对生命财产的危害。建筑防火包括火灾前的预防和火灾时的措施两个方面，前者主要为确定耐火等级和耐火构造，控制可燃物数量及分隔易起火部位等；后者主要为进行防火分区，设置疏散设施及排烟、灭火设备等。

（1）防火分区。防火分区是根据建筑物的特点，采用相应耐火性能的建筑构件或防火分隔物，将其人为划分为能在一定时间内防止火灾向同一建筑物内其他部分蔓延的局部空间。建筑中为阻止烟火蔓延必须进行防火分区。防火分区的主要作用：一是在一定时间内把建筑物内火势控制在限定的区域内；二是阻止火势在建筑物内水平和竖直方向蔓延；三是着火区域以外的防火分区作为人员疏散的安全区。

构件按照防火分区分为两类:

① 水平防火分区构件:防火墙、防火门、防火卷帘、防火水幕带等;

② 竖向防火分区构件:耐火楼板、窗间墙、封闭楼梯间、防烟楼梯间等。

民用建筑的防火分区与耐火等级、最多允许层数关系见表3-6。

表 3-6 民用建筑的耐火等级、最多允许层数和防火分区最大允许建筑面积

耐火等级	最多允许层数	防火分区的最大允许建筑面积/m²	备 注
一级、二级	9层	2 500	1. 体育馆、剧院的观众厅,展览建筑的展厅,其防火分区最大允许建筑面积可适当放宽 2. 托儿所、幼儿园的儿童用房和儿童游乐厅等儿童活动场所不应超过三层或设置在四层及四层以上楼层、半地下建筑(室)内
三级	5层	1 200	1. 托儿所、幼儿园的儿童用房和儿童游乐厅等儿童活动场所、老年人建筑和医院、疗养院的住院部分不应超过二层或设置在三层及以上楼层或地下、半地下建筑(室)内 2. 商店、学校、电影院、剧院、礼堂、食堂、菜市场不应超过二层或设置在三层及三层以上楼层
四级	2层	600	学校、食堂、菜市场、托儿所、幼儿园、老年人建筑、医院等不应设置在二层

(2)防火距离。防火间距是防止着火建筑的辐射热在一定时间内引燃相邻建筑,且便于消防扑救的间隔距离。

建筑耐火等级越低越易遭受火灾的蔓延,其防火间距应加大。一级、二级耐火等级民用建筑物之间的防火间距不得小于 6 m,它们同三级、四级耐火等级民用建筑物的防火距离分别为 7 m 和 9 m。高层建筑因火灾时疏散困难,云梯车需要较大工作半径,所以高层主体同一级、二级耐火等级建筑物的防火距离不得小于 13 m,同三级、四级耐火等级建筑物的防火距离不得小于 15 m 和 18 m。厂房内易燃物较多,防火间距应加大,如一级、二级耐火等级厂房之间或它们和民用建筑物之间的防火距离不得小于 10 m,三级、四级耐火等级厂房和其他建筑物的防火距离不得小于 12 m 和 14 m。生产或贮存易燃易爆物品的厂房或库房,应远离建筑物。

(3)防烟分区。防烟分区是指以屋顶挡烟隔板、挡烟垂壁或从顶棚下突出不小于 50 cm 的梁为界,从地板到屋顶或吊顶之间的空间。建筑物内发生火灾时,通过设置防烟分区,把高温烟气控制在一定的区域内,能够有效地为防排烟、人员疏散及火灾扑救创造有利条件。

(4)安全疏散。安全疏散是指发生火灾时,被困人员通过建筑物中合理设置的疏散走道、楼梯、楼梯间、疏散门、疏散指示标志及其他安全出口,迅速而有秩序地疏散到安全

地点的行动。

1）安全疏散时间。

一般民用建筑，一级、二级耐火等级建筑为 6 min；三级、四级耐火等级建筑为 2～4 min。

人员密集的公共建筑，一级、二级耐火等级建筑为 5 min；三级耐火等级建筑不应超过 3 min；一级、二级耐火等级的影剧院、礼堂、体育馆观众厅不应超过 3 min。

高层建筑可按 5～7 min 考虑。

2）安全疏散距离。安全疏散距离包括房间内最远点到房间门或住宅门的距离和从房间门到疏散楼梯间或外部出口的距离。

3）安全疏散线路。室内、房间门口、走道、楼梯、安全出口、室外安全区域。

四、钢结构防火

钢结构的结构形式一般有框架、排架、门式刚架等，是比较新颖且具有发展前景的建筑结构。钢结构的特点是柔性设计，利用变形消耗地震作用，具有优秀的抗震性能。由于钢结构自重轻，可塑性强，适宜建造超大跨度、超高高度以及特殊形状的建筑。钢结构作为一种蓬勃发展的结构体系优点有目共睹，但缺点也不容忽视，除耐腐蚀性差外，耐火性差是钢结构的又一大缺点。因此一旦发生火灾，钢结构很容易遭受破坏而倒塌。另外，钢结构造价昂贵。

我国有许多因火灾而造成的钢结构事故。国外也有许多这方面的实例，1967 年美国蒙哥马利市的一个饭店发生火灾，钢结构屋顶被烧塌；1970 年美国 50 层的纽约第一贸易办公大楼发生火灾，楼盖钢梁被烧扭曲 10 cm 左右。1990 年英国一幢多层钢结构建筑在施工阶段发生火灾，造成钢梁、钢柱和楼盖钢桁架的严重破坏。尤其值得一提的是，2001 年 9 月 11 日，震惊世界的"9·11"事件中被飞机撞毁的纽约世界贸易大楼姊妹楼，事后专家分析认为，其实飞机并没有将大楼撞倒，而是由于飞机在撞到大楼的同时破坏了大楼钢结构上的防火涂层，并爆炸起火，使得钢结构暴露在熊熊烈火中，在一个多小时后，结构软化，强度丧失，终于不能承载如此沉重的负担，轰然倒下，造成几千人命丧废墟，损失多达几百亿美元，给周边地区的经济以沉重的打击。

钢结构火灾特点可以概括为两点：第一，钢结构在火灾情况下强度变化较大，温度超过 200℃时强度开始减弱，温度 350℃时，钢结构强度下降 1/3，温度达到 500℃时，钢结构强度下降一半，温度达到 600℃时，钢结构强度下降 2/3，当温度超过 700℃时，钢结构强度则几乎丧失殆尽。火灾下钢结构的最终失效是由于构件屈服或屈曲造成的。据统计，火灾中钢结构建筑在燃烧 15～20 min，就有可能发生倒塌。第二，钢结构是典型的热胀冷缩特性，高温受热后急剧变形，很短的时间内承载能力和支撑力都将下降，但当遇到水流冲击，如灭火或是防御冷却时，钢结构会急剧收缩，转瞬间即形成收缩拉力，继而使建筑结构的整体稳定性破坏，造成坍塌。

钢结构在火灾中失效受到各种因素的影响，例如，钢材的种类、规格、荷载水平、温度高低、升温速率、高温蠕变等。对于已建成的承重结构来说，火灾时钢结构的损伤程度还取决于室内温度和火灾持续时间，而火灾温度和作用时间又与此时室内可燃性材料的种类及数量、可燃性材料燃烧的特性、室内的通风情况、墙体及吊顶等的传热特性以及当时气候情况（季节、风的强度、风向等）等因素有关。火灾一般属意外性的突发事件，一旦发生，现场较为混乱，扑救时间的长短也直接影响到钢结构的破坏程度。

1．钢构件的耐火极限与临界温度

钢结构由于耐火性能差，因此为了确保钢结构达到规定的耐火极限要求，必须采取防火保护措施。通常不加保护的钢构件的耐火极限仅为 10～20 min。

钢结构的临界温度确定：

（1）钢梁的临界温度。一般来说，大的荷载可使工字型钢梁的耐火极限降低。钢梁的破坏则必须等到整个截面全面到达屈服点，这需要较高的温度，而且还取决于其截面的形状。相对来说，超静定梁比静定梁的临界温度要高，而且梁底的温度一般都高于梁顶的温度。下缘和上缘的温度差可达 100～200℃。当有温度梯度时，梁的承载能力将低于温度均布（上下缘平均温度）时的承载能力。

（2）钢柱的临界温度。它除了取决于荷载和钢的性质以外，绝大部分还取决于柱子的细长比。长柱在弹性变形的条件下就被压弯了。所以，在实际应用时，长柱子的临界温度采用 520℃，短柱的临界温度采用 420℃。

2．钢结构的防火方法

要使钢结构材料在实际应用中克服防火方面的不足，必须进行防火处理，其目的就是将钢结构的耐火极限提高到设计规范规定的极限范围。防止钢结构在火灾中迅速升温发生形变塌落，其措施是多种多样的，关键是要根据不同情况采取不同方法，如采用绝热、耐火材料阻隔火焰直接灼烧钢结构，降低热量传递的速度推迟钢结构温升、强度衰减的时间等。但无论采取何种方法，其原理是一致的。下面介绍几种主要的钢结构防火保护措施。

（1）外包层。就是在钢结构外表添加外包层，可以现浇成型，也可以采用喷涂法。现浇成型的实体混凝土外包层通常用钢丝网或钢筋来加强，以限制收缩裂缝，并保证外壳的强度。喷涂法可以在施工现场对钢结构表面涂抹砂浆以形成保护层，砂浆可以是石灰水泥或是石膏砂浆，也可以掺入珍珠岩或石棉。同时外包层也可以用珍珠岩、石棉、石膏或石棉水泥、轻混凝土做成预制板，采用胶黏剂、钉子、螺栓固定在钢结构上。

（2）充水（水套）。空心型钢结构内充水是抵御火灾最有效的防护措施，这种方法能使钢结构在火灾中保持较低的温度、水在钢结构内循环、吸收材料本身受热的热量。受热的水经冷却后可以进行再循环，或由管道引入凉水来取代受热的水。

（3）屏蔽。钢结构设置在耐火材料组成的墙体或顶棚内，或将构件包藏在两片墙之间的空隙里，只要增加少许耐火材料或不增加即能达到防火的目的。这是一种最为经济的防火方法。

（4）膨胀材料。采用钢结构防火涂料保护构件，这种方法具有防火隔热性能好、施工不受钢结构几何形体限制等优点，一般不需要添加辅助设施，且涂层质量轻，还有一定的美观装饰作用，属于现代的先进防火技术措施。

3. 钢结构防火涂料

建筑防火是消防科学技术的一个重要领域，而防火涂料又是防火建筑材料中的重要组成部分。钢结构防火涂料刷涂或喷涂在钢结构表面，起防火隔热作用，防止钢材在火灾中迅速升温而降低强度，避免钢结构失去支撑能力而导致建筑物垮塌。早在 20 世纪 70 年代，国外对钢结构防火涂料的研究和应用就展开了积极的工作并取得了较好的成就，至今仍是方兴未艾。我国防火涂料的发展，较国外工业发达国家晚 15～20 年，虽然起步晚，但发展速度较快。从 80 年代初，我国也开始研制钢结构防火涂料，至今已有许多优良品种广泛应用于各行各业。

钢结构防火涂料主要施用于建筑中承载的钢梁、钢柱、球形网架和其他构件的防火保护，使其达到《建筑设计防火规范》（GB 50016—2006）和《高层民用建筑设计防火规范》（GB 50045—1995）（2005 年版）规定的耐火极限。

五、超高层建筑防火

1972 年 8 月在美国宾夕法尼亚州的伯利恒市召开的国际高层建筑会议上，将 40 层以上、高度 100 m 以上的建筑物，定义为超高层建筑。2005 年，我国规定超高层建筑是指建筑高度大于 100 m 的民用建筑。目前，世界上最高的建筑是阿联酋迪拜塔，高 700 m。我国高层建筑有 10 万多栋，目前最高的建筑是上海环球金融中心，高 632 m。香港特区的最高建筑为中银大厦，高 370 m，有 75 层。北京最高的建筑是国贸三期，高 330 m。北京现有高层建筑 8 000 余栋，其中高度超过 100 m 的多达 60 余栋。

最近几年，高层和超高层建筑火灾在世界各地屡见不鲜。尽管这些建筑一般都配备了较先进的消防设施，可一旦起火，人们往往还是措手不及。

国外超高层建筑发展较早，距今已有 60 多年的历史，其中以美国为最早，建成的超高层建筑也最多，相应地，美国的超高层建筑火灾也较多。

由于超高层建筑能够展示城市经济社会的繁荣与发展程度，体现城市的实力和形象，因此这些年我国很多城市都掀起建设超高层建筑的热潮。一座座高楼不断拔地而起，给这些超高层建筑的防火和消防带来巨大考验。因为超高层建筑灭火本身就是世界级难题，一旦发生火灾，情况错综复杂，扑救难度大，极易引发群死群伤。

1. 超高层建筑的火灾特点

超高层建筑由于其特殊的构造和功能要求，致使其内部火灾荷载大、火势蔓延快，人员疏散困难，救援难度大，易形成重大火灾隐患。

（1）火灾荷载大。火灾荷载是衡量建筑区域内可燃物多少的参数，可燃物完全燃烧时产生的热量与建筑面积之比，称为火灾荷载的密度。其来源主要包括：建筑装饰材料、电气设备、办公与生活用品。火灾荷载大的潜在的危险因素：一方面会增加火灾时的最高温度，另一方面会产生大量浓烟与有毒气体。火灾荷载越大，建筑物内发生火灾后参与燃烧的可燃物就越多，燃烧释放的热量就越多，环境温度就越高，发生轰燃的时间就越短，对人类生命的安全威胁就越大。

（2）火灾蔓延快。我国气象专业中，有"高楼风"一词，意思是说，在高楼林立的街道上，因受高大建筑物的阻碍，风速和风向能够发生改变，有时还会形成旋风或强风，危及行人安全。

在自然界，也有一个尽人皆知的现象，叫"风助火势"，意思是空气流动会助长火势。在高层建筑面前，风速会随着建筑物高度的增加而相应加大。据测定，如果在建筑物 10 m 高处的风速为 5 m/s；那么在 30 m 高处的风速为 8.7 m/s；在 60 m 高处的风速为 12.3 m/s；在 90 m 高处的风速为 15 m/s。也就是说，楼越高，风速越大，火灾发生时火势扩大蔓延也会越快。

央视新址在建配楼起火初期，地面风速为 0.9 m/s，估计其顶层 159.68 m 的高度，风速不低于 20 m/s。这场火灾蔓延如此之快，与建筑材料、建筑物高度都有直接关系，30 层的高楼，楼顶上的风力很大，对火势蔓延产生了直接影响。

另外，由于超高层建筑的结构特点，其内部形成各种纵横交错的管道样连通空间，如横向的吊顶、空调风管、排烟管道，纵向的各类管道井、电梯井、电缆井、通风井、楼梯井。这些内部通道会在火灾发生时变为若干个竖向火洞，使得烟气通过这些管道向上升腾，最终在建筑里形成烟囱效应，助长了火势蔓延，所以高层建筑中，竖向火的蔓延一定比横向火蔓延的速度快。这也是为什么超高层建筑失火时，就怕垂直方向上烟雾毒气的扩散。

据测算，高楼失火时，烟雾毒气垂直扩散的速度是 3～4 m/s，只需 1 min 左右，烟雾就可以扩散到几十层高的大楼。因此，在超高层建筑火灾中，70%～80%的死者是由于烟雾毒气致命的。上海市消防局曾在金茂大厦做过一次特殊的测试，让数名消防队员从 85 层（250 m）高处，轻装快步跑下去，终点是首层的安全出口处。当时的最快记录为 35 min。这意味着，火灾发生时，人的行进速度远比烟雾的扩散速度慢得多。此时，除非身着防毒面具和耐火服装，否则，常人是很难在火灾发生时从 100 层之上的超高层建筑中逃生的。

为避免烟囱效应，尽量少用可燃材料和燃烧时能产生大量烟雾毒气的建材非常重要，而且在设计阶段就应当限制建筑内的大面积空间，尽量周密考虑防火防毒分隔和排烟设施。

（3）管理难度大。超高层建筑的功能趋于多样化，人员流动大，人员的消防安全意识、技能、素质参差不齐，擅自使用或扩大使用生活用热源、火源，违章使用电气的现象屡禁不止，消防安全责任制、动态管理、教育培训落实不力，总之，超高层建筑管理难度非常大。

（4）救援难度大。由于超高层建筑疏散的途径有限，步行楼梯往往是人员自救逃生、安全疏散的唯一安全通道，安全疏散难度大。同时，疏散的有效时间长。国外资料统计，火灾环境中人员密集度 1～5 人/m² 时，水平行走速度为 1.35～0.6 m/s，在楼梯上垂直行走速度为 3.6～1.5 m/s，比烟火蔓延速度慢。如果通过速度按 75 m/min、通过能力 75 人/min 计算，一栋超高层建筑办公楼有 3 000 人办公，10 min 只能疏散 750 人，在疏散秩序良好的前提下，也需要 40～60 min 才能疏散结束，而最佳安全疏散有效时间是 5～15 min，由于疏散过程中的人员惊慌与火灾中的烟雾导致疏散速度慢、人员拥挤、疏散秩序不良，疏散时间会更长，从安全疏散的最佳有效时间来衡量，这给生命安全带来了很大的危险性。

目前，超高层建筑的扑救存在困难。从目前的消防能力来看，如果发生火灾，从大楼外面施救的话，云梯车一般只能达到约 50 m 的高度，消防水枪所能射到的高度一般只有 200 m。而在更高的高度上，除非让消防人员冒险进入火点，人工启动大楼内部的消火栓，否则只能让大火自生自灭。以 2009 年 2 月 9 日，央视火灾为例，着火建筑高约 150 m，东、南两面着火，火势有 80～100 m 高。在持续 6 h 的救援中，火势无法完全控制的主要原因是灭火的水上不去，消防车上的水枪只能射到 60 m 高度。

2．超高层建筑防火

超高层建筑的防火，不仅需要对前期防火系统进行科学、合理、可靠、全面的设计，对后期实施科学有效地管理，还取决于超高层建筑自身消防设施的完善和有效地运行。针对高层建筑火灾特点以及目前我国超高层建筑防火安全现状，提出以下几点防火措施：

（1）合理规划超高层建筑的总平面布置和平面布置。一是合理选择位置。根据火灾时辐射热对相邻建筑的影响，易燃易爆场所火灾时对高层建筑的影响，以及消防灭火救援和节约用地等综合因素保持必要的防火间距。二是合理规划消防车道和消防扑救面。由于超高层建筑体积大，高度高，必须设置环形消防车道，主体建筑应满足消防车扑救的需要，尽管目前登高消防车举高能力有限，但在其有限操作范围内还是为消防部门灭火救助提供有效外围途径。三是合理布置燃油、燃气锅炉、油性变压器、柴油发电机、燃油燃气以及人员密集场所等用房的位置。采用控制和分隔办法把可燃物控制在局部范围。

（2）提高超高层建筑构件的耐火等级。超高层建筑不论采用哪种结构体系，其耐火等级不应低于一级的要求，从消防角度看，钢筋混凝土结构应是最理想的，但由于钢结构施工方便、施工速度快等特点，目前不少超高层建筑采用钢结构，但从防火角度看，钢结构虽然是不燃烧体，但很不耐火，无数火灾案例和科学试验所证明，无防火保护的钢结构在火灾的作用下，15 min 左右就会烧损或破坏。因此，对超高层钢结构建筑防火处理尤为重要，对梁、柱、楼板、屋顶承重构件等各种构件应满足一级耐火等级的要求。

（3）处理好平面和竖向防火分隔。一是合理划分防火分区。利用防火墙或防火卷帘等防火分隔物将建筑平面划分为若干水平防火分区，通过楼板等构件将上、下楼层划分为若干竖向防火分区，即使发生火灾，也不至于蔓延到其他区域，把火灾控制在较小的范围。二是处理好管井分隔处理。

（4）保证控火设施。一是指把火灾控制在初起阶段，包括安装火灾自动报警、自动灭火系统。进行早期探测和初期扑救。二是把火灾控制在较小范围。在建筑物平面划分防火、防烟分区，在建筑物之间留有防火安全距离，切断火灾蔓延途径，既可减小成灾面积又有利于救援。

（5）加强日常管理。在日常防灾管理中，建立逐级防火责任制，完善各岗位的规章制度，责成专人定期对建筑内消防设施进行维护检查，保障消防设施功能的完整性、有效性。严禁随意拆改建筑构件、消防设施。

此外，火灾中最佳安全疏散时间只有 90 s（即从工作区域内最不得力点到达安全疏散楼梯内的时间），保障安全疏散设施（安全出口、疏散走道、疏散楼梯、疏散指示标志、避难层）的完好、畅通无阻，才能保障在应急情况下，组织火场人员有秩序地沿着疏散走道、疏散楼梯、安全出口的方向疏散到安全区域。

六、古建筑防火

古建筑是某一地区、某一时代文化发展的标志，代表了当地特有的奇迹。古建筑及其独特的几何形体，具有一种整体的美感，有人把它喻为"凝固的音乐"。古建筑起火，造成的火灾损失是无法以金钱来计算的。除建筑物本身的价值以外，在建筑物内一般都藏有大量文物和珍贵的艺术品。这些文物和艺术品对研究历史、宗教、天文、星算、医学、文化、艺术等，都具有重要的意义。近 10 年来，全国曾多次发生古建筑火灾。如 2002 年 11 月 21 日山西省宁武县小石门悬空寺火灾，及 2010 年 11 月 13 日清华学堂火灾，这些火灾均造成了难以弥补的损失和影响。

1. 古建筑的火灾特点

（1）火灾荷载大，耐火等级低。我国古建筑绝大多数以木材为主要材料，以木构架为主要结构形式，其耐火等级低。古建筑中的各种木材构件，具有特别良好的燃烧和传播火焰的条件。古建筑起火后，犹如架满了干柴的炉膛，而屋顶严实紧密，在发生火灾时，屋顶内部的烟热不易散发，温度容易积聚，迅速导致"轰燃"。古建筑的梁、柱、椽等构件，表面积大，木材的裂缝和拼接的缝隙多，再加上大多数通风条件比较好，有的古建筑更是建在高山之巅，发生火灾后火势蔓延快，燃烧猛烈，极易形成立体燃烧。如 2003 年 1 月 19 日 18 时 40 分许，世界文化遗产武当山古建筑群中重要宫庙的主殿（遇真宫）在大火中全部烧毁。

（2）无防火间距，容易出现"火烧连营"。我国的古建筑多数是以各式各样的单体建筑为基础，组成各种庭院。在庭院布局中，基本采用"四合院"和"廊院"的形式。这两种布局形式都缺少防火分隔和安全空间，如果其中一处起火，一时得不到有效控制，毗连的木结构建筑很快就会出现大面积燃烧，形成火烧连营的局面。

（3）火灾扑救难度大。我国的古建筑分布在全国各地，且大多数远离城镇，建于环境幽静的高山深谷之中。这些古建筑普遍缺乏自防自救能力，既没有足够的训练有素的专职消防队员，也没有配备安装有效的消防设施，一旦发生火灾，位于城镇的消防队鞭长莫及。只有任其燃烧，直至烧完为止。大多数古建筑都缺乏消防水源，而对于一些高大的古建筑更是有水难攻，再加上古建筑周围的道路大多狭窄，有的还设有门槛、台阶，消防车根本无法通行，这些都给火灾扑救工作带来很大的困难。

2. 古建筑火灾危害

古建筑的最大特点是不可再生，每次火灾之后，有许多珍贵的历史文物被化为灰烬，让世人痛心不已。据统计，20 世纪 50 年代以来古建筑火灾案例的分析，其中人为因素占 76.8%；其中，因管理原因导致的火灾占 31.7%，因使用问题导致的火灾占 45.1%。导致古建筑损毁的火灾案例不胜枚举。表 3-7 列举了 1995—2010 年部分重大的古建筑火灾事件。

表 3-7　2000—2010 年因火灾损毁的古建筑

时间	地点	古建筑	起火原因	因灾损失
2010 年 11 月 13 日	北京	清华学堂	施工用火不慎	过火面积 800 m²
2009 年 12 月 12 日	北京	拈花寺	电线短路	整座西配殿烧毁
2008 年 10 月 5 日	浙江	金华太平天国侍王府	人为纵火	损失惨重
2007 年 3 月 7 日	贵州铜仁	川主宫	电器短路	建筑烧毁
2006 年 6 月 27 日	福建屏南	木拱廊桥—百祥桥		烧毁
2005 年 1 月 24 日	扬州	重宁寺藏经阁		藏经阁几被烧毁
2004 年 6 月 20 日	北京	护国寺	人为失火	烧毁
2004 年 5 月 5 日	建瓯市	崇仁禅寺	香烛复燃引发火灾	烧毁
2004 年 5 月 11 日	山西樱山县	大佛寺	雷击	大殿烧塌
2003 年 1 月 19 日	武当山	遇真宫	人为失火	烧毁
2002 年 12 月 2 日	山西	悬空寺		损失惨重

在国外，古建筑火灾事例损失也十分严重。如 2008 年 2 月 10 日，发生在韩国首都首尔市中心、拥有 600 多年历史的崇礼门整座木制城楼被大火烧毁，造成无法挽回的损失。

3. 古建筑火灾预防

针对古建筑发生火灾的多种成因，必须坚持"防消结合，预防为主"的原则，有针对性地做好文物古建筑的防火安全工作，做到组织落实，制度严密，措施得法，施救有效。

首先，解决古建筑在消防管理方面的问题。

（1）应提高认识，切实加强组织领导。各级政府、文物主管部门和宗教事务管理部门应该高度重视消防安全工作，认识到古建筑的火灾危险性和其诸多消防安全隐患问题，切实加强古建筑消防安全管理工作。

（2）加强措施，严格落实各项制度。建立行之有效的规章制度，使消防安全管理有章可循，有令可遵，尽量做到自防自救等。

（3）加强火源管理，从根本上切断古建筑火灾之源。

其次，解决古建筑在防火设计和功用性质等自身方面的因素。可以从以下几个方面来预防古建筑火灾的发生。

（1）对古建筑进行防火技术处理，降低发生火灾概率。对已建的柱、梁、枋、檩、椽和楼板等主要木质构件，在木材的表面涂刷或喷涂防火涂料，造成一层保护性的阻火膜，以降低木材表面燃烧性能，阻滞火灾迅速蔓延。尽可能地解决防火间距和分隔。扩建、改建、维修的古建筑，设计时要注意防火间距。原有的古建筑周围乱搭乱建的建筑物必须拆除，对确实无法解决的防火间距，可按具体情况建立防火墙，实行防火分隔。同时，在不影响古建筑整体景观的条件下，尽可能地修缮消防车道，以利于火灾扑救。

（2）改善古建筑的消防安全环境，做到有备无患。开辟消防通道、搞好消防水源建设。

（3）增加消防设备，把火灾扑灭在初起阶段。设置火灾报警、自动喷水灭火系统，完善防雷避雷措施。中国古建筑中遭雷击起火的案例已屡见不鲜。

七、地下建筑防火

地下建筑一般是指建造在岩石和土层中的比附近地面标高低 2 m 以上的建筑。就其建筑形式而言，可分为附建式和单建式两大类。目前，我国对地下建筑还没有一个统一的分类方法和标准。但习惯上按其施工方法、存在条件和使用功能三种情况，可大体进行以下分类：按施工方法，可分为明挖式和暗挖式地下建筑；按存在条件，可分为建造在岩石中的和建造在土层中的地下建筑；按功能分类，有军用建筑（如射击工事、观察工事、掩蔽工事等）、民用建筑（包括居住建筑、公共建筑）、各种民用防空工程、工业建筑、交通和通信建筑、仓库建筑、地铁隧道等，以及各种地下公用设施（如地下自来水厂、固体或液体废物处理厂、管线廊道等）。兼具几种功能的大型地下建筑称为地下综合体。

从 20 世纪 60 年代开始，我国就大规模兴建地下工程，建成了大量的人民防空工程。70 年代开始，我国又将这些人民防空工程逐渐转化为平时可以利用的地下建筑。改革开放以来，随着我国经济的发展，我国地下建筑的发展更加迅速，建筑层数越来越多，规模越来越大，从最初的几百平方米，发展到现在的几万平方米，甚至十几万平方米。用途也越来越多，功能越来越复杂，如地下街、地下商场、医院、旅馆、餐厅、展览厅、电影院、游艺场、礼堂、舞厅、停车库和仓库等。此外，地下交通工程也呈快速发展势态，截至 2010 年底，全国拥有地铁运营线路 42 条，运营线路总长度达到 1 217 km，今后每年平均将建成的线路为 180 km。

进入 21 世纪以后，中国城市地下空间的开发数量快速增长，体系不断完善，特大城市地下空间开发利用的总体规模和发展速度已居世界同类城市的先进前列。中国已经成为世界城市地下空间开发利用的大国。表 3-8 为国内部分城市地下空间规模。

表 3-8　国内部分城市地下空间规模与规划预测量

城市	规划范围/km²	现有开发量/万 m²	统计年份/年
北京	1 085	3 000	2006
上海	600	1 600	2006
南京	258	280	2005
深圳	2 000	1 900	2005
青岛	250	200	2004
无锡	1 662	200	2005

1. 地下建筑火灾危害

随着经济的发展，城市规模的扩大和功能的完善，处于地面以下的建筑日益增多，地下车库、地铁隧道、人防工程的兴起，虽然节约了用地，扩大了城市空间，增强现代城市的立体感，但是地下建筑内部结构复杂，地下建筑主要由出入口、通道和洞室三部分组成。不像地面建筑有外门、窗与大气相通，只有与地面连接的通道才有出入口。通道弯曲一旦发生火灾，扑救困难、疏散困难，会造成重大的人员伤亡和财产损失。

地下建筑火灾烟气的主要危害性：

（1）地下空间的狭小与封闭性加大了火灾时的发烟量，加快了烟气充满地下空间的时间。在地下建筑火灾中，物质燃烧生成的热量和烟气由于地下空间封闭的影响而滞留在工程内部得不到有效地排除；同时，也由于空间封闭，火灾时的新鲜空气得不到及时补充，形成不完全燃烧，从而比完全燃烧产生更大量的烟气。由于空间封闭体积相对又小，烟气很快可以充斥整个地下空间，比地面建筑大大加剧了烟气的危害。日本曾经做过建筑物火灾发烟量的试验，在约 25 m² 的房间，以其内部装修材料燃烧来测定发烟量，从发烟开始到 10 min，以烟的浓度相当于疏散视距界线为 10 m 计，其发生烟气的体积相当于每层 3 500 m²，3 m 层高、共 23 层的高楼大厦的整个空间，可见其发烟量是相当惊人的。

（2）地下空间的狭小与封闭性使得建筑内部温度提升迅速。高温烟气难以排出，易造成热量集聚，空间的温度提高很快，很容易进入全面燃烧阶段。发生火灾后，地下建筑室内温度会很快上升至 800～900℃，烟气的温度可达 600～700℃，火源处温度可达 1 000℃以上。而火灾后，产生的火风压随着烟气温度的升高而加大，反过来火风压又会推动烟气流动，造成火灾危害区域的扩大，导致火势加剧。研究表明，地下建筑比地上建筑较易出现"轰燃"现象，且出现时间较早。

（3）地下建筑火灾的烟气扩散对人员疏散存在危险。发生火灾时，地下建筑出入口既是人员疏散口又是烟气扩散通道，高温毒烟的扩散方向与人员流动方向相同，而烟气的流通速度远大于人员的移动速度，加之，地下建筑采光性差，火灾发生时往往伴随着停电现象，人员辨别方向的能力减弱，导致逃生几率降低。

据统计，2000 年我国地下建筑火灾一共发生 2 439 起，死 480 人，伤 294 人，直接损失 1 224.3 万元；重大火灾 31 起，死 66 人，伤 19 人，直接损失 1 071.6 万元；2001 年，发生地下建筑火灾 1 993 起，死亡 174 人，直接经济损失 4 663 万元；2002 年，发生地下建筑火灾 2 029 起，死亡 158 人，直接经济损失 4 034 万元。随着地下空间的开发利用，地下建筑的火灾呈逐渐增多趋势，人员伤亡和经济损失扩大。

近年来，铁路、公路隧道等交通工程的不断修建，大大缓解了地面交通的压力，但随之而来的，地下交通的安全问题日趋严重，特别是火灾事故不断发生。

1972 年 11 月 6 日，日本北陆隧道内列车餐车起火，引起火灾，这次火灾死亡 30 人，轻重伤 715 人。2001 年 10 月 24 日，两辆载重卡车在瑞士圣哥达隧道南端一千米处相撞并起火。车祸引发的大火使部分隧道的温度达到了 1 000℃，造成出事地段顶部塌陷。大火造成的死亡人数上升到 11 人，多达 128 人失踪。

此外，地下交通工程火灾后恢复运营也要花很长的时间。比如，奥地利图恩隧道的火灾修复花了三个月，意大利和法国的勃朗隧道用了三年半的时间才恢复运营。所以，隧道内一旦发生火灾，不仅其经济损失是不可估量的，而且还会带来重大的社会影响。

2．地下建筑火灾蔓延规律

地下建筑中的烟气蔓延因其建筑特点而呈现不同于地上建筑火灾的烟气流动规律。在地下建筑火灾发生时，烟气与周围墙面接触而冷却，加上冷空气的混入，促成烟气温度下降，浓度降低，同时向水平方向移动。烟气温度越高，烟气流动速度越快，和周围空气的混合作用就越弱。反之，烟气温度越低，烟气流动速度越慢，和周围空气混合就会加强。火灾试验表明，烟气从洞室进入通道后，是以层流状态沿拱顶流动的，烟气下降后，受通道内的空气流影响，而形成紊流状态。从烟气在通道内的流动状态可知，在发烟地点附近排烟最好，其次是在烟气的层流区排出。烟气一旦进入出入口，大量烟气便会从出入口喷出，同时还会有部分烟被空气流重新卷回地下。

地下建筑火灾进一步发展后，内部空气的成分发生了变化，地下的有限空间压力随着温度的升高而加大，当火势发展到一定程度，会形成一种附加的巨大自然热风压，称为火风压。火风压的出现会使地下建筑原有的通风系统遭到破坏，使地下原有空气流改变方向而逆流，加剧火势蔓延，使那些原来属于安全的区域突然出现烟气，远离火源的人们也遭受到火灾烟气的危害，使灌入地下灭火的高倍泡沫灭火剂无法向巷道内流淌，从而影响泡沫远距离灭火的目的。

3．地下建筑结构防火

（1）一般要求。

1）地下建筑用于经营商业或公共娱乐行业者，不宜设置在地下三层及三层以下，且不应经营和储存火灾危险性为甲、乙类储存物品属性的商品。

2）地下建筑可燃物存放量平均值超过 30 kg/m² 火灾荷载的房间，应采用耐火极限不低于 2 h 的墙和楼板与其他部位隔开。隔墙上的门应采用常闭的甲级防火门。

3）地下建筑的内装修材料应全部采用非燃烧材料。

（2）防火、防烟分区。为了防止火灾的扩大和蔓延，使火灾控制在一定的范围内，减少火灾造成的人员和财产损失，地下建筑必须严格划分防火及防烟分区。

1）地下建筑划分防火分区，应比地面建筑要求严些，并根据使用性质不同加以区别对待。对于商店、医院、餐厅等，每个防火分区的最大允许使用面积不超过 400 m²；对于电影院、礼堂、体育馆、展览厅、舞厅、电子游艺场等，每个防火分区最大允许使用面积不超过 1 000 m²。但商店、医院、餐厅设有自动喷水灭火设备时，防火分区面积可适当放宽，但不能超过一倍。

2）当地下建筑内设置火灾自动报警系统和自动喷水灭火系统，且建筑内部装修符合《建筑内部装修设计防火规范》（GB 50222—95）的规定时，每个防火分区的最大允许建筑面积可增加到 2 000 m²。当地下建筑总建筑面积大于 2 000 m² 时，应采用防火墙分隔，且防火墙上不应开设门窗洞口。

3）需设置排烟设施的地下建筑，应划分防烟分区，每个防烟分区的建筑面积不应大于 500 m²，防烟分区不得跨越防火分区。

（3）安全疏散。除使用面积不超过 50 m² 的地下建筑，且经常停留的人数不超过 10人时，可设一个直通地上的安全出口外，每个防火分区的安全出口数量不应少于 2 个；当有 2 个或 2 个以上防火分区时，相邻防火分区之间的防火墙上的门可作为第二安全出口，但要求每个防火分区必须设置一个直通室外的安全出口。

房间内最远点至该房间门的距离不应大于 15 m，房间门至最近安全出口或防火墙上防火门的最大距离不应大于 40 m，位于袋形走道或尽端的房间不应大于 20 m。

地下建筑安全出口疏散总宽度应按容纳总人数乘以疏散宽度指标计算确定。当室内外高差小于 10 m 时，其疏散宽度指标为 0.75 m/100 人；当室内外高差大于 10 m 时，其疏散宽度指标为 1.0 m/100 人；每个安全出口平均疏散人数不应大于 250 人。

地下建筑发生火灾时，只能通过疏散楼梯垂直向上疏散。因此，建筑当地下或室内外高差大于 10 m 时，应设置防烟楼梯间，当室内外高差小于 10 m 时，应设置封闭楼梯间。疏散楼梯不宜采用螺旋楼梯和扇形踏步。

（4）防烟、排烟。地下建筑发生火灾时，产生大量的烟气和热量，如不能及时排除，就不能保证人员的安全撤离和消防人员扑救工作的进行，故需设置防烟、排烟设施，将烟气和热量及时排除。

第四节　防火减灾措施与对策

一、火灾的消防

我国消防安全工作的方针是"预防为主，防消结合"。所谓预防为主，就是不论在指导思想上还是在具体行动上，都要把火灾的预防工作放在首位，贯彻落实各项防火行政措施、技术措施和组织措施，切实有效地防止火灾的发生。所谓防消结合，是指同火灾作斗争的两个基本手段——预防和扑救两者必须有机地结合起来。也就是在做好防火工作的同时，要积极做好各项灭火准备工作，以便在一旦发生火灾时能够迅速有效地予以扑救，最大限度地减少火灾损失，减少人员伤亡，有效地保护公民生命、国家和公民财产的安全。防与消相辅相成，互相促进，二者不可分割。

1. 防火方法

（1）增强人们的消防意识，通过防火宣传、教育，使人的因素充分发挥。

（2）提高防灾、救灾自卫能力。

（3）对燃烧三要素加以处理，如对可燃物、助燃物、着火源加以控制、隔离、冷却、降温降压、泄压等。

（4）在生产、储运、使用等方面，使可燃物的不安全状态与助燃剂和着火源三要素不同时居于燃烧三角形之中，建筑火灾就不会发生。

2. 火灾报警

在火灾酝酿期和发展期常伴有臭气、烟、热流、火光、辐射热等，这都是火灾探测仪器的探测对象。火灾探测器根据监测的火灾特性不同，可分为感烟、感温、感光、复合和可燃气体五种类型。此外，火灾报警方式也可采用以下几种：

（1）手动报警：在装有手动报警装置的地方，发生火灾时，只需打碎玻璃、按动按钮即可发出警报信号。

（2）电话报警：失火时迅速拨打电话119。

（3）直接报警：大声呼喊或直接到就近消防队报警。

3. 灭火方法

按照燃烧原理，一切灭火方法的原理是将灭火剂直接喷射到燃烧的物体上，或者将灭火剂喷洒在火源附近的物质上，使其不因火焰热辐射作用而形成新的火点。

（1）冷却灭火法。这种灭火法的原理是将灭火剂直接喷射到燃烧的物体上，以降低燃烧的温度到燃点之下，使燃烧停止。或者将灭火剂喷洒在火源附近的物质上，使其不因火焰热辐射作用而形成新的火点。

（2）隔离灭火法。是将正在燃烧的物质和周围未燃烧的可燃物质隔离或移开，中断可燃物质的供给，使燃烧因缺少可燃物而停止。

（3）窒息灭火法。是阻止空气流入燃烧区或用不燃物质冲淡空气，使燃烧物得不到足够的氧气而熄灭的灭火方法。具体方法是：

1）用沙土、水泥、湿麻袋、湿棉被等不燃或难燃物质覆盖燃烧物；

2）喷洒雾状水、干粉、泡沫等灭火剂覆盖燃烧物；

3）用水蒸气或氮气、二氧化碳等惰性气体灌注发生火灾的容器、设备；

4）密闭起火建筑、设备和孔洞；

5）把不燃的气体或不燃液体（如二氧化碳、氮气、四氯化碳等）喷洒到燃烧物区域内或燃烧物上。

4. 灭火器的使用

灭火器的种类很多，按其移动方式可分为：手提式和推车式；按驱动灭火剂的动力来源可分为：储气瓶式、储压式、化学反应式；按所充装的灭火剂则又可分为：泡沫、干粉、卤代烷、二氧化碳、酸碱、清水等。

二、各类火灾的扑救

1. 多层建筑初起火灾时的扑救

我国《民用建筑设计通则》（GB 50352—2005）将住宅建筑依层数划分为：一层至三层为低层住宅，四层至六层为多层住宅，七层至九层为中高层住宅，十层及十层以上为高层住宅。除住宅建筑之外的民用建筑高度不大于 24 m 者为单层和多层建筑。多层建筑火灾在建筑火灾中占有较大的比例。主要扑救措施：

一是抢救被困人员。抢救人员要尽量利用走廊和楼梯。当烟火封锁疏散通道时，可利用室外疏散楼梯、外部架设的消防梯或其他救助设施尽快抢救被困人员。

二是内攻为主，辅以外攻。扑救多层火灾，要深入内部，打近战。灭火人员可以通过建筑物内部的楼梯、走廊，也可由外部从窗户、阳台或临时架设的消防梯、举高消防车进入楼内，进行射水和必要的破拆。在火焰突破出门窗，向外部燃烧时，可以直接从外部向里面射水，为深入楼内消灭火源创造条件。

三是上堵下防、分层灭火。为了防止火势向水平或垂直方向蔓延，在起火楼层部署灭火力量的同时，要在受火势威胁较大的上一层楼面部署力量堵截火势；在起火层的下层也要部署一定的力量，防止蔓延。在各楼层灭火时都要先控制火势蔓延，再围攻火点，从而迅速将火扑灭。并注意防止火势沿各种孔洞、管道蔓延。

四是扑救隐蔽部位火势。必须在迅速查清着火位置、范围、火势蔓延的方向和途径，对上下楼层的威胁等情况后，正确选择堵截与扑救的路线。

2. 高层建筑初起火灾时的扑救

高层建筑指十层及十层以上的住宅建筑（包括首层设置商业服务网点的住宅）和建筑高度超过 24 m 的公共建筑。

高层建筑的建筑构件虽然采用非燃烧建筑材料，但由于建筑高、楼层多、各种竖向管道井多，室内装饰材料和家具等使用大量的可燃材料，因而比多层建筑具有更大的火灾危险性，增大了火灾扑救的难度。扑救高层建筑火灾比扑救一般多层建筑火灾难度大得多。

一是立即发出火警信号，控制火势。

二是采取可行措施，减缓火势的蔓延。如果一开始就发现火势较大，首先应拨打"119"电话向消防部门报警，然后，再取灭火器进行扑救。扑救中还要注意疏散火焰周围的可燃物，以减缓火焰的蔓延。

3. 超高层建筑火灾的扑救

扑救超高层建筑火灾的措施：

（1）成立火场组织指挥机构。超高层建筑一旦发生火灾，实施扑救难度较大，投入的灭火力量多且持续时间长，为了使火场指挥有效统一，应立即成立火场指挥部，迅速明确各参战力量和社会联动单位的职责分工，确保各个指挥环节高效畅通。

（2）贯彻救人第一的指导思想。

（3）组织不间断的火场供水。超高层建筑发生火灾，应主要依靠建筑内给水管网以及各种固定灭火设施，立足于利用室内消防灭火设施自救为主，各种移动式消防装备为辅。扑救超高层建筑火灾，能否及时且不间断地供水，以满足需要的水量、水压，直接关系到灭火战斗的成败。

（4）火场排烟。超高层建筑一旦发生火灾，烟雾向上蔓延速度极快，一座 100 m 高的建筑物在 30s 左右烟即可窜到顶部，600～700℃高温热烟可点燃一般可燃物，使整幢建筑物着火。因此，如何处理烟雾危害是扑救高层建筑火灾的关键之一。可以采用：封闭防烟、自然排烟、破拆排烟等方式防止高温烟雾蔓延。

（5）做好火场安全防范工作。高层建筑火灾蔓延速度快，烟气毒气重，建筑外部飞溅火灾残留物及飞火威胁严重，人员逃生困难，救生装备展开困难，这些都导致了扑救高层建筑火灾的危险性，美国"9·11"事件中牺牲大量消防队员就是前车之鉴，所以做好火场的安全防范工作是扑救当中的重要环节。

此外，超高层建筑的防火和火灾扑救中，配备先进的灭火救援设备和建设专业的消防队伍是十分关键的。目前，我国大型、特大型城市已经着手建设应对超高层建筑火灾的必要能力。如央视大火发生后，北京消防便购买了 100 m 的云梯车。这类设备的费用是非常昂贵的。但应该注意到，这类车辆由于自身过重、过长、过高，在高楼林立的城市，常常无法拐弯、无法停车，甚至不能进入小区。即使此类车辆能够到达救援地点，所需的时间也是非常漫长的。大型举高车出动，甚至需要一辆车先跑一趟侦查路线，才能动身。因为出动不便，不少城市的举高车甚至从未参加实战。

三、自救、互救与逃生

如果说在碰到小火时，人们还能保持头脑冷静的话，一旦遇到火势难以控制的局面时，不管在任何场合，普通人难免都会手忙脚乱。临险人员保持清醒头脑是非常重要的，在时间允许情况下首先拨打火灾消防电话"119"，告知发生火灾的地点、可燃物种类等，并采取有效的自救互救措施增大逃生几率。在这种情况下，现场人员所要做到的无非是三个方面，即堵截蔓延、抢救或保护重点和开展自防自救。

可采用以下方法逃生：

（1）毛巾、手帕捂鼻护嘴法。因火场烟气具有温度高、毒性大、氧气少、一氧化碳多的特点，人吸入后容易引起呼吸系统烫伤或神经中枢中毒，因此在疏散过程中，应采用湿毛巾或手帕捂住嘴和鼻（但毛巾与手帕不要超过六层厚）。注意不要顺风疏散，应迅速逃到上风处躲避烟火的侵害。逃生时，不要直立行走，应弯腰或匍匐前进，但石油液化气或城市煤气火灾时，不应采用匍匐前进方式。

（2）遮盖护身法。将浸湿的棉大衣、棉被、门帘子、毛毯、麻袋等遮盖在身上，确定逃生路线后，以最快的速度直接冲出火场，到达安全地点，但注意，捂鼻护口，防止一氧化碳中毒。

（3）封隔法。如果走廊或对门、隔壁的火势比较大，无法疏散，可退入一个房间内，可将门缝用毛巾、毛毯、棉被、褥子或其他织物封死，防止受热，可不断往上浇水进行冷却。防止外部火焰及烟气侵入，从而达到抑制火势蔓延速度、延长时间的目的。

（4）卫生间避难法。发生火灾时，实在无路可逃时，可利用卫生间进行避难。因为卫生间湿度大，温度低，可用水泼在门上、地上，进行降温，水也可从门缝处向门外喷射，达到降温或控制火势蔓延的目的。

（5）多层楼着火逃生法。如果多层楼着火，因楼梯的烟气火势特别猛烈时，可利用房屋的阳台、水溜子、雨篷逃生，也可采用绳索、消防水带，也可用床单撕成条连接代替，使一端紧拴在牢固采暖系统的管道或散热气片的钩子上（暖气片的钩子）及门窗或其他重物上，再顺着绳索滑下。

（6）被迫跳楼逃生法。如无条件采取上述自救办法，而时间又十分紧迫，烟火威胁严重，被迫跳楼时，低层楼可采用此方法逃生，但首先向地面上抛下一些厚棉被、沙发垫子，以增加缓冲，然后手扶窗台往下滑，以缩小跳楼高度，并保证双脚首先落地。

第五节　建筑工程防爆减灾

爆炸是与人类生产活动密切相关的一种现象，是指大量能量在瞬间迅速释放或急剧转化成光和热等能量形态的现象。一旦发生爆炸事故将会造成巨大的经济损失和严重的人员伤亡，危害极大。

随着人类的发展和科技的进步，全球安全格局有了新变化，建筑安全再不能仅从传统的自然灾害、人为事件上着眼，而必须包括应对恐怖事件在内的诸项新灾害源。近年来，特别是"9·11"事件以来，国内外爆炸事件接连不断，加之我国城市建设和工业生产的不断发展，爆炸事故日益增多，爆炸灾害已经成为城市灾害的一个很重要的方面，因此防范爆炸灾害也是防灾减灾的内容之一。

一、爆炸的分类

爆炸的一个重要特征就是在爆炸点周围介质中引起状态的急剧变化，如压力突变、密度和速度突变等。根据爆炸过程的性质和发生爆炸的机理，可以将爆炸现象分为三类：物理爆炸、化学爆炸和原子爆炸。

1．物理爆炸

物理爆炸是指爆炸物质形态发生变化而化学成分没有改变，如锅炉与受压容器的爆炸。这类爆炸是由于受热，气体膨胀，内部压力急剧升高，超过了设备所能承受的限度而发生的，完全是一种物理变化的过程。还有强脉冲放电、火山爆发等都属于物理爆炸。

2．化学爆炸

化学爆炸是由于物质急剧氧化、分解反应产生高温、高压形成的爆炸现象。化学性爆炸，在爆炸时主要发生化学反应，有几种情况：

（1）简单分解的爆炸物。这种爆炸物爆炸时，并不发生燃烧反应。属于这一类爆炸物的有雷管和导火索等。这种爆炸物是很危险的，受到轻微振动就能起爆。

（2）复杂分解的爆炸物。这类爆炸物较上述简单分解的爆炸物的危险性稍低，大多数的火药都属于这一类，爆炸时伴有燃烧反应，燃烧所需要的氧由本身分解时供给，如黑火药、硝炸药、TNT 等，都属于这一类。

（3）爆炸性混合物。即各种可燃气体、蒸气及粉尘与空气（主要是氧气）组成的爆炸性混合物。这类混合物爆炸多发生在化工或石油化工企业。气体混合物爆炸的过程与气体燃烧的过程相似，但速度不同，前者比后者要快得多，一般燃烧速度最大超过每秒几米，而爆炸速度则有每秒十几米到几百米。

3. 原子爆炸

凡是由于原子核裂变或核聚变反应，释放出核能所形成爆炸，成为预制爆炸，如原子弹、氢弹的爆炸。

原子爆炸的能源是裂变（^{235}U 的裂变，如原子弹的爆炸）或核聚变（氘、氚、锂核的聚变，如氢弹爆炸）反应所释放的能量。原子爆炸释放的能量比普通炸药爆炸放出的能量要大得多。原子爆炸时温度可达数百万到数千万度，在爆炸中心形成数十万兆帕到数百万兆帕的高压，同时还有很强的光和热辐射以及各种放射性粒子的穿透辐射。它是众多爆炸中能量最高，破坏力最强的一种。

二、爆炸的破坏作用

1. 常规爆炸的破坏作用

爆炸往往会对建筑物产生破坏作用。破坏作用的程度与爆炸物的性质和数量有关系，爆炸物数量越多，爆炸威力越大，破坏作用也越强烈。另外，破坏作用还与爆炸的条件有关，如温度、初始压力、混合物均匀程度以及点火源和起爆能力等。爆炸发生的位置不同，其破坏作用也会不同。一般来说，在结构内部发生的爆炸其破坏作用比在结构外部发生的大。爆炸对结构的破坏形式通常有直接的爆破作用和冲击的破坏和火灾两种。

当爆炸发生在等介质的自由空间时，从爆炸的中心点起，在一定的范围内，破坏力能均匀地传播出去，并使在这个范围内的物体粉碎、飞散。分析爆炸的破坏作用大体包括如下几个方面：

（1）直接的破坏作用。直接的破坏作用是爆炸物质爆炸后对周围设备和建筑物的直接破坏作用。这是由于在遍及破坏作用的区域内，有一个能使物体震荡，使之松散的力量。这种破坏作用的大小取决于爆轰波阵面的压力和爆炸压力的大小及爆炸产物在作用目标上所产生的冲量。它能造成建筑物的破坏和人员的伤亡，结果往往是严重的，如 2009 年 10 月 28 日，巴基斯坦西北边境省首府白沙瓦一市场发生爆炸，造成近百人死亡，200 多人受伤和建筑物倒塌。

另外，建筑结构破坏及机械设备等爆炸以后，变成碎片飞出去，会在相当广的范围内造成危害。碎片飞散范围，通常是 100～500 m 左右。碎片的厚度越小，飞散的速度越大，危害越严重。爆炸碎片击中人体而造成的伤亡常占很大的比例。

燃气爆炸一般不产生空气冲击波，它赖以作用的是压力波，因而对结构的破坏主要是直接的爆破作用。对于民用燃气爆炸，其升压时间通常为 0.1～0.3 s。根据我国民用建筑设计通则给定的尺度，在弹性范围内，居住建筑钢筋混凝土或砖墙板的基本自振周期在 20～50 m 范围内。由此可见，燃气爆炸的升压时间与结构构件的基本周期相比，作用时间足够缓慢，因而可以把室内燃气爆炸对结构的作用当做静力作用，而不必考虑动力效应。

（2）冲击波的破坏作用。随爆炸的出现，冲击波最初出现正压力，而后又出现负压力。负压力就是气压下降后的空气振动，称为吸引作用。吸引作用的原因是产生局部真空的结果。

爆炸物质数量和冲击波压力之间的关系，可以认为是成正比例的，而冲击波压力与距离之间的关系成反比。对于化学爆炸，因为正压作用时间很小，通常按冲击波的冲量计算破坏作用。在核爆炸时，各种建筑物的破坏作用主要由超压引起。冲击波对建筑物结构的破坏作用。主要取决于以下因素：

1）冲击波的波阵面上超压的大小；

2）冲击波的作用时间及作用压力随时间变化的性质；

3）建筑物所处的位置，即建筑物与冲击波的相对位置；

4）建筑物的形状和大小；

5）建筑物的自振周期。

冲击波的破坏作用主要是由波阵面上的超压引起的。在爆炸中心附近，空气冲击波波阵面上的超压可达几个甚至十几个大气压，在这样高的超高压作用下，建筑物将被摧毁，机械设备、管道等也会受到严重破坏，如 1995 年 4 月 19 日上午 9 时 04 分，美国俄克拉荷马城中心，"轰"的一声巨响，只见火光冲天，浓烟滚滚，响声和震动波及数十英里之外。巨大的冲击波使许多立柱、梁、楼板及其相互的连接受到不同程度的破坏。瞬间，一座 9 层高大楼的 1/3 墙倒顶塌，碎石横飞，许多人惨死在废墟之中。

另外，空气冲击波除了产生超压外，还产生动压作用。当冲击波由爆炸中心向外运动时，波阵面后空气粒子的流动形成风。所产生的压力就是动压。在某些情况下，由动压引起的拖曳力对结构的破坏作用也是值得注意的，例如，某些几何形状（如圆柱形）的结构，对拖曳力较敏感，因为它们迅速被冲击波包围，各个面上的超压基本相同，此时主要的水平移动动力是动压所引起的拖曳力。拖曳力的大小与结构的几何尺寸和外形以及动压峰值有关。

（3）爆炸引起的火灾。爆炸温度约在 2 000～3 000℃。通常爆炸气体扩散只发生在极其短暂的瞬间，对一般可燃物质来说，不足以造成起火燃烧，而且有时冲击波还能起灭火作用。但是，建筑物内遗留大量的热，还会把从破坏设备内部不断流出的可燃气体或易燃、可燃蒸气点燃，使建筑物内的可燃物全部起火，加重爆炸的破坏，如 2011 年 3 月日本福岛核电站在地震中受到破坏并引起氢气爆炸。当盛装易燃物的容器、管道发生爆炸时，爆炸抛出的易燃物有可能引起大面积火灾，这种情况在油罐、液化气瓶爆炸后最易发生。可燃气体和粉尘的爆炸更易引起火灾，因为它们本身就是可燃物质。因而爆炸常与火灾相伴发生，火灾中有相当一部分是由爆炸引起的。

爆炸的危害和火灾的性质有所不同，爆炸是瞬间发生的，人在爆炸当时是来不及采取任何有力措施的。所以为了防止和减少爆炸事故对建筑物的破坏作用，在建筑设计中要采取防爆的技术措施。

2．核爆炸对建筑的破坏作用

核爆炸对建筑物的破坏，主要是依靠冲击波和光辐射。冲击波的超压可以挤压建筑物；动压可以使建筑物抛掷、平移等，从而破坏建筑物；光辐射主要是引起建筑物的燃烧或火灾。

核爆炸的冲击波对建筑物破坏要远远大于一般爆炸产生的冲击波，所以它更突出于对建筑物整体的破坏。它对结构破坏的大致过程为：冲击波到达建筑物的表面后，首先受到表面的反射，该反射压力比原来的压力增加几倍，对建筑物有明显的破坏作用；然后冲击波沿建筑物四周传播的同时，对正面、顶部和后面施加压力，使建筑物陷入冲击波的包围和高压之中，并一直作用到区域结束为止，使建筑物被压垮；与此同时，随冲击波而来的动压，加重了建筑物上已受到破坏部分的破坏强度，造成新的破坏，并可能将建筑物中受损的部分抛射出去。

当冲击波还没有把建筑物包围之前（特别是较大的物体），正面和背面的压力差使建筑物向着冲击波前进的方向偏斜或者挪动而遭到破坏。当冲击波把建筑物包围时，建筑物各个面承受大致相同的压力。压力随时间逐渐下降，但仍比周围大气压力高，而且持续到正相作用时间为止。在这段时间里，建筑物受到超压四面八方的挤压力作用而塌陷变形，遭到破坏。这种挤压作用是超压破坏作用的主要特点。

在正相作用时间里，动压一直向着冲击波前进的方向作用。动压使建筑物变形、抛掷或发生平移而破坏建筑物。

冲击波负压有抽吸作用，使目标受到与超压作用方向相反的作用力，容量使那些耐压而不耐拉的物体遭到破坏。

光辐射对建筑物的破坏，主要是以热辐射形式引起建筑物表面或内部可燃物质的燃烧。

三、建筑防爆减灾措施

历史上以及现实中有许多由于爆炸引起的惨痛的现实，这些爆炸事故造成了极为严重的人员伤亡和财产的损失。由于生产事故、恐怖活动的突发性和不可预见性，研究爆炸灾害的基本思想应是预防为主，也就是说，要使可能发生的爆炸不发生，已经发生的爆炸不扩展，已经扩展的爆炸所造成的破坏不加重，已经酿成的爆炸灾害的后果设法减轻，尽可能避免类似灾害的再次发生。

通常一个建筑物应对爆炸袭击的安全设计所要实现的目标包括：防止建筑物构件或部件（如玻璃、装饰物、轻质材料等）本身对建筑物内部的人员构成威胁，为建筑物内部的工作人员提供一个躲避直接武器杀伤作用（如爆炸杀伤）的物理性保护，减低爆炸对建筑物内部敏感的设施和设备所带来的破坏；预防建筑物灾难性倒塌现象的发生，为制止强行闯入提供一个物理屏障。

1. 构建建筑外部屏障

为了防范外部爆炸物对建筑物造成不利影响，在建筑周边的安全设计中，应遵循一种梯级状的防御系统，因为建筑外部的危险性比内部强。因为恐怖分子更愿意选择室外来实施爆炸行动，一方面进入室内意味着不可能携带很多的炸药，即便成功，破坏力也没有那么大；另一方面还要冒着有可能引起值班人员的注意，被电子监控系统发现等一系列问题的风险。从外至内的梯级圈包括：街道、靠近路缘的道路部分、人行道、建筑周边场地、建筑外墙以及建筑内部。其中第2、3、4圈是联系建筑物与街道的空间，在公共建筑安全设计中占有重要的地位。据发生在世界范围内的建筑物汽车炸弹事件表明，很多时候虽然建筑本身设有警卫或卫兵看守，但是汽车炸弹手还是强行将车驶入了建筑物内，致使建筑物遭到毁灭性的破坏和倒塌。因此，为了降低爆炸袭击对建筑造成的影响，最重要的是在建筑周边设置一个可禁止强行闯入的物理屏障，具体可采取以下措施：

（1）建筑周边设置缓冲带。爆炸产生的冲击波是随着距离的增大而减小的。所以在重要的公共建筑设计中，为衰减恐怖爆炸袭击效应，特别是汽车炸弹袭击，通常在指定的停车地点和建筑之间建造一条缓冲带，使爆炸地点或区域与被保护的建筑物之间保持最小的、必要的距离。一般来讲，缓冲带距建筑的距离应在 30～50 m。沿缓冲带可以设置一些障碍物，以防止汽车炸弹强行进入。通过周围的系缆柱以及铸铁栅栏加强防护，这样就可以防止汽车直接冲进建筑物里。

（2）建筑周围设置障碍物。在一些城市中心的大型公共建筑周边，即使没有大片的空地用作缓冲带，也应该考虑在建筑周围设置能完全阻挡汽车强行闯入的物理性障碍物。可以用作障碍物的设施很多，如系缆柱、路灯、花坛、粗壮的树木、广场上台阶与高差变化这些安全措施如今在一些重要的建筑物周边已广泛被使用。虽然有些是出于景观和功能的需要设置，但从安全的角度讲，它在一定程度上降低了汽车闯入的危险。

除了这些日常设置的固定式障碍物之外，活动系缆柱因具有灵活的特点，可以按照需要随时布置，在一些建筑物周围举行大型活动时经常用到。它还可以保证发生灾害后紧急车辆能够顺利地驶入。

另外，安全性措施还包括在大门或入口处设置障碍物，迫使进来的车辆减速，如路障或对入口处道路进行特殊处理，包括 90°转弯以及结合地形设置上坡等。但应注意的是，所有的安全性措施都应以不妨碍日常使用为准。

（3）停车场远离建筑。在室外场地设计时，停车场特别是公共停车场应当远离建筑物，尤其远离建筑物的地下室。如今，从城市用地的实际状况出发，建造地下停车场是不可避免的，但在一些风险相对较高的建筑物中，在停车场入口处应当设置路障以及警卫室。摄像机应记录出出进进车辆的牌照、驾驶者的面部；记录装置本身应当远离建筑物自身，并通过电缆与摄像机连接。管理人员应确保所有的车辆都登记在册。

除了上述一些具体的安全措施之外。应注意到的是，在设计中一些安全措施的使用有利于确保公众、建筑物及其周围环境的安全，但它们不应该破坏城市的美观，损害公共建筑的开放性、透明性。事实上，城市设计与安全规划并不是互相矛盾的，它们之间能够很好地结合并存。例如，舒适的长椅不仅能够阻挡正在行驶的车辆，而且对公众来说更具吸引力。混凝土柱桩也能够达到前者的要求，但却更适合于放置在乏味地对美观没有太高要求的区域。当然，设计精美的长椅会比混凝土柱桩昂贵得多，但是为了成就一个更加友好的并令人满意的街景画面，附加的资金投入有时是必要的。

2. 对建筑物分类设防

（1）民用建筑。我国民用建筑，以混合结构和钢筋混凝土框架结构为多。当设计方案选择时，要考虑如何有效地减少爆炸发生后可能出现的连续倒塌，不论是水平还是竖向连续倒塌，因为建筑物的破坏，常是局部破坏引起另一些局部的破坏，使本来合理的传力路径中断，导致整体的倒塌。这启发我们可在加强一些局部强度（如把材料合理分布）或构建一些新的传力路径（即合理设计结构），以及局部加强构造处理等方面予以研究。

（2）工业建筑。有防爆要求的厂房，在设计时，主要考虑以下几个问题：

1）合理布置总平面。

①有爆炸危险性的厂房和库房的选址，应远离城市居民区、铁路、公路、桥梁和其他建筑物。

②防爆房间，应尽量靠外墙布置，这样泄压面积容易解决，也便于灭火。

③易产生爆炸的设备，应尽量放在外墙靠窗的位置或设置在露天，以减弱其破坏力。

④爆炸危险性车间，应布置在单层厂房内，如因工艺需要，厂房为多层时，则应放在最上一层。

⑤在厂房中，危险性大的车间和危险性小的车间之间，应用坚固的防火墙隔开。

⑥生产或使用相同爆炸物品的房间，应尽量集中在一个区域，这样便于对防火墙等防爆建筑结构的处理。

⑦性质不同的危险物品的生产，应分开设置，如乙炔与氧气必须分开。

⑧爆炸危险部位，不要设在地下室、半地下室内。因地下室与半地下室的通风不好，发生事故的影响很大，而且不利于疏散和抢救。

2）设置泄压面积。有爆炸危险的甲、乙类生产厂房，应设置必要的泄压面积，有了泄压面积，爆炸时可以降低室内压力，避免建筑结构遭受严重的破坏。

3）采用框架防爆结构。不少爆炸事故证明，框架结构抵抗爆炸破坏的能力较强。所以，有爆炸危险的甲、乙类生产厂房，宜采用非燃烧体的钢筋混凝土框架结构，采用轻质墙填充的围护结构，避免厂房倒塌造成严重损失。

3. 加强结构性防护

一旦建筑外部防御系统失效，使汽车炸弹进入建筑或在建筑附近爆炸，又或者由于安防系统的失效，使恐怖分子带着炸弹进入建筑内部并成功实施爆炸行为，此时能够保障内部人员不致大规模伤亡的安全措施就是预先加强建筑的结构性防护。增强结构的抗爆性能可以有效地抵御炸弹爆炸的冲击波，减小造成的破坏。公共建筑的用途不同，应该按照不同的标准进行设计。一般来说，无论炸弹的大小如何，总会带来一些局部的破坏，并不可避免地产生人员的伤亡。即使防护相当好的建筑物本身，也会出现局部的破坏，最重要的是确保建筑的结构不致发生大规模的坍塌。根据我国实际情况，结合爆炸袭击对建筑的破坏效应，可以从以下几方面控制：

（1）增加结构的抗爆冗余度。适当增加建筑的抗爆冗余度，不仅能够提高建筑在设计周期内，正常使用条件下应对灾害的抵抗能力，而且对诸如爆炸等不可预见性灾害的抵御能力也会有所增强，有利于防止灾害中出现扩散性倒塌。在风险相对较高的公共建筑设计中，应该考虑结构构件能够承受炸弹袭击后所产生的附加荷载。在俄克拉荷马爆炸案件当中，所使用的支撑地板系统没有任何冗余度或备用支撑系统，因而板梁受损破坏后出现了结构失稳和倒塌，这是造成人员大量伤亡的最主要的原因。对重要的结构单元，尤其是承重柱体，应设计使其能够承受额外的附加载荷，这样一旦某个支柱严重损坏到不能正常发挥作用时，它所承受的载荷就会自动分布给周围的其他支柱。

（2）开设泄压口。控制爆炸的破坏效应，除了增加结构的抗爆冗余度外，还可以通过在建筑外墙或顶部等地方设计泄压口，以衰减内部爆炸所产生的冲击波压力。但应注意泄压口朝向安全区域，以免泄爆引起伤人和点燃其他可燃物。

（3）增强建筑外围护部分的防护能力。建筑外围护部分不仅保护居住者免遭风雨之苦，而且还能限制实际进入室内的爆炸能量。建筑外围护构件由墙体、窗户或玻璃、屋顶组成。增强建筑外围护部分的防护能力可以从以下几方面考虑：

1）提高墙体的防护能力。从材料抗爆性能看，强度越高的材料对爆炸抵御能力也就越强。因此，在重要建筑物中，建筑界面下部应使用高强度材料，如用钢筋混凝土墙面代替砖墙或幕墙，使建筑有能力抵抗或遮挡爆炸载荷，显著地减少建筑损坏的程度。目前还有一种发展趋势，就是在中心建筑物的周围修建带有钢筋混凝土墙体的走廊，用双层墙体来抵抗爆炸产生的冲击波压力，实践证明其效果相当不错。

2）提高窗户或玻璃的防护能力。窗户是建筑界面安全设计当中最为薄弱的一个环节，它往往先于其他结构单元而破坏。然而窗户的确在建筑设计当中占据着十分重要的地位，是一个不可或缺的结构单元。关于窗户安全防护的两个关键：一是防止窗户失效、破裂；二是如果窗户过载，应当按照适当的方式失效、破裂。正如人们经常看到的那样，爆炸中许多人员的伤害都与飞行的玻璃碎片有关。提高窗户的防护能力，目前实际的解决方法有：

① 在玻璃内侧粘贴加强膜，它能够预防或减少出现玻璃碎片，但是容易变色和损坏，从而降低聚酯薄膜的抗爆效果；

② 使用防裂玻璃，如夹丝玻璃；

③ 使用防弹玻璃，它具有防破片和防炸裂的作用；

④ 专用的防冲击波玻璃；

⑤ 在窗户前面使用不同类型的屏障材料或手段。

尽管这些玻璃窗的解决方法似乎相当不错，但是不可能所有的公共建筑都安装这种安全玻璃，因为它们的成本以及维修费用都相当昂贵。这些窗户不仅本身价格非常昂贵，而且为了保护正常的破裂方式，还对安全玻璃的框架、支撑系统以及附属物件都有一定的特殊要求，这无疑就大大地增加了建筑成本。所以只有在极为敏感的建筑中才可能会使用。

（4）增强建筑内部敏感设施或设备的抗爆防护。增强建筑物的抗爆能力，不仅要对主体建筑内的锅炉房、变压器室、配电室等一些危险性大的部位进行特别防护，减小引发二次灾害的风险，还要对建筑物的一些重要部位，如中央控制室等加强防爆设计，它是建筑的动脉与神经系统，当建筑遭到爆炸袭击时，建筑内用于人员疏散的许多自救设施都要靠中央控制室发出指令驱动和控制。在建筑安全设计中，所有与中央控制室相连的电力线路、控制线路以及供水和通风管路都必须保证以阻燃物隔离，并尽可能少地承受外力。各工作系统应尽可能采用并联而不是串联系统设计，以保证单个装置的失效不会影响其他装置的正常工作。正如我们在纽约世贸中心爆炸案当中所看到的那样，一枚炸弹就完全使整个大楼的动力系统及其备用系统处于瘫痪状态。

此外，还要保证在正常的电器及控制系统失效后有补救备用的系统及装备，如充电型的应急灯和其他重要的传感探测及报警系统，均应采用蓄电池作为安全能源，以保证在电力中断时能及时工作。

第四章　建筑工程防风与减灾

第一节　概　述

　　风是大气层中空气的运动。由于地球表面不同地区的大气层吸收太阳的能量不同，造成了各地空气温度的差异，从而产生气压差，气压差驱动空气从高气压的地方向低气压的地方流动，这就形成了风。风灾是自然灾害的主要灾种之一，强风和地震一样，目前人类尚无能力将之消除。我国是世界上受风灾影响最大的国家之一。据统计，靠近我国的西太平洋，年均生成台风约 28 个，其中影响我国的约 20 个，而在我国登陆的约 7 个。

一、基本概念

1．热带气旋

　　热带气旋是在热带洋面上生成发展的低气压系统，是在洋面上强烈发展起来的气旋性涡旋。气旋中有几股气流卷入，并绕着气旋中心逆时针方向旋转，这个中心称为"眼"。热带气旋的强度是根据"眼"周围风力大小来确定的。南半球的热带气旋中气流的旋转方向与北半球的正好相反。

2．台风

　　台风是强烈的热带气旋，是发生在热带海洋上的强烈天气系统，它像在流动江河中前进的涡旋一样，一边绕自己的中心急速旋转，一边随周围大气向前移动。在北半球热带气旋中的气流绕中心呈逆时针方向旋转，在南半球则相反。越靠近热带气旋中心，气压越低，风力越大。但发展强烈的热带气旋，如台风，其中心却是一片风平浪静的晴空区，即台风眼。西北太平洋上热带气旋中心附近最大风力在 12 级或以上的称为台风，印度洋和大西洋上热带气旋中心附近最大风力在 12 级或以上的称为飓风。

3．风暴潮

风暴潮是发生在近岸的一种严重海洋灾害。它是由强风或气压骤变等强烈的天气系统对海面作用导致水位急剧升降的现象，又称风暴增水或气象海啸，常给沿海一带带来危害。通常把风暴潮分为由台风引起的台风风暴潮和由温带气旋引起的温带风暴潮两大类。

（1）台风风暴潮：多见于夏秋季节，其特点是来势猛，速度快，强度大，破坏力强。凡是有台风影响的海洋国家，沿海地区均有台风风暴潮发生。

（2）温带风暴潮：是在北方冷空气与温带气旋相配合的天气形势下发生的，这时，海洋水体向岸边堆积，产生的风暴潮强度相当可观。多发生在春秋季节，夏季也时有发生，中纬度海洋国家沿海各地常见到。

4．雷暴大风

雷暴大风天气是强雷暴云的产物，强雷暴云，又称"强风暴云"，主要是指那些伴有大风、冰雹、龙卷风等灾害天气的雷暴。强风暴云体的前部是上升气流，后部是下沉气流。下沉的气流比周围空气冷。这种急速下沉的冷空气在云底就形成一个冷空气堆，气象上称"雷暴潮"，使气流迅速向四周散开。因此当强雷暴来临的瞬间，风向突变，风力猛增，往往由静风突然狂风大作，暴雨、冰雹俱下。这种雷暴大风，突发性强，持续时间甚短，一般风力达 8～12 级，所以有很大的破坏力。当强风暴云中伴有大冰雹和龙卷风时其破坏性更大。

5．龙卷风

龙卷风是一种最猛烈的小尺度天气系统，是出现在强对流云内的活动范围小，时间过程短，但风力极强，且具有近垂直轴的强烈涡旋。它是自积雨云底伸展出来的到达地面的强烈旋转的漏斗状云体，是一种破坏力极强的小尺度风暴。龙卷表现为从积雨云底部向下伸出的"象鼻子"一样的漏斗状云柱，有时可到达地面或水面，人们称为陆龙卷和水龙卷，有的只伸到半空中。

龙卷风的直径一般在几米到几百米，持续时间一般仅为几分钟到几十分钟。但是，其风极大，最大的可达到 100～200 m/s，且急速旋转。所以破坏力极大，可拔树倒屋，对生命财产破坏性很大。龙卷的移动路径多为直线，移速平均约 15 m/s，最快的可达到 70 m/s，移动距离一般为几百米到几千米。所以，龙卷风的破坏往往有沿一条线的特点。

龙卷风常产生在强烈的雷暴云中，这与雷暴云体内有强烈的上升气流和下沉气流有关，这种上下气流之间常形成涡旋运动，在合适的条件下，这种涡旋运动可以形成涡环，当这种涡环足够长时从雷暴云体内下垂时，就成为人们常见的"龙卷风"了。

形成龙卷风的气象条件是相当复杂的。目前，对龙卷风形成的理论研究尚处于探索阶段。事实上，几乎世界位于大洋西岸的所有国家和地区，无不受热带海洋气旋的影响，只不过不同的地区人们给它的名称不同罢了。在西北太平洋和南海一带的称台风，在大西洋、加勒比海、墨西哥湾以及东太平洋等地区的称飓风，在印度洋和孟加拉湾的称热带风暴，在澳大利亚的则称热带气旋。

二、风灾

当强风给人类正常生活、生产带来了损失与祸患时，称为风灾害，在我国造成风灾的天气系统首推台风和风暴潮。

1. 大风的分类

在气象学中，根据热带气旋的强度作了不同的分类。联合国世界气象组织曾经制定了一个热带气旋的国际统一分类标准：

（1）中心最大风力在 7 级（<17.1 m/s）的热带气旋叫做热带低压；

（2）中心最大风力达 8～9 级（17.2～24.4 m/s）的称做热带风暴；

（3）中心最大风力在 10～11 级（24.5～32.6 m/s）的称做强热带风暴；

（4）中心最大风力>12 级（>32.6 m/s）的热带气旋称为台风或飓风。

2. 大风风力等级

平均风力达 6 级或以上（即风速 10.8 m/s 以上），瞬时风力达 8 级或以上（风速大于 17.8 m/s），以及对生活、生产产生严重影响的风称为大风。大风除有时会造成少量人口伤亡、失踪外，主要破坏房屋、车辆、船舶、树木、农作物以及通信设施、电力设施等。

大风等级采用蒲福风力等级标准划分（见表 4-1）。

表 4-1 大风风力等级

风力等级	风的名称	风速/（m/s）	（km/h）	陆地状况	海面状况
0	无风	0～0.2	小于 1	静，烟直上	平静如镜
1	软风	0.3～1.5	1～5	烟能表示风向，但风向标不能转动	微浪
2	轻风	1.6～3.3	6～11	人面感觉有风，树叶有微响，风向标能转动	小浪
3	微风	3.4～5.4	12～19	树叶及微枝摆动不息，旗帜展开	小浪
4	和风	5.5～7.9	20～28	能吹起地面灰尘和纸张，树的小枝微动	轻浪
5	清劲风	8.0～10.7	29～38	有叶的小树枝摇摆，内陆水面有小波	中浪
6	强风	10.8～13.8	39～49	大树枝摆动，电线呼呼有声，举伞困难	大浪
7	疾风	13.9～17.1	50～61	全树摇动，迎风步行感觉不便	巨浪
8	大风	17.2～20.7	62～74	微枝折毁，人向前行感觉阻力甚大	猛浪
9	烈风	20.8～24.4	75～88	建筑物有损坏（烟囱顶部及屋顶瓦片移动）	狂涛

风力等级	风的名称	风速/（m/s）	（km/h）	陆地状况	海面状况
10	狂风	24.5～28.4	89～102	陆上少见，见时可使树木拔起，将建筑物严重损坏	狂涛
11	暴风	28.5～32.6	103～117	陆上很少，有则必有重大损毁	非凡现象
12	飓风	32.7～36.9	118～133	陆上绝少，其摧毁力极大	非凡现象
13	飓风	37.0～41.4	134～149	陆上绝少，其摧毁力极大	非凡现象
14	飓风	41.5～46.1	150～166	陆上绝少，其摧毁力极大	非凡现象
15	飓风	46.2～50.9	167～183	陆上绝少，其摧毁力极大	非凡现象
16	飓风	51.0～56.0	184～201	陆上绝少，其摧毁力极大	非凡现象
17	飓风	56.1～61.2	202～220	陆上绝少，其摧毁力极大	非凡现象

注：13～17级风只能根据仪器确定结果判定（西北师范学院地理系，1984）。

按气象学的概念，风力根据强度共分为12级：

0级称为无风，陆地上的特征是烟直上；

1级称为软风，特征是烟能表示风向，树叶略有摇动；

2级称为轻风，特征是人面感觉有风，树叶有微响，旗子开始飘动，高的草开始摇动；

3级称为微风，特征是树叶及小枝摇动不息，旗子展开，高的草摇动不息；

4级称为和风，特征是能吹起地面灰尘和纸张，树枝摇动，高的草呈波浪起伏；

5级称为清劲风，特征是有叶的小树摇摆，内陆的水面有小波，高的草波浪起伏明显；

6级称为强风，特征是大树枝摇动，电线呼呼有声，撑伞困难，高的草不时倾伏；

7级称疾风，特征是整个树摇动，大树枝弯下来，迎风步行感觉不便；

8级称为大风，可折毁小树枝，人迎风前行感觉阻力甚大；

9级称为烈风，特征是草房遭受破坏，屋瓦被掀起，大树枝可折断；

10级称为狂风，特征是树木可被吹倒，一般建筑物遭破坏；

11级称为暴风，特征是大树可被吹倒，一般建筑物遭严重破坏；

12级称为飓风，这种风力的大风在陆地少见，其摧毁力很大。

风灾灾害等级一般可划分为3级：

（1）一般大风：相当于6～8级大风，主要破坏农作物，对工程设施一般不会造成破坏。

（2）较强大风：相当于9～11级大风，除破坏农作物、林木外，对工程设施可造成不同程度的破坏。

（3）特强大风：相当于12级和以上大风，除破坏农作物、林木外，对工程设施和船舶、车辆等均可造成严重破坏，并严重威胁人员生命安全。

三、城市风

城市也能制造局地大风，以致造成灾害。因为城市粗糙的下垫面好比地形复杂的山区一般，街道中以及两幢大楼之间，就像山区中的风口，流线密集，风速加大，可以在本无大风的情况下制造出局地大风来。还有，据风洞试验，在一幢高层建筑物的周围也能出现大风区，即高楼前的涡流区和绕大楼两侧的角流区。这些地方风速都要比平地风速大 30% 左右。这是因为风速是随高度的升高而迅速增大的，当高空大风在高层建筑上部受阻而被迫急转直下时，也把高空大风的动量带了下来。如果高楼底层有风道（通楼后），则这个风道口处附近的风速可比平地风速大 2 倍左右。也就是说，当环境风速为 6 m/s 时，这时风道附近就可达到 18 m/s，也就是 8 级大风了。城市中因大风刮倒楼顶广告牌，掉下伤人的例子时常发生，其中不少是因建筑物造成的局地大风。国外因高楼被风刮倒伤人，投诉法院获巨额赔偿的事件也有过多起。

当然，城市高楼大厦对自然界的风是一个障碍，城市具有很好的防风作用，市内风速往往比空旷的郊区小。如北京城区的风速比郊区小 20%，上海减小 21%，广州减小 15%。

城市内建筑物的布局和街道走向不同，使市内风速的分布极为复杂。有风时，在顺风的街道风速可能很大，在狭窄的胡同和十字路口风速明显增加，而在垂直于风向的街道上，风速减小，减小的程度视风向与街道走向交角而不同。如以街道中心的风速为标准，在迎风面的人行道上，风速可能减小 1 000，在背风的人行道上，又比迎风面小一半。

城市的风是非常复杂的。它既受城市热岛效应引起的局部环流的影响，又受城市下垫面对气流产生的特殊影响。城市风一般是由郊区吹向城区。

第二节　风灾的危害

就历史上的各种自然灾害而言，似乎风灾最不容易引起人们的惊惧和色变，而事实上，它的危害一点儿也不在水灾、震灾之下。据世界气象组织报告，全球每年死于台风的人数为 2 万～3 万人，西太平洋沿岸国家平均每年因台风造成的经济损失约为 40 亿美元。我国东临西北太平洋，大气风暴灾害频度很高，是世界上发生台风最多的地区。我国每年平均有 8 次台风登陆，有的可深入内地 1 500 km。有的台风虽然没有登陆，但从近海地区移过，对沿海城市仍可造成重大影响。

据估测，一次台风的能量总是要若干颗在广岛投下的原子弹方能与之匹敌。进入 20世纪以来，科学技术的发展逐渐增强了人们抵御自然灾害的意识和能力，但风灾带来的损害依然是巨大的。

一、强风的危害性

（1）强风有可能吹倒建筑物、高空设施，易造成人员伤亡。如各类危旧住房、厂房、工棚、临时建筑（如围墙等）、在建工程、市政公用设施（如路灯等）、游乐设施，各类吊机、施工电梯、脚手架、电线杆、树木、广告牌、铁塔等倒塌，造成压死压伤。因此，在台风来临前，要及时转移到安全地带，避开以上容易造成伤亡的地点，千万不要在以上地方避风避雨。2004 年 7 月的台风"云娜"登陆浙江造成 180 余人遇难，其中因房屋倒塌遇难的占到了 2/3，很多人是由于没有意识到"云娜"的危害并及时撤离，结果遭遇了不幸。

（2）强风会吹落高空物品，易造成砸伤砸死事故。如阳台及屋顶上的花盆、空调室外机、雨棚、太阳能热水器、屋顶杂物，建筑工地上的零星物品、工具、建筑材料等容易被风吹落造成伤亡。因此，应固定好花盆等物品，建筑企业要整理堆放好建筑器材、工具、零星材料，以确保安全。

（3）强风容易造成人员伤亡的其他情况。如门窗玻璃、幕墙玻璃等被强风吹碎，玻璃飞溅打死打伤人员；行人在路上、桥上、水边被吹倒或吹落水中，被摔死摔伤或溺水；电线被风吹断，使行人触电伤亡；船只被风浪掀翻沉没，公路上行驶的车辆，特别是高速公路上的车辆被吹翻等造成伤亡。

（4）大风袭来，可能会毁坏城市市政设施、通信设施和交通设施，造成停电、断水及交通中断等情况。

（5）大风还引发风暴潮水，沿海沿江潮水位抬高，出现大波大浪，导致海水江水倒灌，危及大堤和堤内人员设施的安全。如果出现天文大潮、台风、暴雨三碰头，则破坏性更大。上游洪水来势猛，下游潮水顶托行洪不畅。风大潮高，极易引起船只相互碰撞受损，甚至沉没，严重时风浪可能掀断缆绳，致使船只随波逐流，极易撞毁桥梁、码头、海堤、江堤，造成恶性事故。

风暴潮使海水向海岸方向强力堆积，潮位猛涨，水浪排山倒海般向海岸压去。强台风的风暴潮能使海水位上升 5～6 m。风暴潮与天文大潮高潮位相遇，产生高频率的潮位，导致潮水漫溢，海堤溃决，冲毁房屋和各类建筑设施，淹没城镇和农田，造成大量人员伤亡和财产损失。风暴潮还会造成海岸侵蚀，海水倒灌造成土地盐渍化等灾害。

（6）大风还会引起沙尘暴，2004 年 3 月 27 日内蒙古锡林郭勒盟地区出现一次范围广、强度大、持续时间长的沙尘天气，漫天黄沙持续数天。

二、风灾实例

我国历史上最早的台风记录是北宋初期在泉州登陆的一次台风，它使晋江、泉州、惠安、仙游、莆田等地遭受灾害。

20 世纪以来 10 场大风灾造成的损失，从统计数字看比任何灾难都更让人惊心动魄。

1900 年 9 月 8 日，加勒比海一股强大飓风在美国得克萨斯州的加尔维斯顿登陆。海啸卷起巨浪扑入市区，全城淹没于海涛之中，5 000 多居民在睡梦中都被淹死。

1915 年 9 月 15 日，美国迈阿密市遭遇的大风风速达 88 m（相当于 18 级大风），里奇蒙空军基地 3 座机库连同 368 架飞机和 25 艘飞艇一时间化为乌有。

1922 年 8 月 2 日，太平洋台风在中国广东汕头登陆，3 日凌晨风力已达 12 级，海水陡涨 3.6 m，沿海 150 km 堤防悉数溃决，汕头城内水深超过 3 m，共死亡 7 万人。

1970 年 11 月 12 日，特大旋风席卷孟加拉国，风力达 15 级左右，此时正值潮汐高潮时刻，6 m 高的水墙推向陆地。这场 20 世纪造成损失最大的台风，淹没了孟加拉国 18% 的国土，使 470 万人受灾，30 万人死亡。

1973 年 9 月 14 日，台风在中国海南琼海县登陆，登陆中心风力有 17～18 级，狂风席卷了 10 余个县，橡胶树断倒率为 60%，共倒房 15 万幢，900 多人丧生，琼海县城被毁。

1977 年 11 月 19 日，孟加拉湾偏西热带气旋袭击了印度的安德拉邦，47.5 万幢房屋化为瓦砾，300 万人无家可归，死亡者达 5 万人。

1983 年 4 月 23 日下午，湖南省湘阴县响岭上空，一股乌云向下旋成漏斗状插入湘江，拔起一棵古樟，龙卷风东行 13.6 km，将吸起的湘江水吐在橘园内。龙卷风所经路线上的房屋、树木均被毁，人、畜、塘鱼纷纷上天，高 17 m，有 11 层的永安古塔被削去 8 层，仅仅半个小时，伤亡即逾千人。

1986 年 2 月 5 日，龙卷风横扫美国休斯敦洲际机场，风止后，这个每年吐纳旅客 1 100 万人的世界第 19 大航空港内机骸遍地，共有 300 架飞机被毁。

1988 年 9 月 10 日，名为"吉尔伯特"的飓风在西大西洋形成，9 天之内便刮遍了牙买加、海地、多米尼加、洪都拉斯、墨西哥和美国等国家的沿海地区，所到之处只留下片片废墟，全部损失达 100 亿美元，死亡逾千人。

1990 年第 12 号台风，从 8 月 20—22 日，前后三次登陆福建，使福建全省连降暴雨，沿海一带泛滥成灾，全省各大小河流都超过警戒水位和危险水位，大中小型水库全部溢洪，造成全省 13.3 万 km² 农田被淹，9 000 多处水利工程被洪水冲毁，5 000 多间民房在暴雨中倒塌，44 人在风灾水灾中死亡，受灾人口达 400 多万，直接经济损失 5 亿元以上。

1991 年 4 月 29 日夜，时速 240 km 的台风席卷孟加拉国南部沿海，海浪高达 6 m，吉大港附近沿岸地区和 20 多个岛屿被狂涛吞没。

1995 年 6 月 26 日晚，中原重镇郑州风云突变，9 级大风夹着沙土、碎石、枝叶劈头盖脸从天而降，能见度只有十几米远，脸盆粗细的大树在风的怒吼声中不停摇晃，被树砸断的高压线发出刺眼的白光，狂风过处，一块块巨幅广告牌纷纷从楼顶上刮落坠地。这场大风以每小时 120 km 的速度自北向南呼啸而过，晚 11 时消失在驻马店地区。郑州市区测得最大风力有 10 级，虽未襄雷挟雨，但给人们留下了难忘的惊惧和警示。

2004 年 8 月，当年第 14 号台风"云娜"造成浙江省 50 县（市），共 639 个乡（镇）

受灾，受灾人数 859 万人，63 人死亡、15 人失踪，1 800 多人受伤（其中重伤 185 人）。被困村庄 302 个，灾害造成 4.24 万间房屋倒塌，8.8 万间房屋损坏。

2004 年 11 月和 12 月登陆菲律宾的 4 次台风共影响到吕宋岛的近 60 万个家庭中的 300 多万人，死亡 939 人，受伤 752 人，还有 837 人失踪。连续的台风还造成 3 200 多座房屋被毁和近万座房屋部分被毁，酿成农业、渔业和基础设施方面的经济损失逾 4 万亿比索（约合 714 亿美元）。

从特大风灾统计上看，中国显然是风灾多发地之一，而且风灾并不仅限于东南沿海。

第三节　风灾对建筑工程的影响

风灾影响最大的是高层建筑和高耸结构。由于高层建筑和高耸结构的主要特点是高度较高和水平方向的刚度较小，因此水平风荷载会引起较大的结构反应，自然界的风可分为异常风和良态风，例如，龙卷风，称为异常风，不属异常风的则称为良态风，我们主要讨论良态风作用下的结构抗风分析内容。

一、风对建筑工程作用的特点

（1）作用于建筑物上的风包含有平均风和脉动风，其中脉动风会引起结构物的顺风向振动，这种形式的振动在一般工程结构中都要考虑。

（2）风对建筑物的作用与建筑物的外形直接有关。如结构物背后的旋涡引起结构物的横风向（与风向垂直）的振动，烟囱、高层建筑等一些自立式细长柱体结构物，都不可忽视这种形式的振动。

（3）风对建筑物的作用受周围环境影响较大，位于建筑群中的建筑有时会出现更不利的风力作用，即由别的建筑物尾流中的气流引起的振动。

（4）风力作用在建筑物上分布很不均匀，在角区和立面内收区域会产生较大的风力。

（5）相对于地震来说，风力作用持续时间较长，往往达到几十分钟甚至几个小时。

二、风对建筑工程作用的结果

风对建筑工程的作用，会产生以下结果：

（1）使建筑物或结构构件受到过大的风力或不稳定；

（2）风力使建筑物开裂或留下较大的残余变形，塔楼、烟囱等高耸结构还可能被风吹倒或吹坏；

（3）使建筑物或结构构件产生过大的挠度或变形，引起外墙、外装修材料的损坏；

（4）由反复的风振动作用，引起结构或结构构件的疲劳损坏；

（5）气动弹性的不稳定，致使结构物在风运动中产生加剧的气动力；

（6）由于过大的振动，使建筑物的居住者或有关人员产生不舒适感。

三、一些建筑工程的风灾实例

1. 高层建筑

1926 年的一次大风使得美国一座叫迈耶·凯泽的 10 多层大楼的钢框架发生塑性变形，造成围护结构严重破坏，大楼在风暴中严重摇晃。1971 年，竣工的美国波士顿汉考克大楼，高 60 层，241 m，自 1972 年夏天至 1973 年的 1 月，由于大风的作用，大约有 16 块窗玻璃破碎，49 块严重损坏，100 块开裂，后来不得不更换了所有的 10 348 块玻璃，价值 700 万美元以上，超过了原玻璃的价值，同时，还采取了其他措施，增加了造价。最终，该建筑的使用不仅耽误了三年半，而且造价从预算的 7 500 万美元上升到了 15 800 万美元。另外，纽约一幢 55 层的塔楼建筑，在东北大风作用下产生摆动，使人不能在顶部几层的写字台上进行书写，建筑物的风动使人产生了不舒适感。

2. 高耸结构

高耸结构主要涉及一些桅杆和电视塔，其中桅杆结构更容易遭受风灾害。桅杆结构具有经济实用和美观的特点，但它的刚度小，在风载下便产生较大幅度的振动，从而容易导致桅杆的疲劳或破坏，且结构安全可靠度较差。近 50 年来，世界范围内发生了数十起桅杆倒塌事故。例如，1955 年 11 月，捷克一桅杆在风速达 30 m/s 时因失稳而破坏；1963 年，英国约克郡高 386 m 的钢管电视桅杆被风吹到；1985 年，前联邦德国贝尔斯坦一座高 298 m 的无线电视桅杆受风倒塌；1988 年，美国密苏里州一座高 610 m 的电视桅杆受阵风倒塌，造成 3 人死亡。

3. 桥梁结构

因风而遭毁坏的桥梁工程可追溯到 1818 年，苏格兰德赖堡阿比桥首先因风的作用而遭到毁坏。1940 年，美国华盛顿州塔科马海峡建造的塔科马悬索桥，主跨 853 m，建好不到 4 个月就在一场风速不到 20 m/s 的灾害下，产生上下和来回扭曲振动而倒塌。

1818—1940 年，据统计相继有 11 座桥因风的作用而受到不同程度的破坏。近年来，随着大跨度桥梁的建设，桥梁的风灾害也时有发生，如我国广东南海公路斜拉桥施工中吊机被大风吹倒，砸坏主梁。

第四节 防风减灾对策

造成风灾损失最严重的是台风、风暴潮和龙卷风，在我国发生频率最高的是台风。全球大洋平均每年约有 80 个热带气旋生成，其中 2/3 左右都达到了台风（或飓风）的强度。西北太平洋是全球台风发生频率最高、强度最大的海域。目前人类尚无能力消除风灾。虽然有人提出各种设想，甚至还有人就此提出过专利申请，但无论在理论上还是实际技术手段上，都难以奏效，能够做到的只是尽量使风灾的损失降到最低。当然，随着人类科学技术的进步，虽说今天风灾确实猛于虎，但人类既然可以驯虎，也总有能力防风。

一、国外对风灾的研究设想

美国科学家正在研究和试验"击退"飓风的方法，其形式可谓五花八门，但目前，这项研究即使在科学界内部也存在很大争议。曾提出的设想大概有以下几种：

1. 空中撒下"消云"粉

美国佛罗里达州的达因奥马特公司曾计划举行一次抗飓风试验。计划中，该公司将出动 9 架大型飞机，每架飞机装载 6～10 t 该公司研制的"消云"化学粉末，以"消灭"飓风。该公司负责人彼得·科尔达尼说，这种特殊的化学粉末含有一种聚合物，一旦被喷撒到湿润的浮云中，粉末将与水汽结合并冷凝，然后安全地降到地面，达到有效地吸收云层水汽的目的，把飓风消灭在"摇篮之中"。

2. 海面铺上植物油

除了目前进行的针对已经形成的飓风而采取的播撒特殊化学粉末的研究和试验外，美国马塞诸塞理工学院的研究人员也在进行通过改变局部天气状况从根本上消灭飓风源头的研究。美国大气与环境气象学家霍夫曼的想法是，人为地在关键地点制造"蝴蝶效应"，如通过改变温度或湿度，达到改变其他地区天气的目的。他说，小的变化可以引发大的变化，如形成风暴。因此，如果人类能准确地预测风暴正在生成，那么反过来就能巧妙地利用"蝴蝶效应"避免风暴的进一步发展。

根据这一理论,马塞诸塞理工学院的研究者们提出在海平面"铺"一层薄薄的植物油，以阻止海水与空气的"交流"，减少海水蒸发，从根本上减缓飓风的生成。也有研究人员提议在太空中安装几面巨大的反光镜，将太阳光进行"再分配"，以此对全球天气状况进行调节。

3．改造天气：一个有争议的话题

"击退"飓风，不过是人类改造天气梦想的延续。自有文明史以来，人类一直试图有意识地改变天气，以造福生产和生活。直至今日，许多民族仍保有对天祈雨的古老祭祀仪式。随着科学的发展，人们更多地以科学的态度探求天气的变化规律，并尝试以科学的方式来改变天气。半个世纪前，美国、俄罗斯等国家就开始试验用碘化银在特定区域内"播云"，帮助增加降水。在美国对越战争期间，美国人甚至希望通过"播云"影响天气，淹没、冲垮一些关键的军事通道。但到了 20 世纪 70 年代，美国人基本上放弃了改变天气的想法，因为一批著名科学家研究认为，这是一件不可能做到的事情，至少无法证明它是否取得了成功。当时主张停止改变天气研究的美国飓风研究专家休·威洛比说，关键问题在于，通过"播云"或其他手段改变天气总是在自然情况下发生的，不可能把人力和"天算"清楚地区分开来。

4．人工的方式破坏台风

有科学家曾设想用人工的方式破坏台风，例如，"炸毁"；还有人提出在陆地向海上的台风中心发射强大的磁力波以使其在登陆前便瓦解。但是这些想法还无法付诸实践，因为台风的能量实在太大了。

但也有一些科学家却认为，现在是重新开始该研究的时候了，因为即便现在"击退"飓风的希望仍很渺茫，人类设法改变天气的努力其实已初显成效。美国北达科他州和加拿大艾伯塔省多次采用"播云"技术减少了雹灾的危害。美国佛罗里达州、得克萨斯州和俄罗斯的莫斯科则使用这一技术成功地增加了降水。美国犹他大学的研究人员也表示，他们成功地使用这一技术驱除了一些民用和军用机场附近的大雾。

不过，在当前天气预报还不是非常准确的情况下，没有人敢保证天气的变化到底是人为改变的还是老天本身突然"变了脸"。一些对改变天气研究持怀疑态度的科学家坚持认为，有关改变像飓风一类强天气现象的研究现在仍然是冒险和徒劳的。

二、目前可行的防风减灾对策

风灾作为一种严重的自然灾害，历来是我国防灾工作中的重要防范内容。近些年来，除了防台风外，防沙尘暴、防城市风灾等，也被人们逐渐重视。

1．种植防风林带

我国经过 50 年的不断建设，在台风多发的沿海地区和沙尘暴多发的"三北"（西北、东北、华北）地区种植防风林带，目前已取得较好成效。防风林的作用大致如下：

（1）防止风害。植物群落降低风速、减小风暴潮的作用，已经被广泛应用于与风害作斗争。植物群落降低风速的程度，主要决定于群落的高度、分层和郁闭度（森林中乔木树冠彼此相接，遮蔽地面的程度）等条件。森林群落防风的作用最大。一般来说，防护林所防护的范围约相当于林高的 25 倍。假如林带高 10 m，则其防风范围可以扩展到林带背风面的 250 m 范围内。在较为郁闭的林带背风面，风速约可降低 80%，然后随着距离拉长，风速又逐渐恢复。因此，在风害较严重的地区，有必要在一定距离内设置几道防风林带。林带防风主要是一种机械的阻挡作用，因此，防风效能以林带方向与风向垂直时为最大。

由于林带的存在而降低风速，还可以带来下列好处：减弱水分蒸发，增加土壤湿度，增加积雪，减弱土壤的风蚀，减弱空气湿度的变化等。这样，就改善了被防护范围内综合的环境条件。

（2）调节水分小循环。大面积的森林群落对于一个地区的水分循环具有很显著的作用。降落到森林上的雨水，被各层植物体截留和吸收了一部分，被土壤和地表枯枝落叶物又吸收了一部分，大部分雨水成为地面径流和地下潜流向外排除。由于群落的阻挡，地面径流的雨水流势减缓，减少了对表土的冲刷；而地下潜流则源源不断地流入江河。这样，就很好地调节了江河流水，既有充沛的水源，又能均匀供水，防止了江河的暴涨暴落。

（3）固沙保土。在流沙活动的地区，利用植被固定流沙是一项根本性的治理办法。采用乔、灌、草结合，"前挡后拉"、"逐步推进"的方法，既可以固定流沙，减少水土流失，又达到了充分利用土地的目的。

（4）大气生物净化。据研究报道：每公斤柳杉林叶子（干重）每月可吸收二氧化硫 3 g；一般阔叶林在生长季节中，每天每公顷能生产氧气 700 kg，吸收二氧化碳 1 t 左右。风灾危害大的地区，建造沿海防风林带和农田林网不仅可减少风灾对生命和财产的危害，而且可以减少春秋冷空气对作物的危害。此外，还能够供氧、净化大气、调节气候、减少噪声、人体保健和防火等。

（5）增加效益。防护林本身也可以通过树种选择而获得可观的经济效益，林网建设结合道路、水利建设还可起到巩固路基、改善景观的效果。

2. 设置挡风墙

防风墙是用于阻挡风沙的构筑物，按材料和做法不同防风墙分为五种。

（1）对拉式防风墙。此类防风墙是最坚固的一种，它是由混凝土浇筑的预制块，厚度为 1.5 m，中间是沙加石，用水泥抹缝搭砌而成，从路基算起高为 3 m。它的主要作用是起到了防止刮大风的时候产生的车底兜风致使行驶的列车出现掉道，它的最大防风级别在 10级以上。

（2）承插式防风墙。承插式防风墙主要的构成材料是 X-69 型旧灰枕，厚度只有不到20 cm，主要是放置在风力不是很大的地方，它的搭砌是在两块预制板中间（相隔数十米）依次插入构成，旧灰枕中间用钢丝穿插。它的作用和对拉式防风墙作用是一样的，只是在不同的风力地段而已。

（3）土堤式防风墙。此类防风墙的样子有点像河堤，也是用黄土堆砌而成，只不过河堤是防水，土堤是用来防风的，主要用在西北风沙区。

（4）站区筑板式防风墙。站区筑板式防风墙顾名思义就是在列车停车的站点专门设计的防风墙类型，它的主要构成材料是混凝土浇筑的预制板，厚度 15cm 左右，高度 2.5 m 左右，因为在站点停站的列车很少会因为车底兜风将列车刮掉道，只有在行车的过程中会出现上述情况，所以站点上的防风墙不能太厚。

（5）桥梁纯钢板式防风墙。它是特殊形式，因为在西北百里风区这一段铁道线上桥不是很多，因为桥梁承重的原因，所以不能筑建以上几种防风墙。它主要是焊接树立在桥基两侧，由纯钢板构成，高度在 2.5～3 m。它的主要作用也是起到了防止刮大风的时候产生的车底兜风致使行驶的列车出现脱轨。防风原理和以上各种防风墙一样。

3．防止风暴潮袭击

台风带来的风暴潮、高强度降雨，极易造成海堤溃决、水库失事，酿成大灾。必须加强海堤、水库和闸涵的除险加固和建设。国家对重点海堤建设已经制定了明确的目标，即 2003 年能够防御 20～50 年一遇的风暴潮，2010 年达到防御 50～100 年一遇风暴潮加 12 级台风标准。在提高标准的同时，目前一些经济发达地区更加重视海堤的坚固性，把"冲而不破，漫而不溃"作为海堤建设的重要指标，以求达到减免灾害损失的目的，这是当前海堤建设的一个新趋势。我国沿海现已建成海堤总长约 13 500 km，建成各种类型水库 26 000 余座。

4．减小风灾对居住环境的损毁

（1）风灾直接对环境的作用主要有以下三种情况：

1）台风是一个巨大的能量库，其风速都在 17 m/s 以上，甚至在 60 m/s 以上。据测，当风力达到 12 级时，垂直于风向平面上每平方米风压可达 230 kg。而且风力与风速的平方成正比，一个以 100 m/s 速度行进的台风，每平方米建筑物承受的风压达 2.5 t。在如此强大风力的作用下，具有可怕的摧毁力强风会掀翻万吨巨轮，使地面建筑物和通信设施遭受严重损失。海上船只很容易被吞没而沉入海底；陆上建筑物也会横遭摧毁，从而引起人员伤亡。由于世界上沿海地区大都是经济发达地区和人口集中地区，台风造成的经济财产损失十分严重。

2）龙卷风的袭击突然而猛烈，产生的风是地面上最强的。在美国，龙卷风每年造成的死亡人数仅次于雷电。它对建筑的破坏也相当严重，经常是毁灭性的。在强烈龙卷风的袭击下，房子屋顶会像滑翔翼般飞起来。一旦屋顶被卷走后，房子的其他部分也会跟着崩解。1995 年在美国俄克拉荷马州荷得莫尔市发生的一场陆龙卷，诸如屋顶之类的重物被吹出几十英里之远，较轻的碎片则飞到三百多千米外才落地，大多数碎片落在陆龙卷通道的左侧，按重量不等常常有很明确的降落地带。

3）城市街道中由于道路两旁的建筑物高低错落，悬殊很大，形成了一定规模的街道峡谷区，易产生街道风。街道如果设计得不合理，就会出现乱流涡旋风和升降气流，严重的就会出现风害——街道风暴。人们切身感受到的便是高层建筑群产生的"小区风"和"高楼风"。当大风经过高层建筑时，风力场会产生偏移和振动，造成大楼主体结构开裂。大风吹过楼后，会在其后形成涡流区，在地面造成强大的旋风，会把人刮倒致死。另一个对人民生命财产影响明显的情况是，几乎没有什么高层建筑不被广告牌光顾，这些非建筑物本身设施的商业性附加物，往往会因其牢固性不强而成为风灾发生时的第一杀手。

（2）分析风灾危害时发现：水、火、电，危险建筑物倒塌和高空坠物，是风灾致人死亡的三大诱因。所以，减小风灾应从多方面入手。

1）提高对水灾、火灾、雷电的防御能力，制定切实可行的措施。

2）在风灾影响大的地区，建筑物、构筑物应有特殊加固措施，以防止倒塌和破坏。目前体育建筑、桥梁和高层建筑等大型结构空前的建造规模为严重的风灾留下了伏笔。各国学者正在对大跨空间结构风荷载和风致振动的基础问题开展研究，建立了大跨空间结构风荷载试验和响应分析系统。正在研究的还有，强风和暴雨共同作用下大型结构的风荷载和响应问题。这可能为结构抗风研究开辟了一个新的重要研究方向。

3）因为城市中街道风速与风向和街道构成的角度相关，所以比较现实的对策是，城市规划中的街道走向设计应考虑各种不同风速下的风向，尤其现代城市高层建筑群崛起，风对之有影响，而高楼对风也有影响，所以，广告牌、灯塔、路灯杆的风载设计不可等闲视之。

如何避免街道风暴的发生，科学地运用的数值模拟技术，为设计规划部门提供了快速、准确的定量评估，为城市整体规划和局部设计提供决策的依据。

第五节　建筑工程防风减灾措施

一、合理的建筑体型

1．流线型平面

建筑物采用圆形或椭圆形等流线型的平面，有利于减少作用于结构上的风荷载。圆柱形楼房，垂直于风向的表面积最小，表面风压比矩形棱柱体楼房要小得多，例如，法国巴黎的法兰西大厦是一幢采用椭圆形平面的高楼，其风荷载数值比矩形平面高楼约减少

27%。因此，有些规范规定，圆柱形高楼的风荷载，可以比同一尺度矩形棱柱体高楼的常用值减少 20%~40%。结构的风振加速度自然也随之减小。

采用三角形或矩形平面的高楼，转角处设计成圆角或切角，可以减少转角处的风压集中。例如，日本东京的新宿住友大厦和中国香港的新鸿基中心就是采用这种手法。

2. 截锥状体型

高楼若采用上小下大的截锥状体型，由于顶部尺寸变小，减少了楼房上部较大数值的风荷载，并减小了风荷载引起的倾覆力矩。此外，由于外柱倾斜，抗推刚度增大，在水平荷载作用下将产生反向水平分力，能使高楼侧移值减少 10%~50%，从而使风振时的振幅和加速度得以较大幅度的减小。

计算分析结果指出，一幢 40 层的高楼，当采用立面的倾斜度为 8% 的角锥体时，其侧移值将比采用棱柱体时约可减少 50%。

3. 高宽比不大

房屋高宽比是衡量一幢高楼抗侧刚度和侧移控制的一个主要指标。

美国纽约的 110 层世界贸易中心大厦，高 412 m，主体结构采用刚度很大的钢框筒，为了控制大风作用下的侧移和加速度，除各层楼板处安装黏弹性阻尼减震器之外，房屋的高宽比为 H/B=412/63.5=6.51，即高宽比应控制在 6 左右。我国沿海台风区的风压值高于纽约，为使高楼的风振加速度控制在允许范围以内，房屋的高宽比应该再适当减小一些。

4. 透空层

高楼在风力作用下，迎风面产生正压力，背风面产生负压力，使高楼受到很大的水平荷载。如果利用高楼的设备层或者结合大楼"中庭"采光的需要，在高楼中部局部开洞或形成透空层，那么，在迎风面堆积的气流就可以从洞口或透空层排出，减小压力差，也就减少了因风速变化而引起的高楼振动加速度。

5. 并联高楼群

目前建造的高楼，都是一座座独立的悬臂式结构，如果在某一新开发区，把拟建的多幢高楼，在顶部采用大跨度立体桁架（用作高架楼房）连为一体，在结构上形成多跨刚架，就可以大大减小高楼顶部的侧移，也就大大减少了高楼顶部的风振加速度。据粗算，若就单跨刚架而论，在水平力作用下，其顶点侧移值仅为独立悬臂结构的 1/4 左右。

二、采用控制装置

由于科技的进步，高层建筑和高耸结构正向着日益增高和高强轻质的方向发展。结构的刚度和阻尼不断地下降，结构在风载荷作用下的摆动也在加大。这样，就会直接影响到高层建筑和高耸结构的正常使用，使得结构刚度和舒适度的要求越来越难满足，甚至有时威胁到建筑物的安全。

　　传统的建筑工程抗风对策是通过增强结构自身刚度和抗侧力能力来抵抗风荷载作用的，这是一种消极、不经济的方法。近 30 多年来发展起来的结构振动控制技术开辟了建筑抗风设计的新途径。结构振动控制技术就是在结构上附设控制构件和控制装置，在结构振动时通过被动或主动地施加控制力来减小或抑制结构的动力反应，以满足结构的安全性、使用性和舒适度的要求。结构振动控制是传统抗风对策的突破与发展，是结构抗风的新方法和新途径。

　　自 20 世纪 70 年代初提出工程结构控制概念以来，结构振动控制理论、方法及其实践越来越受到重视。从控制方式上结构振动控制可分为：被动控制、主动控制、半主动控制和混合控制。其中，被动控制无须外部能源的输入，其控制力是控制装置随结构一起运动而被动产生的；主动控制是有外加能源的控制，其控制力是控制装置按最优控制规律，由外加能源主动施加的；半主动控制一般为有少量外加能源的控制，其控制力虽也由控制装置随结构一起运动而被动产生，但在控制过程中控制机构能由外加能源主动调整本身参数，从而起到调节控制力的作用；而混合控制是主动控制和被动控制有机结合的控制方案。一般来说，主动控制的效果最好，但由于高层建筑和高耸结构本身体型巨大，主动控制所需外加能源很大，实际操作起来比较困难。半主动控制系统结合了被动控制的可靠性和主动控制的适应性，通过一定的控制就可以接近主动控制的效果，是一种极具前途的控制方法，也是目前国际控制领域研究的重点。

　　针对不同的振动控制技术，科研工作者们开发了多种形式的风振控制装置，如风振阻尼器。风阻尼器是高层建筑应对建筑物振动，吸收震波的一种装置。它是由吊装在楼体中上部一个几百吨重的大铁球通过传动装置经由弹簧、液压装置吸收楼体的振动。当建筑物因强风产生摇晃便可以通过传感器传至风阻尼器，此时风阻尼器的驱动装置会控制配重物的动作进而降低建筑物的摇晃程度。

　　在中国第一个安装风阻尼器的是台北的 101 大厦，台北的 101 大厦是在 88~92 楼层挂置一个重达 680 t 的巨大钢球，利用摆动来减缓建筑物的晃幅。上海环球金融中心在 90 层安装了 2 台用来抑制建筑物由于强风引起摇晃的风阻尼器。

　　通过引入风阻尼器，将能使强风时加在建筑物上的加速度（重力）降低 40%左右。另外，风阻尼器也可以降低强震对建筑物，尤其是建筑物顶部的冲击。

三、反向变形

　　高楼在风荷载作用下基本上是按照结构基本振型的形态向一侧弯曲，顶点侧移最大。因而建筑物在风的动力作用下产生振动时，顶点的振幅和加速度也将是最大的。如果在高楼中设置一些竖向预应力钢丝束，当高楼在风力作用下向一侧弯曲时，传感器启动千斤顶控制器，对布置在高楼弯曲受拉一侧的钢筋束施加拉力，从而产生一个反向力矩与风力弯矩叠加后，使高楼结构下半部的弯矩值大大减少，并使结构的侧向变形由单弯形变成多弯形。风荷载作用下结构顶点的侧移值减少了，结构顶点的振动幅值和振动加速度自然也就随之减少。

四、高层建筑和高耸结构的抗风设计要求

由于高层建筑的主要特点是高度较大和水平方向刚度较小，因此水平风荷载会引起较大的结构反应。风速的脉动以及横向风涡流的频繁作用将引起结构的顺风向振动、横风向振动和扭转振动。因此对于高层建筑和高耸结构，风荷载常常起着控制作用，抗风设计是结构设计中必不可少的一部分。为了使高层建筑在风力作用下不会发生倒塌、结构开裂和过大的残余变形等现象，必须使结构的抗风设计满足强度、刚度和舒适度的要求。

首先，为了使高层建筑不会发生破坏、倒塌、结构开裂和残余变形过大等现象，以保证结构的安全，结构的抗风设计必须满足强度要求。也就是说，要在设计风荷载和其他荷载的组合作用下，使结构的内力满足强度设计要求。

其次，为了使高层建筑在风力作用下不会引起隔墙开裂、建筑装饰及非结构构件的损坏，结构的抗风设计还必须满足刚度设计的要求。也就是说，要使设计风荷载作用下的结构顶点水平位移和各层相对位移满足规范要求。但是目前水平位移限值指标还没有一个可被广泛接受的值，在不同国家中使用的水平位移设计限值通常在 H/1200～H/400 范围内。对于一般惯用结构形式可直接在 H/650～H/300 范围内取值，随着建筑物高度的增加相应水平位移限值指标取值降低直到下限值。我国《高层建筑混凝土结构技术规程》（JGJ 3—2010）按弹性方法计算的楼层层间最大位移与层高之比 $\Delta u/h$ 做了详细规定。

最后，高层建筑在强风力作用下由于脉动风的影响将产生振动，这种振动有可能使在高层建筑内生活或工作的人在心理上产生不舒服感，因此，结构的抗风设计还必须满足舒适度的设计要求。根据国内外医学、心理学和工程学专家的试验研究结果可知，影响人体感觉不舒适的主要因素是振动频率、振动加速度和振动持续时间。由于持续时间取决于阵风本身，而结构振动频率的调整又十分困难，因此，一般采用限制结构振动加速度的方法来满足舒适度的设计要求。

此外，除了要使结构的抗风险设计满足上述的强度、刚度和舒适度的设计要求外，还需对高层建筑上的外墙、玻璃、女儿墙及其他装饰构件合理设计，以防止风荷载引起此类构件的局部损坏。

第五章　建筑工程中的地质灾害

第一节　地质灾害的基本概念

一、地质灾害的定义

自地球形成以来，在漫长的地质历史进程中，固体地球的成分和面貌时刻都在变化着。所有引起矿物、岩石的产生和破坏，从而使地壳面貌发生变化的自然作用，统称为地质作用。地质灾害是指由于地质作用使地质环境产生突发的或渐进的破坏，并造成人类生命财产损失的现象或事件。地质灾害是自然灾害的一个主要类型，由于地质灾害往往造成严重的人员伤亡和巨大的经济损失，所以在自然灾害中占有突出的地位。

地质作用包括内动力地质作用和外动力地质作用，相应地，地质灾害包括内动力地质灾害和外动力地质灾害。随着人类活动规模的不断扩展，人类活动对地球表面形态和物质组成正在产生越来越大的影响，因此在形成地质灾害的动力中还包括人为活动对地球表层系统的作用，即人为地质作用。地质灾害和一般地质事件的区别在于，只有对人类生命财产和生存环境产生影响或破坏的地质事件才是地质灾害。如果某种地质过程仅仅是使地质环境恶化，并没有破坏人类生命财产或影响生产、生活环境，只能称之为灾变。例如，发生在荒无人烟地区的崩塌、滑坡、泥石流，不会造成人类生命财产的损毁，故这类地质事件属于灾变；如果这些崩塌、滑坡、泥石流等地质事件发生在社会经济发达地区，并造成不同程度的人员伤亡或财产损失，则可称之为灾害。

二、地质灾害的特征

地质灾害既具有自然属性，又具有社会经济属性。自然属性是指与地质灾害的动力过程有关的各种自然特征，如地质灾害的规模、强度、频次以及灾害活动的孕育条件、变化规律等。社会经济属性主要指与成灾活动密切相关的人类社会经济特征，如人口和财产的分布、工程建设活动、资源开发、经济发展水平、防灾能力等。由于地质灾害是自然动力作用与人类社会经济活动相互作用的结果，故二者是一个统一的整体。张有良主编的《最新工程地质手册》（2006）对地质灾害的属性特征进行了如下综述：

1. 地质灾害的必然性与可防御性

地质灾害是地球物质运动的产物，主要是地壳内部能量转移或地壳物质运动引起的。从灾害事件的动力过程看，灾害发生后，能量和物质得以调整并达到平衡，但这种平衡是暂时的、相对的；随着地球的不断运动，新的不平衡又会形成。因此，地质灾害是伴随地球运动而生并与人类共存的必然现象。

然而，人类在地质灾害面前并非无能为力。通过研究灾害的基本属性，揭示并掌握地质灾害发生、发展的条件和分布规律，进行科学的预测预报和采取适当的防治措施，就可以对灾害进行有效的防御，从而减少和避免灾害造成的损失。

2. 地质灾害的随机性和周期性

地质灾害是在多种动力作用下形成的，其影响因素更是复杂多样。地壳物质组成、地质构造、地表形态以及人类活动等都是地质灾害形成和发展的重要影响因素。因此，地质灾害发生的时间、地点和强度等具有很大的不确定性。可以说，地质灾害是复杂的随机事件。地质灾害的随机性还表现为人类对地质灾害的认知程度。随着科学技术的发展，人类对自然的认识水平不断提高，从而更准确地揭示了地质过程和现象的规律，对地质灾害随机发生的不确定性有了更深入的认识。

受地质作用周期性规律的影响，地质灾害还表现出周期性特征。统计资料表明，包括地质灾害在内的多种自然灾害都具有周期性发生的特点。如地震活动具有平静期与活跃期之分，强烈地震的活跃期从几十年到数百年不等；泥石流、滑坡和崩塌等地质灾害的发生也具有周期性，表现出明显的季节性规律。

3. 地质灾害的突发性和渐进性

按灾害发生和持续时间的长短，地质灾害可分为突发性地质灾害和渐进性地质灾害两大类。突发性地质灾害大都以个体或群体形态出现，具有骤然发生、历时短、爆发力强、成灾快、危害大的特征。如地震、火山、滑坡、崩塌、泥石流等均属突发性地质灾害。

渐进性地质灾害指缓慢发生的，以物理的、化学的和生物的变异、迁移、交换等作用逐步发展而产生的灾害。这类灾害主要有土地荒漠化、水土流失、地面沉降、煤田自燃等。渐进性地质灾害不同于突发性地质灾害，其危害程度逐步加重，涉及的范围一般比较广，尤其对生态环境的影响较大，所造成的后果和损失比突发性地质灾害更为严重，但不会在瞬间摧毁建筑物或造成人员伤亡。

4．地质灾害的群体性和诱发性

许多地质灾害不是孤立发生或存在的，前一种灾害的结果可能是后一种灾害的诱因或是灾害链中的某一环节。在某些特定的区域内，受地形、区域地质和气候等条件的控制，地质灾害常常具有群发性的特点。崩塌、滑坡、泥石流、地裂缝等灾害的群发性特征表现得最为突出。这些灾害的诱发因素主要是地震和强降雨过程，因此在雨季或强震发生时，常常引发大量的崩塌、滑坡、泥石流或地裂缝灾害。

5．地质灾害的成因多元性和原地复发性

不同类型地质灾害的成因各不相同，大多数地质灾害的成因具有多元性，往往受气候、地形地貌、地质构造和人为活动等综合因素的制约。某些地质灾害具有原地复发性，如我国西部川藏公路沿线的古乡冰川泥石流，一年内曾发生泥石流 70 多次，为国内所罕见。

6．地质灾害的区域性

地质灾害的形成和演化往往受制于一定的区域地质条件，因此其空间分布经常呈现出区域性的特点。如中国"南北分区，东西分带，交叉成网"的区域性构造格局对地质灾害的分布起着重要的制约作用。按地质灾害的成因和类型，中国地质灾害可划分为四大区域：以地面沉降、地面塌陷和矿井突水为主的东部区；以崩塌、滑坡和泥石流为主的中部区；以冻融、泥石流为主的青藏高原区；以土地荒漠化为主的西北区。

7．地质灾害的破坏性与"建设性"

地质灾害对人类的主导作用是造成多种形式的破坏，但有时地质灾害的发生可对人类产生有益的"建设性"作用。例如，流域上游的水土流失可为下游地区提供肥沃的土壤；山区斜坡地带发生的崩塌、滑坡堆积为人类活动提供了相对平缓的台地，人们常在古滑坡台地上居住或种植农作物。

8．地质灾害影响的复杂性和严重性

地质灾害的发生、发展有其自身复杂的规律，对人类社会经济的影响还表现出长久性、复合性等特征。

首先，重大地质灾害常造成大量的人员伤亡和人口大迁移。1901—1980 年中国地震灾害造成的死亡人数达 61 万人，全国平均每年由于"崩、滑、流"灾害造成的死亡人员达 928 人。其次，受地质灾害周期性变化的影响，经济发展也相应地表现出一定的周期性特点。在地质灾害活动的平静期，灾害损失减少、社会稳定、经济发展比较快。相反，在活跃期，各种地质灾害频繁发生，基础设施遭受破坏、生产停顿或半停顿、社会经济遭受巨大的直接和间接影响。

地质灾害地带性分布规律还导致经济发展的地区性不平衡。在一些地区，灾害不仅具有群发性特征且周期性的频繁产生，致使区域性生态破坏、自然条件恶化，严重地影响了当地社会、经济的发展。全球范围内的南北差异和我国经济发展的东部和中西部的不平衡也与地质灾害的区域性分布有关。

9. 人为地质灾害的日趋显著性

由于地球人口的急剧增加，人类的需求不断增长。为了满足这种需求，各种经济开发活动越演越烈，许多不合理的人类活动使得地质环境日益恶化，导致大量次生地质灾害的发生。例如，超量开采地下水引起地面沉降、海水入侵和地下水污染；矿产资源开采和大量基础工程建设中爆破与开挖导致崩塌、滑坡、泥石流等灾害的频发；乱伐森林、过度放牧导致土壤侵蚀、水土流失、土地荒漠化等。

10.地质灾害防治的社会性和迫切性

地质灾害除了造成人员伤亡，破坏房屋、铁路、公路、航道等工程设施，造成直接经济损失外，还破坏资源和环境，给灾区社会经济发展造成广泛而深刻的影响。特别是在严重的崩塌、滑坡、泥石流等灾害集中分布的山区，地质灾害严重阻碍了这些地区的经济发展，加重了国家和其他较发达地区的负担。因此，有效地防治地质灾害不但对保护灾区人民生命财产安全具有重要的现实意义，而且对于促进区域经济发展具有广泛而深远的意义。

我国地质灾害分布十分广泛，有效地防治地质灾害不但需要巨大的资金投入，而且需要社会的广泛参与。目前我国经济还比较落后，国家每年只能拿出有限的资金用于重点防治。即使经济比较发达的国家，也不可能花费巨额资金实施全面治理。无论是现在还是将来，除政府负责主导性的防治外，需要企业和民众广泛参与抗灾、防灾事业。因此，减轻地质灾害损失关系到地区、国家，乃至全球的可持续发展。

三、地质灾害的分类与分级

1. 地质灾害的类型

按不同的分类原则，地质灾害有多种分类方案，使用比较多的是按成因进行灾害分类。按灾害的成因，地质灾害可分为自然动力型、人为动力型及复合动力型。按空间分布状况，地质灾害可分为陆地地质灾害和海洋地质灾害两个系统。按地质环境变化的速度，地质灾害可划分为突发性和渐进性地质灾害两类。前者主要有火山、地震、泥石流、滑坡、崩塌、岩溶塌陷等；后者主要有水土流失、地面沉降、土地荒漠化等。

2. 地质灾害分级

地质灾害分级反映了地质灾害的规模、活动频次及其对人类与环境的危害程度。地质灾害的分级方案有灾变分级、灾度分级、风险分级。灾变分级是对地质灾害活动强度、规模和频次的等级划分；灾度分级反映了灾害事件发生后所造成的破坏和损失程度；风险分级是在灾害活动概率分析基础上核算出来的期望损失的级别划分。

根据一次灾害事件所造成的死亡人数和直接经济损失额，地质灾害的灾度等级可划分为特大灾害、大灾害、中灾害和小灾害四级；而风险等级有高度风险、中度风险、轻度风险和微度风险之分。

在 2003 年 11 月 19 日国务院第 29 次常务会议通过的《地质灾害防治条例》中，规定地质灾害按照人员伤亡、经济损失的大小，分为四个等级：特大型：因灾死亡 30 人以上或者直接经济损失 1 000 万元以上的；大型：因灾死亡 10 人以上 30 人以下或者直接经济损失 500 万元以上 1 000 万元以下的；中型：因灾死亡 3 人以上 10 人以下或者直接经济损失 100 万元以上 500 万元以下的；小型：因灾死亡 3 人以下或者直接经济损失 100 万元以下的。

四、地质灾害评估与分析

地质灾害灾情评估的目的是通过揭示地质灾害的发生和发展规律，评价地质灾害的危险性及其所造成的破坏损失、人类社会在现有经济技术条件下抗御灾害的能力，运用经济学原理评价减灾防灾的经济投入及取得的经济效益和社会效益。

地质灾害灾情评估有多种类型，不同的分类原则可有多种分类方法。根据评估时间，地质灾害灾情评估分为灾前预评估、灾期跟踪评估和灾后总结评估三种类型。根据评估范围或面积，可将地质灾害灾情评估分为点评估、面评估和区域评估三类。地质灾害灾情评估是对地质灾害灾情进行调查、统计、分析、评价的过程。在地质灾害成灾过程中，灾害活动情况是灾情评估的重点，灾前孕育阶段和灾后恢复情况分别是灾情评估的背景条件和辅助内容。地质灾害灾情评估的内容包括危险性评价、易损性评价、破坏损失评价和防治工程评价四个方面的内容，其中危险性评价和易损性评价是灾情评估的基础，破坏损失评价或灾害风险评价是灾情评估的核心，防治工程评价是灾情评估的应用。

危险性评价的目的主要是分析评价孕灾自然条件和灾变程度，通过分析地质灾害的形成条件和致灾机理，确定地质灾害的强度、规模、频度及其危害范围等。易损性评价是对受灾体的分析，其目的是划分受灾体类型，统计分析受灾体损毁数量、损毁程度，核算受灾体的损毁价值。破坏损失评价是对地质灾害发生后人员伤亡和财产损失的情况分析，其基本任务是核查人口伤亡数量，核算经济损失程度，评定灾害等级和风险等级。防治工程评价主要用来评价地质灾害防治工程的经济效益、社会效益和环境效益，对防灾抗灾工程的资金投入和效益进行分析。

地质灾害减灾效益分析需要建立一套完整的合理的评价指标体系，从不同的角度按不同的标准进行评价就会得出差异很大的结论。以防治地质灾害为目的的资金投入，既不是生产性投入也不是经营性投入，它不产生资金增值，也就不能用投入与产出之比来反映它的效益。但它属于社会公益性投入，其效益也就必然反映在社会效益和经济效益两个方面。其社会效益主要是对人身安全和自然生态的保护，可以用量化的价值来反映，但不能同投入形成比例关系，属于直接效益。而其经济效益则有直接和间接之分。对灾害地区现有资产的保障属于直接经济效益，可称为保值效益。间接经济效益是指减灾资金投入后对未来经济收益的保障，主要为受益地区现有生产规模的工农业年产值，可称为保产效益。

第二节　斜坡地质灾害

体积巨大的表层物质在重力作用下沿斜坡向下运动，常常形成严重的地质灾害；尤其是在地形切割强烈、地貌反差大的地区，岩土体沿陡峻的斜坡向下快速滑动可能导致人身伤亡和巨大的财产损失。慢速的土体滑移虽然不会危害人身安全，但也可造成巨大的财产损失。斜坡地质灾害可以由地震活动、强降水过程而触发，但主要的作用营力是斜坡岩土体自身的重力。从某种意义上讲，这类地质灾害是内、外营力地质作用共同作用的结果。

斜坡岩土位移现象十分普遍，有斜坡的地方便存在斜坡岩土体的运动，就有可能造成灾害。随着全球性土地资源的紧张，人类正在大规模地在山地或丘陵斜坡上进行开发，因而增大了斜坡变形破坏的规模，使崩塌、滑坡灾害不断发生。筑路、修建水库和露天采矿等大规模工程活动也是触发或加速斜坡岩土产生运动的重要因素之一。

斜坡地质灾害，特别是崩塌、滑坡和泥石流，每年都造成巨额的经济损失和大量的人员伤亡。20 世纪 70 年代早期，全球平均每年约有 600 人死于斜坡破坏，其中 90% 的人员伤亡发生在环太平洋边缘地带。环太平洋地带地形陡峻、岩性复杂、构造发育、地震活动频繁、降水充沛，为斜坡地质灾害提供了必要的物质基础和条件；而全球人口在这一地带的高度集中与大规模的经济活动使得这类地质过程更为普遍和强烈。

除了直接经济损失和人员伤亡外，崩塌、滑坡和泥石流灾害还诱发多种间接灾害而造成人员伤亡和财产损失，如交通阻塞、水库大坝上游滑坡导致洪水泛滥、水土流失等。

一、斜坡地质灾害综述

1. 斜坡地质灾害的类型

斜坡地质灾害的种类很多，分类方法也有多种。根据物质运动速度和水所起的作用大小把斜坡地质灾害分为两种基本类型：斜坡物质的快速失稳，结果导致相对整体的土体或岩块向坡下运动，运动的形式主要有崩塌、塌落和滑坡。岩土与水的混合物向坡下的流动，运动的形式主要有泥石流。

斜坡地质灾害在高纬度地区和高海拔地区也特别普遍。在这些地区，斜坡地质灾害的形式表现为冻胀作用产生的沉积物蠕动、冻融泥流和石冰川。岩土位移也是海洋和湖泊斜坡沉积物运移的基本方式。如同在陆地上一样，在重力作用下水下斜坡上岩石和沉积物的运动也同样存在。

崩塌是岩土体突然地垂直下落运动，经常发生于陡峭的山地。崩塌的岩块碎屑在陡坡的坡脚形成明显的倒石堆。岩石崩塌包括单个岩块的坠落和大量岩块的突然垮塌；碎屑崩塌的物质主要是岩石碎块、风化表土和植物。滑塌是一种介于崩塌和滑坡之间的过渡性斜坡岩土体运动形式，具有先滑后塌的特点；其产生机理与滑坡相似，存在明显的滑动面，最终产物则具有崩落、崩塌物的特点。滑移也是一种岩石或沉积物的快速位移，属于滑坡的范畴。在滑坡中，物质发生平移运动而几乎没有旋转，相对完整统一的块体沿已有的倾斜滑移面向下滑动。

2．斜坡地质灾害的影响因素

崩塌、滑坡、泥石流（简称崩滑流）等斜坡地质灾害是地质、地理环境与人文社会环境综合作用的产物。影响斜坡地质灾害的因素相当复杂，总体上可分为地质因素及非地质因素两类，前者指崩滑流灾害发生的物质基础，后者则是发生崩滑流灾害的外动力因素或触发条件。重力是斜坡地质灾害的内在动力，地形地貌、地质构造、地层岩性、岩土体结构特性、新构造活动及地下水等条件是影响斜坡失稳的主要自然因素，而大气降水及爆破、人工开挖和地下开采等人类工程活动对斜坡的变形破坏起着重要的诱发作用。

（1）地形地貌。滑坡、崩塌是山地丘陵斜坡变形破坏的一种灾害类型。斜坡地形的高差和坡度决定着由重力产生的下滑力的大小，从而也决定着滑坡、崩塌体的规模和运动速度。

中国地貌类型和地形切割程度自东向西具有一定的变化规律，崩塌、滑坡灾害的分布及其变形体的规模也与此同步变化。长江流域上游地区地形切割深度一般达 1 000 m，山坡陡峻，坡度 30°～60°，甚至近于直立。因此，山体稳定性差，崩滑灾害最为发育，个体规模也大。黄河上游的深切峡谷区，滑坡、崩塌的规模之大，在全国也属少见。

山地沟谷的发育为泥石流的形成提供了有利的空间场所和通道，沟谷坡降对泥石流的运动速度、径流、堆积起着制约作用。中国西南、西北地区中高山区和大江大河两侧沟谷纵坡降比较大，泥石流灾害严重。

（2）地质构造与新构造活动。地质构造控制着中国山地的总体格局，新构造活动的强弱反映该地区地壳的稳定性。地貌与构造共同控制着滑坡、崩塌、泥石流（崩滑流）灾害的发育程度。多数情况下，滑坡、崩塌、泥石流的形成与断裂构造之间存在着密切的关系，断裂的性质、破碎带宽度、节理裂隙的发育程度及其组合特征等都是影响崩滑流灾害的重要因素。

新构造活动（地震活动）是崩滑流灾害的重要触发因素。突然的振动可在瞬间增加岩土体的剪切应力而导致斜坡失稳；振动还可能引起松散沉积物中孔隙水压力的增加，导致砂土液化。地震常常诱发滑坡，中国南北地震带中段的天水—武都—汉川地震带、南段川滇地震带也是滑坡、崩塌、泥石流密集分布区。

（3）地层岩性与岩体结构特性。地层岩性、岩体结构及其组合形式是形成滑坡、崩塌、泥石流重要的内在条件之一。一般来说，岩体分为整体结构、块状结构、厚层状结构、中薄层状结构、镶嵌结构、层状碎裂结构、碎裂结构、散体结构、松软结构等。滑坡多发生在具有层状碎裂结构、碎裂结构和散体结构的岩体内，较完整的岩体虽然也可产生滑坡，但多为受构造条件控制的块裂体边坡或受软弱层面控制的层状结构边坡。岩体结构对斜坡地质灾害的影响还在于结构面特别是软弱结构面对边坡岩体稳定性的控制作用，它们构成滑坡体的滑动面及崩塌体的切割面，泥岩、页岩、片岩或断裂带中的糜棱岩、断层泥等构成的软弱面多为滑坡体的滑动面或崩塌体的分离结构面。

土体滑坡一般发生在松散堆积层，或特殊土体中存在透水或不透水层，或在滑坡作底部有相对隔水的基岩下垫层的情况下，它们构成了滑体的滑床。

（4）地下水。斜坡地带地下水状态对岩土体变形破坏的影响是显而易见的。地下水的浸润作用降低了岩土体特别是软弱面的强度；而地下水的静水压力一方面可以降低滑面上的有效法向应力，从而降低滑面上的抗滑力，另一方面又增加了滑体的下滑力，使斜坡岩土体的稳定性降低。如重庆市云阳县鸡扒子滑坡的发生明显地受到地下水的控制，大量降水沿泥岩滑面渗入地下，改变了滑坡体的水文地质条件，从而产生急剧的大规模滑动。当富含黏土的细粒沉积物饱水时，其内部孔隙水压力上升，从而变得不稳定而发生滑动。岩石块体同样受岩石空隙中水压的影响，如果两块岩石接触面上的空隙充满了承压水，就可能产生空隙水压力效应。空隙水压力的升高减小了岩块之间的有效应力和接触面上的摩擦阻力，结果导致岩体突然失稳破坏。水的作用就如同在有水的路面上快速驾驶汽车容易发生危险一样，当水在行驶汽车的车轮下受压时，增加的流体压力能够使汽车轮胎从路面上"浮起"，出现水上滑行的状态。

（5）暴雨和连续降雨。崩塌、滑坡、泥石流对水的敏感性很强。崩滑流暴发的高峰期与降水强度较大的夏季基本同步。单次降雨强度和持续时间是诱发滑坡、崩塌或泥石流灾害发生与发展的重要因子。

中国大多数滑坡、泥石流灾害都是以地面大量降雨入渗引起地下水动态变化为直接的诱导因素。暴雨触发滑坡以 1982 年重庆市万县地区云阳等县最为典型，1982 年 7 月中、下旬，上述地区降水量高达 600～700 mm，占全年降水量的 60%～70%，且主要集中在 15—17 日、19—23 日、26—30 日三次降水过程，其中第二次降水过程最大降水量达 350～420 mm，最大日降水量为 283 mm，结果在该地区诱发了数万处大小不等的滑坡。大量滑坡、崩塌、泥石流灾害事例都表明它们的形成与暴雨关系十分密切。

（6）人类活动。现阶段，人类活动已成为改变自然的强大动力。由于大量开发利用矿产资源、水力资源和森林资源等，破坏了地质环境的天然平衡状态，从而诱发了大量的崩塌、滑坡和泥石流等地质灾害。铁路、公路、矿山开发、水利水电工程、港口、码头、地下洞室等建设活动，都会形成人工边坡或破坏稳定状态的自然边坡，诱发滑坡、崩塌及泥石流灾害。2007 年 11 月 20 日宜万铁路湖北省巴东县木龙河段一隧道进口发生滑坡，造成 4 名农民工死伤的后果。

边坡坡脚的切层开挖是边坡变形造成滑坡的重要原因。云阳鸡扒子滑坡固然与大量雨水渗透诱导有关，但滑坡前缘切层开挖坡脚也是十分重要的因素。铁路、公路路堑滑坡，如宝成铁路的观音山滑坡、成昆铁路的铁西滑坡及武都滑坡等都是因为坡脚切层开挖而造成的。

在矿山开发建设中，人为诱发的灾害也时有发生。鄂西山地盐池河磷矿地下开采，造成山体边坡破坏失稳，于 1980 年 6 月 3 日发生岩石崩塌，284 人丧生，直接经济损失 510 万元，整个矿山全被摧毁，酿成中国矿山史上的最大悲剧。中国四川、云南、江西、广东、湖北、福建等省先后发生尾矿渣泥石流多例。2010 年 9 月 21 日上午 10 点左右，紫金矿业子公司信宜紫金银岩锡矿尾矿坝母坝被特大暴雨造成的泥石流冲垮，尾矿库下游的达洞村死亡 4 人。

森林的乱砍滥伐和坡地的不适当耕作，也严重地破坏了自然生态环境，导致滑坡、崩塌、泥石流等地质灾害越来越严重。

显然，在上述诸因素中，地质因素是产生各种斜坡地质灾害的基础，非地质因素是诱导或触发条件，起着加速各种斜坡地质灾害发生与发展的作用。

3. 中国斜坡地质灾害发育规律

中国是世界上崩塌、滑坡、泥石流灾害最为严重的国家之一。据段永侯等人资料，中国全国共发育有特大型崩塌 51 处、滑坡 140 处、泥石流 149 处；较大型崩塌 2 984 处以上、滑坡 2 212 处以上、泥石流 2 227 处以上；中小型崩滑流虽无确切记载，但有迹可辨（遥感解译）的灾害点达 41 万处。据全国各省统计，崩滑流灾害总面积达 173.52 km²，占国土总面积的 18.10%。

滑坡、崩塌、泥石流等斜坡地质灾害的分布发育主要受地形地貌、地质构造、新构造活动、地层岩性以及气候、人为活动等因素的制约，这些影响因素的空间分布特征控制了中国崩滑流灾害的区域分布规律。无论是灾害点分布密度还是灾害发生频度，中国大陆崩滑流分布的总体规律是中部地区最发育，西部地区较发育，东部地区较弱。

二、崩塌

崩塌（崩落、垮塌或塌方）是指较陡斜坡上的岩土体在重力作用下突然脱离母体崩落、滚动、堆积在坡脚（或沟谷）的地质现象。产生在土体中者称土崩，产生在岩体中者称岩崩。规模巨大、涉及山体者称山崩。悬崖陡坡上个别较大岩块的崩落称为落石。斜坡的表层岩石由于强烈风化，沿坡面发生经常性的岩屑顺坡滚落现象，称为碎落。

崩塌的过程表现为岩块（或土体）顺坡猛烈地翻滚、跳跃，并相互撞击，最后堆积于坡脚，形成倒石堆。崩塌的主要特征为：下落速度快、发生突然；崩塌体脱离母岩而运动；下落过程中崩塌体自身的整体性遭到破坏，崩塌物的垂直位移大于水平位移。具有崩塌前兆的不稳定岩土体称为危岩体。

崩塌运动的形式主要有两种：一种是脱离母岩的岩块或土体以自由落体的方式而坠落，另一种是脱离母岩的岩体顺坡滚动而崩落。前者规模一般较小，从不足 1 m³ 至数百立方米；后者规模较大，一般在数百立方米以上。按照崩塌体的规模、范围、大小可以分为剥落、坠石和崩落等类型。剥落的块度较小，块度大于 0.5 m 者占 25%以下，产生剥落的岩石山坡一般在 30°～40°；坠石的块度较大，块度大于 0.5 m 者占 50%～70%，山坡角在 30°～40°范围内；崩落的块度更大，块度大于 0.5 m 者占 75%以上，山坡角多大于 40°。

1. 崩塌的形成条件与诱发因素

（1）崩塌虽然发生比较突然，但有它一定的形成条件和诱发因素。形成崩塌的内在条件主要有以下几方面：

1）岩土类型。岩、土是产生崩塌的物质条件。一般而言，各类岩、土都可以形成崩塌，但不同类型，所形成崩塌的规模大小不同。通常，坚硬的岩石（如厚层石灰岩、花岗岩、砂岩、石英岩、玄武岩等）具有较大的抗剪强度和抗风化能力，能形成高峻的斜坡，在外来因素影响下，一旦斜坡稳定性遭到破坏，即产生崩塌现象。

沉积岩边坡发生崩塌的几率与岩石的软硬程度密切相关。若软岩在下、硬岩在上，下部软岩风化剥蚀后，上部坚硬岩体常发生大规模的倾倒式崩塌；硬岩石组成的斜坡，若软弱结构面的倾向与坡向相同，极易发生大规模的崩塌。页岩或泥岩组成的边坡极少发生崩塌。

岩浆岩一般较为坚硬，很少发生大规模的崩塌。但当垂直节理（如柱状节理）发育并存在顺坡向的节理或构造破裂面时，易产生大型崩塌；岩脉或岩墙与围岩之间的不规则接触面也为崩塌落石提供了有利的条件。

变质岩中结构面较为发育，常把岩体切割成大小不等的岩块，所以经常发生规模不等的崩塌落石。片岩、板岩和千枚岩等变质岩组成的边坡常发育有褶曲构造，当岩层倾向与波向相同时，多发生沿弧形结构面的滑移式崩塌。

此外，由软硬互层（如砂页岩互层、石灰岩与泥灰岩互层、石英岩与千枚岩互层等）构成的陡峻斜坡，由于差异风化，斜坡外形凹凸不平，因而也容易产生崩塌。

土质边坡的崩塌类型有溜塌、滑塌和堆塌，统称为坍塌。按土质类型，稳定性从好到差的顺序为碎石土、勃砂土、砂勃土、裂隙勃土；按土的密实程度，稳定性由大到小的顺序为密实土、中密土、松散土。

2）地质构造。如果斜坡岩层或岩体的完整性好，就不易发生崩塌。实际上，自然界的斜坡，经常是由性质不同的岩层以各种不同的构造和产状组合而成的，而且常常为各种构造面所切割，从而削弱了岩体内部的联结，为产生崩塌创造了条件。一般来说，岩层的层面、裂隙面、断层面、软弱夹层或其他的软弱岩性带都是抗剪性能较低的"软弱面"。如果这些软弱面倾向临空面倾角较陡时，当斜坡受力情况突然变化时，被切割的不稳定岩块就可能沿着这些软弱面发生崩塌。两组与坡面斜交的裂隙，其组合交线倾向临空，被切割的楔形岩块沿楔形凹槽容易发生崩塌。坡体中裂隙越发育，越易产生崩塌，与坡体延伸方向近于平行的陡倾构造面，最有利于崩塌的形成。

3）地形地貌。地形地貌主要表现在斜坡坡度上。从区域地貌条件看，崩塌形成于山地、高原地区；从局部地形看，崩塌多发生在高陡斜坡处，江、河、湖（水库）、沟的岸坡及各种山坡、铁路、公路边坡、工程建筑物边坡及其各类人工边坡都是有利崩塌产生的地貌部位。崩塌的形成要有适宜的斜坡坡度、高度和形态，以及有利于岩土体崩落的临空面。这些地形地貌条件对崩塌的形成具有最为直接的作用。调查表明，斜坡高、陡是形成崩塌的必要条件。规模较大的崩塌，一般多产生在高度大于 30 m，坡度大于 45°（大多数介于 45°～75°）的陡峻斜坡上。斜坡的外部形状，对崩塌的形成也有一定的影响。一般在上缓下陡的凸坡和凹凸不平的陡坡上易于发生崩塌，孤立山嘴或凹形陡坡均为崩塌形成的有利地形。

据我国西南地区宝成线凤州工务段辖区 57 个崩塌落石点的统计数据，有 75.4% 的崩塌落石发生在坡度大于 45° 的陡坡。坡度小于 45° 的 14 次均为落石，而无崩塌，而且这 14 次落石的局部坡度也大于 45°，个别地方还有倒悬情况。岩土类型、地质构造、地形地貌三个条件，又统称地质条件，它是形成崩塌的基本条件。

（2）能够诱发崩塌的外界因素很多，主要有：

1）振动。地震、人工爆破和列车行进时产生的振动可能诱发崩塌。地震时，地壳的强烈震动可使边坡岩体中各种结构面的强度降低，甚至改变整个边坡的稳定性，从而导致崩塌的产生。在硬质岩层构成的陡峻斜坡地带，地震更易诱发崩塌。列车行进产生的振动诱发崩塌落石的现象在铁路沿线时有发生。在宝成线 1981 年 8 月 16 日当 812 次货物列车经过时，突然有 720 m³ 岩块崩落，将电力机车砸入嘉陵江中，并造成 7 节货车车厢倾覆。

2）水。河流等地表水体不断地冲刷坡脚或浸泡坡脚、削弱坡体支撑或软化岩、土，降低坡体强度，也能诱发崩塌。地下水对崩塌的影响表现为：

① 充满裂隙的地下水及其流动对潜在崩塌体产生静水压力和动水压力。

② 裂隙充填物在水的软化作用下抗剪强度大大降低。

③ 充满裂隙的地下水对潜在崩落体产生浮托力。

④ 地下水降低了潜在崩塌体与稳定岩体之间的抗拉强度。边坡岩体中的地下水大多数在雨季可以直接得到大气降水的补给，在这种情况下，地下水和地表水的联合作用，使边坡上的潜在崩塌体更易于失稳。

3）不合理的人类活动。如公路路堑开挖过深，边坡过陡，由于开挖路基，改变了斜坡外形，使斜坡变陡，软弱构造面暴露，使部分被切割的岩体失去支撑，结果引起崩塌。此外地下采空、水库蓄水、泄水等改变坡体原始平衡状态的人类活动，都诱发崩塌活动。如工程设计不合理或施工措施不当，更易产生崩塌，开挖施工中采用大爆破的方法使边坡岩体因受到震动破坏而发生崩塌的事例屡见不鲜。1994 年 4 月 30 日，发生于重庆市武隆县境内乌江鸡冠岭山体崩塌虽然是多种因素综合作用的结果，但在乌江岸边修路爆破和在山坡中段开采煤矿等人类活动是重要的诱发因素。还有一些其他因素，如冻胀、昼夜温差变化等，也会诱发崩塌。

2. 崩塌的危害

崩塌是山区常见的一种地质灾害现象。它来势迅猛，常使斜坡下的农田、厂房、水利水电设施及其他建筑物受到损害，有时还造成人员伤亡。铁路、公路沿线的崩塌常可摧毁路基和桥梁，堵塞隧道洞门，击毁行车，对交通造成直接危害，造成行车事故和人身伤亡。有时因崩塌堆积物堵塞河道，引起壅水或产生局部冲刷，导致路基水毁。为了保证人身安全、交通畅通和财产不受损失，对具有崩塌危险的危岩体必须进行处理，从而增加了工程投资。整治一个大型崩塌往往需要几百万甚至上千万元的资金。

1980 年 6 月 3 日凌晨 5 时 30 分，湖北省远安县盐池河磷矿发生崩塌，16 秒钟内摧毁矿务局机关全部建筑物和坑口设施，致死 307 人，经济损失 2 500 万元。崩塌发生在由震旦系石灰岩组成的高差达 400 m 的陡壁部位，磷矿即在石灰岩层之下。9 个地震台记录到崩塌产生的地震，震级为 1.4 级。山体压力、采空区悬臂变形效应使上覆山体发生张裂和剪裂是导致崩塌的主要原因。崩塌前最大裂缝长 180 m，最宽达 0.8 m，深 160 m。崩塌时，前缘块体率先滑出倾倒，产生气垫浮托效应；高压作用下产生的高速气流使地表堆积物高速自下而上撞击对面陡壁后产生回弹。崩塌块石以此运动形式越过山脊，毁灭了河谷下游的所谓"安全区"，大部分人员在此遇难。

3. 崩塌的防治

（1）勘查要点。要有效地防治崩塌，必须首先进行详细的调查研究，掌握崩塌形成的基本条件及其影响因素，根据不同的具体情况，采取相应的措施。调查崩塌时，应注意以下几个方面：

① 查明斜坡的地形条件，如斜坡的高度、坡度、外形等。

② 查明斜坡的岩性和构造特征，如岩石的类型，风化破碎程度，主要构造面的产状以及裂隙的充填胶结情况。

③ 查明地面水和地下水对斜坡稳定性的影响以及当地的地震烈度等。

（2）防治原则。由于崩塌发生得突然而猛烈，治理比较困难而且复杂，特别是大型崩塌，一般多采用以预防为主的原则。

在工程选址或线路选线时，应注意根据斜坡的具体条件，认真分析崩塌的可能性及其规模。对有可能发生大、中型崩塌的地段，有条件绕避时，宜优先采用绕避方案。若绕避有困难时，可调整路线位置，离开崩塌影响范围一定距离，尽量减少防治工程，或考虑其他通过方案（如隧道、明洞等），确保工程安全。对可能发生小型崩塌或落石的地段，应视地形条件进行经济比较，确定绕避还是设置防护工程通过。如拟通过，路线应尽量争取设在崩塌体停积区范围之外。如有困难，也应使路线离坡脚有适当距离，以便设置防护工程。

在工程设计和施工工程中，避免使用不合理的高陡边坡，避免大挖大切，以维持山体的平衡。在岩体松散或构造破碎地段，不宜使用大爆破施工，以免由于工程技术上的错误而引起崩塌。

在整治过程中，必须遵循标本兼治、分清主次、综合治理、生物措施与工程措施相结合、治理危岩与保护自然生态环境相结合的原则。通过治理，最大限度降低危岩失稳的诱发因素，达到治标又治本的目的。

此外，应加强减灾防灾科普知识的宣传，严格进行科学管理；合理开发利用坡顶平台区的土地资源，防止因城镇建设和农业生产而加快危岩的形成，杜绝发生崩塌的诱发因素。

（3）工程防治措施。崩塌落石防治措施可分为防止崩塌发生的主动防护和避免造成危害的被动防护两种类型。具体方法的选择取决于崩塌落石历史、潜在崩塌落石特征及其风险水平、地形地貌及场地条件、防治工程投资和维护费用等。常见的防治崩塌的工程措施有：

1）遮挡：即遮挡斜坡上部的崩塌落石。这种措施常用于中、小型崩塌或人工边坡崩塌的防治中，通常采用修建明洞、棚洞等工程进行，在铁路工程中较为常用。

2）拦截：对于仅在雨季才有坠石、剥落和小型崩塌的地段，可在坡脚或半坡上设置拦截构筑物，如设置落石平台和落石槽以停积崩塌物质，修建挡石墙以拦坠石，利用废钢轨、钢钎及钢丝等编制钢轨或钢钎栅栏来挡截落石。

3）支挡：在岩石突出或不稳定的大孤石下面，修建支柱，支挡墙或用废钢轨支撑，用石砌或用混凝土作支垛、护壁、支柱、支墩、支墙等以增加斜坡的稳定性。

4）护墙、护坡：在易风化剥落的边坡地段修建护墙，对缓坡进行坡面喷浆、抹面、砌石铺盖、水泥护坡等以防治软弱岩层进一步风化，进行灌浆缝，镶嵌、锚栓以恢复和增强岩体的完整性。一般边坡均可采用。

5）镶补勾缝：对坡体中的裂隙、缝、空洞，可用片石填补空洞，水泥砂浆勾缝等以防止裂隙、缝、洞的进一步发展。

6）刷坡（削坡）：在危石、孤石突出的山嘴以及坡体风化破碎的地段，采用刷坡来放缓边坡。

7）排水：在有水活动的地段，布置排水构筑物，以进行拦截疏导，调整水流，如修筑截水沟、堵塞裂隙、封底加固附近的灌溉引水、排水沟渠等，防止水流大量渗入岩体而恶化斜坡的稳定性。

8）SNS 技术（safety netting system）：近几年来，一种全新的 SNS 柔性拦石防护技术在我国水电站、矿山、道路等各种工程现场的崩塌落石防护中得到了广泛的应用。SNS 系统是利用钢绳网作为主要构成部分来防护崩塌落石危害的柔性安全网防护系统，它与传统刚性结构防治方法的主要差别在于该系统本身具有的柔性和高强度，更能适应于抗击集中荷载和（或）高冲击荷载。当崩塌落石能量高且坡度较陡时，SNS 钢绳网系统不失为一种十分理想的防护方法。与传统的拦截式刚性建筑物的主要差别在于系统的柔性和强度足以吸收和分散崩岩能量并使系统受到的损伤最小。该系统既可有效防止崩塌灾害，又可以最大限度地维持原始地貌和植被，保护自然生态环境。

三、滑坡

在自然地质作用和人类活动等因素的影响下，斜坡上的岩土体在重力作用下沿一定的软弱面整体或局部保持岩土体结构而向下滑动的过程及其形成的地貌形态，称为滑坡，俗称"走山"、"垮山"、"地滑"、"土溜"等。

滑坡的特征表现为：发生变形破坏的岩土体以水平位移为主，除滑动体边缘存在为数较少的崩离碎块和翻转现象外，滑体上各部分的相对位置在滑动前后变化不大。滑动体始终沿着一个或几个软弱面（带）滑动，岩土体中各种成因的结构面均有可能成为滑动面，如古地形面、岩层层面、不整合面、断层面、贯通的节理裂隙面等。滑坡滑动过程可以在瞬间完成，也可能持续几年或更长的时间。规模大的滑坡一般是缓慢地、长期地往下滑动，其位移速度多在突变阶段才显著增加，滑动过程可以延续几年、十几年甚至更长的时间。有些滑坡滑动速度也很快，如 1983 年 3 月发生的甘肃东乡洒勒山滑坡，最大滑速可达 30～40 m/s，滑坡的这些特征使其有别于崩塌、错落等其他斜坡变形破坏现象。

1. 滑坡的形态与识别标志

（1）滑坡的形态。一个发育完全的典型滑坡，一般具有下面一些基本的组成部分。

1）滑坡体：斜坡沿滑动面向下滑动的土体或岩体称为滑坡体，其内部一般仍保持着未滑动前的层位和结构，但产生许多新的裂缝，个别部位还可能遭受较强烈的扰动。

2）滑动面：滑坡体沿其向下滑动的面称为滑动面。滑动面以上，被揉皱了的厚数厘米至数米的结构扰动带，称为滑动带。有些滑坡的滑动面（带）可能不止一个。滑动面（滑动带）是表征滑坡内部结构的主要标志，它的位置、数量、形状和滑动面（带）土石的物理力学性质，对滑坡的推力计算和工程治理有重要意义。在一般情况下，滑动面（带）的土石挤压破碎，扰动严重，富水软弱，颜色异常，常含有夹杂物质。当滑动面（带）为黏性土时，在滑动剪切作用下，常产生光滑的镜面，有时还可见到与滑动方向一致的滑坡擦痕。在勘探中，常可根据这些特征，确定滑动面的位置。滑动面的形状，因地质条件而异。一般来说，发生在均质土中的滑坡，滑动面多呈圆弧形。

3）滑坡床：在最后滑动面以下稳定的土体或岩体称为滑坡床。

4）滑坡周界：滑坡体与周围未滑动的稳定斜坡在平面上的分界线，称为滑坡周界。滑坡周界圈定了滑坡的范围。

5）滑坡台阶：有几个滑动面或经过多次滑动的滑坡，由于各段滑坡体的运动速度不同，而在滑坡体上出现的阶梯状的错台，称为滑坡台阶。

6）滑坡舌：滑坡体上滑坡体的前缘，形如舌状伸出的部分，称为滑坡舌。

7）滑坡裂缝：滑坡体的不同部分，在滑动过程中，因受力性质不同，所形成的不同特征的裂缝。按受力性质，滑坡裂缝可分为以下四种：拉张裂缝分布在滑坡体上部；剪切裂缝分布在滑坡体中部的两侧；鼓胀裂缝主要分布于滑坡体的下部；扇形张裂缝分布在滑坡体的中下部（尤以舌部为多）。

8）滑坡洼地：滑坡滑动后，滑坡体与滑坡壁之间常拉开成沟槽，构成四周高中间低的封闭洼地，称为滑坡洼地。滑坡洼地往往由于地下水在此处出露，或者由于地表水的汇集，常成为湿地或水塘。

（2）滑坡的识别标志。斜坡滑动之后，会出现一系列的变异现象。这些变异现象，为我们提供了在野外识别滑坡的标志，其中主要有：

1）地形地物标志：滑坡的存在，常使斜坡不顺直、不圆滑而造成圈椅状地形和槽谷地形，其上部有陡壁及弧形拉张裂缝；中部坑洼起伏，有一级或多级台阶，其高程和特征与外围河流阶地不同，两侧可见羽毛状剪切裂缝；下部有鼓丘，呈舌状向外突出，有时甚至侵占部分河床，表面多鼓张扇形裂缝；两侧常形成沟谷，出现双沟同源现象；有时内部多积水洼地，喜水植物茂盛，有"醉林"及"马刀树"和建筑物开裂、倾斜等现象。

2）地层构造标志：滑坡范围内的地层整体性常因滑动而破坏，有扰乱松动现象，层位不连续，出现缺失某一地层、岩层层序重叠或层位标高有升降等特殊变化；岩层产状发生明显的变化；构造不连续（如裂隙不连贯、发生错动）等，都是滑坡存在的标志。

3）水文地质标志：滑坡地段含水层的原有状况常被破坏，使滑坡体成为单独含水体，水文地质条件变得特别复杂，无一定规律可循。如潜水位不规则、无一定流向，斜坡下部有成排泉水溢出等。这些现象均可作为识别滑坡的标志。

上述各种变异现象，是滑坡运动的统一产物，它们之间有不可分割的内在联系。因此，在实践中必须综合考虑几个方面的标志，互相验证，准确无误，绝不能根据某一标志，就轻率地作出结论。

2．滑坡的形成条件和发育规律

（1）滑坡的发生，是斜坡岩土体平衡条件遭到破坏的结果。由于斜坡岩土体的特性不同，滑动面的形状有各种形式，常见的有平面形和圆柱状两种，二者运动表现虽有不同，但力学平衡关系的基本原理是一致的。斜坡平衡条件的破坏与否，也就是说滑坡发生与否，取决于下滑力与抗滑力的对比关系。而斜坡的外形，基本上决定了斜坡内部的应力状态（剪切力的大小及其分布），组成斜坡的岩土性质和结构决定了斜坡各部分抗剪强度的大小。当斜坡内部的剪切力大于岩土的抗剪强度时，斜坡将发生剪切破坏而滑动，自动地调整其外形来与之相适应。因此，凡是引起改变斜坡外形和使岩土性质恶化的所有因素，都将是影响滑坡形成的因素。这些因素概括起来主要有：

1）斜坡外形：斜坡的高度、坡度、形态和成因与斜坡的稳定性有着密切的关系。高陡斜坡通常比低缓斜坡更容易失稳而发生滑坡。斜坡的成因、形态反映了斜坡的形成历史、稳定程度和发展趋势，对斜坡的稳定性也会产生重要的影响。

2）岩性：不同地质时代、不同岩性的地层中都可能形成滑坡，但滑坡产生的数量和规模与岩性有密切关系。滑坡主要发生在易于亲水软化的土层中和一些软质岩层中，当坚硬岩层或岩体内存在有利于滑动的软弱面时，在适当的条件下也可能形成滑坡。

3）地质构造：埋藏于土体或岩体中倾向与斜坡一致的层面、夹层，基岩顶面，古剥蚀面、不整合面，层间错动面、断层面、裂隙面、片理面等，一般都是抗剪强度较低的软弱面，当斜坡受力情况突然变化时，都可能成为滑坡的滑动面。

4）水：水对斜坡岩土的作用是形成滑坡的重要条件。地表水可以改变斜坡的外形，当水渗入滑坡体后，不但可以增大滑坡的下滑力，而且将迅速改变滑动面（带）土石的性质，降低其抗剪强度，起到"润滑剂"的作用。同时地下水运动产生的动水压力对滑坡的形成和发展也起促进作用。

此外，如风化作用、降雨、人为不合理的切坡或坡顶加载，地表水对坡脚的冲刷以及地震等，都能促使上述条件发生有利于斜坡土石向下滑动的变化，激发斜坡发生滑动现象。尤其是地震，由于地震的加速度，使斜坡土体（或岩体）承受巨大的惯性力，并使地下水位发生强烈变化，促使斜坡发生大规模滑动。1974 年 5 月的云南昭通地震，以及 1976 年 7 月的河北唐山地震，尽管区域地质构造和地貌条件不同，都有不同类型的滑坡发生。

（2）滑坡的活动主要与诱发滑坡的各种外界因素有关，如地震、降雨、冻融、海啸、风暴潮及人类活动等。滑坡的发育在时空方面大致有如下规律：

1）滑坡的空间分布规律。通常，滑坡的空间分布主要与地质因素和气候因素有关，下列地带是滑坡的易发和多发地区：江、河、湖（水库）、海、沟的岸坡地带，地形高差大的峡谷地区，山区、铁路、公路、工程建筑物的边坡地段等，这些地带为滑坡形成提供了有利的地形地貌条件；地质构造带之中，如断裂带、地震带等，通常地震烈度大于 7°的地区中坡度大于 25°的坡体在地震中极易发生滑坡，断裂带中岩体破碎、裂隙发育，则非常有利于滑坡的形成；易滑（坡）岩、土分布区，松散覆盖层、黄土、泥岩、页岩、煤系地层、凝灰岩、片岩、板岩、千枚岩等岩、土的存在为滑坡的形成提供了良好的物质基础；暴雨多发区或异常的降雨地区，在这些地区中，异常的降雨为滑坡发生提供了有利的诱发因素。上述地带的叠加区域，就形成了滑坡的密集发育区。

2）滑坡的时间分布规律。有些滑坡受诱发因素的作用后立即活动，如强地震、降雨、冻融、海啸、风暴潮发生时和人类活动，如开挖、爆破等。有些滑坡发生时间稍晚于诱发因素的作用时间，如降雨、融雪、海啸、风暴潮及人类活动之后。这种滞后性规律在降雨诱发型滑坡中表现得最为明显，该类滑坡多发生在暴雨、大雨和长时间的连续降雨之后，滞后时间的长短与滑坡体的岩性、结构及降雨量的大小有关。一般来说，滑坡体越松散、裂隙越发育、降雨量越大，则滞后时间越短。此外，人工开挖坡脚之后，堆载及水库蓄、泄水之后发生的滑坡也属于这类。由人为因素诱发滑坡的滞后时间的长短与人类活动的强度大小及滑坡体的原先稳定程度有关。人类活动强度越大，滑坡体的稳定程度越低，则滞后时间越短。

（3）滑坡的发展一般要经历以下三个阶段：

1）蠕动变形阶段：滑坡形成的初期总是以某一部分岩土体的平衡先遭破坏，出现了局部蠕动变形区而开始的。蠕动变形是指岩（土）体在一定荷载的长期作用下所产生的非弹性变形。它表现为岩（土）体的松弛，岩块间剪切移位，歪斜扭转和岩层的弯曲。岩（土）体的蠕动导致水的集中并加速减弱坡体内的强度。岩（土）体因重力作用自蠕动区向前挤压，其后部因拉张而产生断断续续的张性裂缝，随蠕动区的扩大，中后部滑动面逐渐形成，后部裂缝贯通并错开。岩（土）体进一步向前挤压，两侧出现断断续续的羽毛状裂隙，但只在局部地段有位移。

2）滑动阶段：蠕动区的后上部分在重力牵引作用下，首先形成滑动面，并不断向前下部推挤。后上部称牵引滑坡地段或主滑地段，前下部称推动滑坡地段或抗滑地段。当抗滑地段的阻力被克服，前下部形成新的滑动面和出口时滑动阶段即开始。后部及两侧裂缝贯通，牵引滑坡地段后缘失去支撑而陷落，并产生一系列牵引性张裂缝，滑体呈块段状下滑形成阶梯状滑坡。前下部推动滑坡地段滑动面平缓，甚至向相反方向倾斜，滑体被挤压成褶曲或类似逆掩断层的叠瓦状构造，滑动带上形成摩擦勃土角砾岩。滑坡前缘则受挤压隆起形成滑坡鼓丘，在前缘斜坡上还出现断断续续的鼓张裂缝和张性扇状裂缝。滑坡从蠕变阶段到滑动阶段，有时须经数月或数年。例如，我国雅碧江大滑坡，在 1960 年时开始山体变形，山坡出现裂缝，直到 1967 年才发生滑动，说明持续时间达七年以上。滑坡的滑动速度一般较缓慢，但在滑动中期也常出现剧滑时期，其滑动速度可达每分钟数米或数十米，甚至以每秒几十米的速度下滑。但剧滑时间持续很短，而且滑动时期及稳定时期也是间歇性地相互交替。

3）稳定压密阶段：滑动之后，滑体重心降低，能量消耗；滑动带土体因水分被挤出而逐渐固结和提高强度；滑体的抗滑部分增大，在自重作用下滑体逐渐压密，裂缝消失，滑坡遂趋于稳定。例如，我国卧龙寺滑坡在 1955 年滑动后，1959 年自重压密下沉 25.9 mm，1960 年下沉 7.4 mm，1961 年又下沉 1.3 mm，而后逐步趋于稳定，至今没有活动。这种稳定可以是暂时的，也可能是长久的，这取决于引起滑动的主要因素是否消失。滑坡在复杂的条件下，若无正确的防治常常发生周期性的反复活动，当条件恶化时，还会产生剧烈的滑动。这种周而复始的忽快忽慢的活动，有时可以延续数年至数十年。

3. 滑坡的分类

为了对滑坡进行深入研究和采取有效的防治措施，需要对滑坡进行分类。但由于自然地质条件的复杂性，以及分类的目的、原则和指标也不尽相同，因此，对滑坡的分类至今尚无统一的认识。结合我国的区域地质特点和工程实践，按滑坡体的主要物质组成和滑动时的力学特征进行的分类，有一定的现实意义。

（1）按滑坡体的主要物质组成可以把滑坡分为四个类型：

1）堆积层滑坡：是工程中经常碰到的一种滑坡类型，多出现在河谷缓坡地带或山麓的坡积、残积、洪积及其他重力堆积层中，它的产生往往与地表水和地下水的直接参与有关。滑坡体一般多沿下伏的基岩顶面、不同地质年代或不同成因的堆积物的接触面，以及堆积层本身的松散层面滑动。滑坡体厚度一般从几米到几十米。

2）黄土滑坡：发生在不同时期的黄土层中的滑坡，称为黄土滑坡。它的产生常与裂隙及黄土对水的不稳定性有关，多见于河谷两岸高阶地的前缘斜坡上，常成群出现，且大多为中、深层滑坡。其中有些滑坡的滑动速度很快，变形急剧，破坏力强，是属于崩塌性的滑坡。

3）黏土滑坡：发生在均质或非均质黏土层中的滑坡，称为黏土滑坡。黏土滑坡的滑动面呈圆弧形，滑动带呈软塑状。黏土的干湿效应明显，干缩时多张裂，遇水作用后呈软塑或流动状态，抗剪强度急剧降低，所以黏土滑坡多发生在久雨或受水作用之后，多属中、浅层滑坡。

4）岩层滑坡：发生在各种基岩岩层中的滑坡，属岩层滑坡，它多沿岩层层面或其他构造软弱面滑动。这种沿岩层层面、裂隙面和前述的堆积层与基岩交界面滑动的滑坡，统称为顺层滑坡。但有些岩层滑坡也可能切穿层面滑动而成为切层滑坡。岩层滑坡多发生在由砂岩、页岩、泥岩、泥灰岩以及片理化岩层（片岩、千枚岩等）组成的斜坡上。

（2）按滑坡的力学特征，可分为牵引式滑坡和推动式滑坡。

1）牵引式滑坡：主要是由于坡脚被切割，（人为开挖或河流冲刷等）使斜坡下部先变形滑动，因而使斜坡的上部失去支撑，引起斜坡上部相继向下滑动。牵引式滑坡的滑动速度比较缓慢，但会逐渐向上延伸，规模越来越大。

2）推动式滑坡：主要是由于斜坡上部不恰当地加荷（如建筑、填堤、弃渣等）或在各种自然因素作用下，斜坡的上部先变形滑动，并挤压推动下部斜坡向下滑动。推动式滑坡的滑动速度一般较快，但其规模在通常情况下不再有较大发展。

4. 滑坡的危害

滑坡是地质灾害中的主要灾种，给人民生命财产和国民经济建设带来了严重的危害，极大地影响了社会经济的发展。滑坡灾害的广泛发育和频繁发生使城镇建设、工矿企业、山区农村、交通运输、河运航道及水利水电工程等受到严重危害。

（1）滑坡对城镇的危害。城镇是一个地区的政治、经济和文化中心，人口、财富相对集中，建筑密集、工商业发达。因此，城镇遭受滑坡灾害，不仅造成巨大的人员伤亡和直接经济损失，而且也给其所在地区带来一定的社会影响。著名山城重庆是中国西南地区重要的经济中心，由于所处的特殊地质地理环境和强烈的人类活动影响，滑坡灾害频繁，已成为影响居民生活和城市建设的主要因素之一。1985 年王家坡滑坡，造成 102 户居民被迫搬迁，并严重危及重庆火车站的安全；1989 年 9 月，李子坝滑坡复活，堵塞交通，并迫使数十户居民搬迁。

（2）滑坡对交通运输的危害。滑坡是最为严重的一种山区铁路灾害。规模较小的滑坡可造成铁路路基上拱、下沉或平移，大型滑坡则掩埋、摧毁路基或线路，以致破坏铁路桥梁、隧道等工程。铁路施工阶段发生滑坡，常常延误工期；在运营中发生滑坡，则经常中断行车，甚至造成生命财产的重大损失。1998 年 8 月中旬，刚刚正式通车 3 个月的达川至成都铁路的南充段发生 5 处山体滑坡，因此次山体滑坡和路基塌方，公路运输也严重受阻，水上运输被迫封航。山区公路也不同程度地遭受着滑坡的危害，极大地影响了交通运输的安全。

由于特殊的地形地貌，河流沿岸特别是峡谷地段多为滑坡的密集发生段，对河流航运的危害和影响很大。号称黄金水道的长江是遭受滑坡灾害最严重的河运航道。数十年来，因滑坡造成的断航事故时有发生。1982 年 7 月 18 日云阳鸡扒子老滑坡复活，土石滑入长江，河床填高 30 余米，江岸外移 50 m，在鸡扒子航段 600 m 范围内形成三道"水坝"，严重阻碍了长江航运，仅清航整治费就达 8 000 多万元。

（3）滑坡对矿山的危害。在露天矿山，滑坡灾害几乎影响着矿山生产的整个过程。据中国 10 个大型露天矿山的统计，不稳定或具有潜在滑坡危险的边坡约占边坡总长度的 20%，个别矿山甚至高达 33%。辽宁省抚顺西露天矿自 1914 年投产至 1985 年，共发生滑坡近 60 次。1964 年南帮西部滑坡，使矿山机修厂滑落、毁坏，1979 年露天矿西端边坡发生大滑坡，掩埋西大巷提升系统，使矿山再度停产；露天矿西北帮的滑坡及地面变形，严重影响了抚顺石油一厂建筑物的安全。

（4）滑坡对水利水电工程的危害。滑坡对水利水电工程的危害也是极为严重的。特别是对水库而言，它不仅使水库淤积加剧、降低水库综合效益、缩短水库寿命，而且还可能毁坏电站，甚至威胁大坝及其下游的安全。1963 年发生在意大利瓦依昂大坝南侧的大规模滑坡的滑移给大坝及其下游的居民带来了毁灭性的灾难。瓦依昂大坝于 1960 年修建在意大利东北部靠近奥地利和斯洛文尼亚的一个深山峡谷里。坝址区河谷两侧为高角度易滑的沉积岩出露区，并发育有密集的裂隙和古滑动面；大坝修建后，水库水体使坡脚处的岩石饱和、孔隙水压力上升。1963 年 8—10 月的大暴雨诱发了 10 月 9 日晚的大滑坡。滑体前锋形成的巨大气流掀翻了房屋。大坝北侧的水柱高出水面 240 m，高出坝顶 100 m 的波浪冲出水库，并以 70 多米高的水墙沿瓦依昂河谷向下游的城市冲去。大部分伤亡损失是由于库水涌浪造成的，仅 6 min 时间，下游城市就被大水淹没，约 3 000 名居民被洪水淹死。这一事件被看作是世界上最大的水库大坝灾难。

（5）滑坡的次生灾害。滑坡灾害不仅直接危害受灾地区，还常常引发一系列次生灾害，如洪水、涌浪、淤积及有毒废石渣污染等，造成更大范围的影响和更严重的损失，次生灾害损失有时远远超过灾害本身的直接损失。1963 年意大利瓦依昂水库滑坡死亡约 3 000 人的特大灾难就是滑坡诱发库水形成的洪水造成的。

5. 滑坡的防治

（1）勘测。为了有效地防治滑坡，首先必须对滑坡进行详细的工程地质勘测，查明滑坡形成的条件及原因，滑坡的性质、稳定程度及其对公路工程的危害性，并提供防治滑坡的措施与有关的计算参数。为此，需要对滑坡进行测绘、勘探和试验工作，有时还需要进行滑坡位移的观测工作。

滑坡测绘是滑坡调查的主要方法之一，也是系统的滑坡调查首先要做的基本工作。通过测绘，查明滑坡的地貌形态，水文地质特征，弄清滑坡周界及滑坡周界内不同滑动部分的界线等。

滑坡勘探目前常用的有坑探、物探和钻探三种方法，使用时互相配合，相互补充和验证。通过勘探，应查明滑坡体的厚度，下伏基岩表面的起伏及倾斜情况，用剥离表土或挖探方法直接观察或通过岩心分析判断滑动面的个数、位置和形状，了解滑坡体内含水层和湿带的分布情况与范围，地下水的流速及流向等；查明滑坡地带的岩性分布及地质构造情况等。

（2）防治原则。滑坡的防治，要贯彻以防为主、整治为辅的原则，在选择防治措施前，要查清滑坡的地形、地质和水文地质条件，认真研究和确定滑坡的性质及其所处的发展阶段，了解产生滑坡的主、次要原因及其相互间的联系，结合工程的重要程度、施工条件及其他情况综合考虑。

1）整治大型滑坡，技术复杂，工程量大，时间较长，因此在勘测阶段对于可以绕避且属经济合理的，首先应考虑路线绕避的方案。在已建成的路线上发生的大型滑坡，如改线绕避将会废弃很多工程，应综合各方面的情况，做出绕避、整治两个方案进行比较。对大型复杂的滑坡，常采用多项工程综合治理，应作整治规划，工程安排要有主次缓急，并观察效果和变化，随时修正整治措施。

2）对于中型或小型滑坡连续地段，一般情况下路线可不绕避，但应注意调整路线平面位置，以求得工程量小，施工方便，经济合理的路线方案。

3）路线通过滑坡地区，要慎重对待，详细查看资料，对发展中的滑坡要进行整治，对古滑坡要防止复活，对可能发生滑坡的地段要防止其发生和发展。对变形严重，移动速度快，危害性大的滑坡或崩塌性滑坡，宜采取立即见效的措施，以防止其进一步恶化。

4）整治滑坡一般应先做好临时排水工程，然后再针对滑坡形成的主要因素，采取相应措施。以长期防御为主，防御工程与应急抢险工程相结合。根据危害对象及程度，正确选择并合理安排治理的重点，保证以较少的投入取得较好的治理效益。生物工程措施与工程措施相结合，治理与管理、开发相结合。因地制宜，讲求实效，治标与治本相结合。

（3）防治措施。防治滑坡的工程措施，大致可分为排水、力学平衡及改变滑动面（带）土石性质三类。目前常用的主要工程措施有地表排水、地下排水、减重及支挡工程等。选择防治措施，必须针对滑坡的成因、性质及其发展变化的具体情况而定。

1）排水。地表排水：如设置截水沟以截排来自滑坡体外的坡面径流，排水系统汇集旁引坡面径流于滑坡体外排出；在滑坡体上设置树枝状天沟。地下排水：目前常用的排除地下水的工程是各种形式的渗沟，其次有盲洞，近几年来不少地方已在推广使用平孔排除地下水的方法，平孔排水施工方便，工期短、节省材料和劳力，是一种经济有效的措施。

2）力学平衡法。如在滑坡体下部修筑抗滑片石垛、抗滑挡土墙、抗滑桩等支挡建筑物，以增加滑坡下部的抗滑力，在滑坡体的上部刷方减重以减小其滑动力等。

3）改善滑动面（带）的土石性质。如焙烧、电渗排水、压浆及化学加固等以直接稳定滑坡。

此外，还可针对某些影响滑坡滑动的因素进行整治，如为了防止流水对滑坡前缘的冲刷，可设置护坡、护堤、石笼及拦水坝等防护和导流工程。

在环境保护要求严格的今天，边坡工程增加生态环境保护的内容是非常重要甚至是强制性的。其中边坡植被防护作为岩土工程生态环境保护的重要部分，主要功能是对岩土边坡浅表层进行防护，通过对浅表层边坡的加固从而达到防止雨水冲刷、控制水土流失、保持边坡稳定的作用。喷播植草作为边坡防护措施，在国内得到了广泛的应用并取得了良好的效果，开始逐渐取代传统的场工护坡。

四、泥石流

泥石流是山区沟谷中，由暴雨、冰雪融水等水源激发的、含有大量泥沙石块的特殊洪流。泥石流常发生于山区小流域，是一种饱含大量泥沙石块和巨砾的固液两相流体，呈黏性层流或稀性紊流等运动状态。泥石流暴发过程中，混浊的泥石流沿着陡峻的山涧峡谷冲出山外，堆积在山口。泥石流含有大量泥沙块石，具有发生突然、来势凶猛、历时短暂、大范围冲淤、破坏力极强的特点，常给人民生命财产造成巨大损失。

泥石流具有如下三个基本性质，并以此与挟沙水流和滑坡相区分。

（1）泥石流具有土体的结构性，即具有一定的抗剪强度。

（2）泥石流具有水体的流动性，即泥石流与沟床面之间没有截然的破裂面，只有泥浆润滑面。

（3）泥石流一般发生在山地沟谷区，具有较大的流动坡降。

根据泥石流发育区的地貌特征，一般可划分出泥石流的形成区、流通区和堆积区。形成区位于流域上游沟谷斜坡段，山坡坡度30°～60°，包括汇水动力区和固体物质供给区，多为高山环抱的山间小盆地，山坡陡峻，沟床下切，纵坡较陡，有较大的汇水面积。区内岩层破碎，风化严重，山坡不稳，植被稀少，水土流失严重，崩塌，滑坡发育，松散堆积物储量丰富。区内岩性及剥蚀强度，直接影响着泥石流的性质和规模。流通区位于流域的中、下游地段，多为沟谷地形，一般地形较顺直，沟槽坡度大，沟床纵坡降通常在1.5%～4.0%。沟壁陡峻、河床狭窄、纵坡大，多陡坎或跌水。堆积区多在沟谷的出口处。地形开阔，纵坡平缓，泥石流至此多漫流扩散，流速减低，固体物质大量堆积，形成规模不同的堆积扇。以上几个分区，仅对一般的泥石流流域而言，由于泥石流的类型不同，常难以明显区分，有的流通区伴有沉积，如山坡型泥石流其形成区就是流通区，有的泥石流往往直接排入河流而被带走，无明显的堆积层。

1. 泥石流的形成条件与分布规律

泥石流的形成条件概括起来主要表现为物源条件、水源条件、地形地貌条件三个方面：

（1）物源条件。泥石流形成的物源条件系指物源区土石体的分布、类型、结构、性状、储备方量和补给的方式、距离、速度等，而土石体的来源又决定于地层岩性、风化作用和气候条件等因素。

凡是泥石流发育的地方，都是岩性软弱，风化强烈，地质构造复杂，褶皱、断裂发育，新构造运动强烈，地震频繁的地区。由于这些原因，导致岩层破碎，崩塌、滑坡等各种不良地质现象普遍发育，为形成泥石流提供了丰富的固体物质来源。一些人类工程经济活动，如滥伐森林造成水土流失，开山采矿、采石弃渣等，往往也为泥石流提供大量的物质来源。

从岩性看，第四系各种成因的松散堆积物最容易受到侵蚀、冲刷。因而山坡上的残坡积物、沟床内的冲洪积物以及崩塌、滑坡所形成的堆积物等都是泥石流固体物质的主要来源。厚层的冰磕物和冰水堆积物则是中国冰川型、融雪型泥石流的固体物质来源。

就中国泥石流物源区的土体来说，虽然成因类型很多，但依据其性质和组成结构可划分为四种类型：碎石土、沙质土、粉质土和黏质土。

（2）水源条件。水不仅是泥石流的组成部分，也是松散固体物质的搬运介质。泥石流的水源由暴雨、冰雪融水、水库（池）溃决水体等形成。我国泥石流的水源主要是暴雨、长时间的连续降雨等。降雨，特别是强度大的暴雨，在我国广大山区泥石流的形成中具有普遍的意义。我国降雨过程主要受东南和西南季风控制，多集中在5—10月，在此期间，也是泥石流暴发频繁的季节。在高山冰川分布地区，冰川、积雪的急剧消融，往往能形成规模巨大的泥石流。此外，因湖的溃决而形成泥石流，在西藏东南部山区，也是屡见不鲜的。

（3）地形地貌条件。泥石流流域的地形特征，是山高谷深，地形陡峻，沟床纵坡大。完整的泥石流流域，它的上游多是三面环山，一面出口的漏斗状圈谷。这样的地形既利于储积来自周围山坡的固体物质，也有利于汇集坡面径流。地形地貌对泥石流的发生、发展主要有两方面的作用：

① 通过沟床地势条件为泥石流提供位能，赋予泥石流一定的侵蚀、搬运和堆积的能量。

② 在坡地或沟槽的一定演变阶段内，提供足够数量的水体和土石体。沟谷的流域面积、沟床平均比降、流域内山坡平均坡度以及植被覆盖情况等都对泥石流的形成和发展起着重要的作用。

中国的泥石流比较集中地分布于全国性三大地貌阶梯的两个边缘地带。这些地区地形切割强烈，相对高差大，坡地陡峻，坡面土层稳定性差，地表水径流速度和侵蚀速度快。这些地貌条件有利于泥石流的形成。地形陡峻、沟谷坡降大的地貌条件不仅给泥石流的发生提供了动力条件，而且在陡峭的山坡上植被难以生长，在暴雨作用下，极易发生崩塌或滑坡，从而为泥石流提供了丰富的固体物质。如我国云南省东川地区的蒋家沟泥石流，就明显具有上述特点。

泥石流的规模和类型受许多种因素的制约，除上述三种主要因素外，地震、火山喷发和人类活动都有可能成为泥石流发生的触发因素，而引发破坏性极强的自然灾害。良好的植被，可以减弱剥蚀过程，延缓径流汇集，防止冲刷，保护坡面。在山区建设中，如果滥伐山林，使山坡失去保护，将导致泥石流逐渐形成，或促使已经退缩的泥石流又重新发展。

从上述形成泥石流的三个基本条件可以看出，泥石流的发育，具有区域性和间歇性（周期性）的特点。不是所有的山区都会发生泥石流，即使有，也并非年年暴发。由于水文气象、地形、地质条件的分布有区域性的规律，因此，泥石流的发育也具有区域性的特点。由于水文气象具有周期性变化的特点，同时泥石流流域内大量松散固体物质的再积累，也不是短期内所能完成的，因此，泥石流的发育具有一定的间歇性。那些具严重破坏力的大型泥石流，往往需几年、十几年甚至更长时间才发生一次。一般多发生在较长的干旱年头之后（积累了大量固体物质），出现集中而强度较大的暴雨年份（提供了充沛的水源）。

2．泥石流的运动机理与径流特征

泥石流是介于液体和固体之间的非均质流体，其流变性质既反映了泥石流的力学性质和运动规律，又影响着泥石流的力学性质和运动规律。无论是接近水流性质的稀性泥石流，还是与固体运动相近的黏性泥石流，其运动状态介于水流的紊流状态和滑坡的块体运动状态之间。泥石流中含有大量的土体颗粒，具有惊人的输移能力和冲淤速度。挟沙水流几年、甚至几十年才能完成的物质输移过程，泥石流可以在几小时，甚至几分钟内完成。由此可见，泥石流是山区塑造地貌最强烈的外营力之一，又是一种严重的突发性地质灾害。

（1）泥石流的运动机理。泥石流的运动模式主要取决于其物质组成。黏粒的性质与含量决定着泥浆的结构、浓度、强度、黏性和运动状态。按黏粒含量变化，将泥石流运动模式划分为塑性蠕动流、黏性阵流、阵性连续流和稀性连续流，它们的运动机理各不相同。

塑性泥石流可以认为是土体颗粒被水饱和并具有一定流动性的滑坡体。实际上，许多塑性泥石流是直接由滑坡体演变而来的。

黏性泥石流的细粒浆体呈蜂窝状或聚合状结构，水充填在结构体中，多呈封闭自由水。沙粒被束缚在结构体中，石块与浆体构成较紧密的格式结构，绝大部分石块悬浮在结构体内。

阵性连续流泥浆更接近于流体性质，属过渡性泥浆体。私滞度进一步减小，起动条件降低，搬运力下降；流体中石块的自由度增大，相互间容易发生碰撞；流体具有一定的亲动特性，石块多呈推移质。

稀性连续流泥浆体的黏滞作用很小，接近水流特征，流态紊乱，石块翻滚并相互撞击。

（2）泥石流的径流特征。从运动角度来看，泥石流是水和泥沙、石块组成的特殊流体，属于一种块体滑动与携沙水流运动之间的颗粒剪切流。因此，泥石流具有特殊的流态、流速、流量及运动特征。

1）流态特征。泥石流是固相、液相混合流体，随着物质组成及稠度的不同，流态也发生变化。细颗粒物质少的稀性泥石流，流体密度低、黏度小、浮托力弱，呈多相不等速紊流运动的石块流速比泥沙和浆体流速小，石块呈翻滚、跃移状运动。这种泥石流的流向不固定，容易改道漫流，有股流、散流和潜流现象。含细颗粒多的黏性泥石流，流体密度高、黏度大、浮托力强，具有等速整体运动特征及阵性流动的特点。各种大小颗粒均处于悬浮状态，无垂直交换分选现象。石块呈悬浮状态或滚动状态运动。泥石流流路集中，不易分散，停积时堆积物无分选性，并保持流动时的整体结构特征。

2）流速、流量特征。泥石流流速不仅受地形控制，还受流体内外阻力的影响。由于泥石流挟带较多的固体物质，本身消耗动能大，故其流速小于洪水流速。稀性泥石流流经的沟槽一般粗糙度比较大，故流速偏小。黏性泥石流含黏土颗粒多，颗粒间黏聚力大，整体性强，惯性作用大，故与稀性泥石流相比，流速相对较大。泥石流流量过程线与降水过程线相对应，常呈多峰型。暴雨强度大、降雨时间长，则泥石流流量大。

3）泥石流的直进性和爬高性。与洪水相比，泥石流具有强烈的直进性和冲击力。泥石流黏稠度越大，运动惯性也越大，直进性就越强；颗粒越粗大，冲击力就越强。因此，泥石流在急转弯的沟岸或遇到阻碍物时，常出现冲击爬高现象。在弯道处泥石流经常越过沟岸，摧毁障碍物，有时甚至截弯取直。

4）泥石流漫流改道。泥石流冲出沟口后，由于地形突然开阔，坡度变缓，因而流速减小，携带物质逐渐堆积下来。但由于泥石流运动的直进性特点，首先形成正对沟口的堆积扇，从轴部逐渐向两翼漫流堆积；待两翼淤高后，主流又回到轴部。如此反复，形成支岔密布的泥石流堆积扇。

5）泥石流的周期性。在同一个地区，由于暴雨的季节性变化以及地震活动等因素的周期性变化，泥石流的发生、发展也呈现周期性变化的规律。

3．泥石流的危害

（1）灾害性泥石流的主要特征。灾害性泥石流是指造成较严重经济损失和人员伤亡的泥石流，其主要特征表现为暴发突然、来势凶猛、冲击强烈、冲淤变幅大、沟道摆动速度和幅度大等几个方面。

灾害性泥石流往往突然暴发，从强降雨过程开始到泥石流暴发的间隔时间仅十几分钟至几十分钟。因此，对于低频泥石流的发生难以预测、预报。如成昆铁路沿线的盐井沟泥石流暴发前有几十年没有发生泥石流灾害了，但在大暴雨的激发下，突然暴发泥石流，分别使上百人丧生，酿成惨重灾祸。

泥石流来势凶猛系指泥石流的规模大、流速快和龙头高等。与同频率的挟沙洪水相比较，同一条沟内的黏性泥石流的流量、流速和泥深均大于 50%，有的达数倍、数十倍。

黏性泥石流可挟带巨大的石块快速运动，故流体的整体冲击力和大石块的撞击力均十分可观。成昆铁路利子依达沟铁路桥和东周铁路支线达德沟铁路桥均被泥石流的强大冲击力所毁坏。

泥石流不仅冲淤变幅大、速度快，主流线左右摆动的速度和幅度也很大。稀性泥石流的这一特征更为明显，相对而言黏性泥石流的主沟槽摆动频次较少，可是一旦发生，其幅度颇大。如云南盈江浑水沟主槽曾在 1974 年发生一次摆动，最大幅度达 280 m。

（2）泥石流的危害方式。泥石流的危害方式多种多样，主要有冲刷、冲击、磨蚀和淤埋等。

泥石流的冲刷作用，在沟道的上游段以下切侵蚀作用为主，中游段以冲刷旁蚀为主，下游段在堆积过程中时有局部冲刷。泥石流沟道上游坡度大、沟槽狭窄。随着沟床的不断刷深，两侧岸坡坡度加大、临空面增高，沟槽两侧不稳定岩土体发生崩塌或滑坡而进入沟道，成为堵塞沟槽的堆积体；而后泥石流冲刷堆积体，再次刷深沟床。如此周而复始，山坡不断后退，进而破坏耕地和山区村寨。泥石流中游沟段纵坡较缓，多属流通段，有冲有淤，冲淤交替。冲刷作用包括下蚀和侧蚀。私性泥石流的侧蚀不明显，一般出现于主流改道过程中；稀性泥石流的侧蚀作用明显，主流可来回摆动。泥石流下游沟道一般以堆积作用为主，但在某种情况下可出现强烈的局部冲刷。泥石流沟槽下游的导流堤在泥石流的侧蚀作用下时有溃决，从而酿成灾害。

泥石流的冲击作用包括动压力、大石块的撞击力以及泥石流的爬高和弯道超高等能力。泥石流具有强大的动压力、撞击力，其原因在于流体密度大、携带的石块大、流速快，处于泥石流沟槽的桥梁很容易受到记石流强大的冲击力而毁坏。泥石流的爬高与弯道超高能力也是由泥石流强大的冲击力所引起的。

泥石流的堆积作用主要出现于下游沟道，尤其多发生在沟口的堆积扇区，但在某些条件下，中、上游沟道也可发生局部（或临时性）的堆积作用。泥石流堆积扇的强烈堆积和堆积区的迅速扩大，还可堵塞它所汇入的主河道，在主河堵塞段上、下游造成次生灾害。

除上述三种主要危害方式外，泥石流还具有磨蚀、振动、气浪和砸击等次要危害形式。它们与泥石流的规模、流态、沟床条件等因素有密切的关系。

（3）泥石流的危害。泥石流可对其影响区内的城镇、道路交通、厂矿企业和农田等造成危害。

1）泥石流对城镇的危害。山区地形以斜坡为主，平地面积狭小，平缓的泥石流堆积扇往往成为山区城镇和工矿企业的建筑用地。当泥石流处于间歇期或潜伏期时，城镇建筑和居民生活安全无恙，一旦泥石流暴发或复发，这些位于山前沟口泥石流堆积扇上的城镇将遭受严重危害。

2）泥石流对道路交通的危害。中国遭受泥石流危害的铁路路段近 1 000 处，全国铁路跨越泥石流的桥涵达 1 386 处。1949—1985 年遭受较重的泥石流灾害 29 次，一般灾害 1 173 次。

泥石流对山区内河航道的影响分直接和间接两种形式。直接影响系指泥石流汇入河道，泥沙石块堵塞航道或形成险滩；间接影响为泥石流注入江河，增加江河含沙量，加速航道淤积，致使江面展宽，水深变浅，直至无法通航。

3）泥石流对厂矿企业的危害。山区的许多厂矿建于泥石流沟道两侧河滩或堆积扇上，泥石流一旦暴发，就会造成厂毁人亡事故。我国西南地区有大量工厂因遭山洪泥石流的危害一直未能投入正常生产，经济损失巨大。在矿山建设和生产过程中，由于开矿弃渣、破坏植被、切坡不当、废矿井陷落引起的地面崩塌等原因，可使沟谷内松散土层剧增，雨季在地表山洪的冲刷下极易发生泥石流。

4）泥石流对农田的危害。绝大多数泥石流对农田均有不同程度危害。泥石流对农田的危害方式有冲刷（冲毁）和淤埋两种方式。泥石流的冲刷危害集中于流域的上、中游地区，淤埋主要发生在下游地区。

泥石流还对跨越泥石流沟道的桥梁、渡槽、输电、输气、输油和通信管线以及水库、电厂等水利水电等工程建筑物造成危害，如成昆铁路新基古沟的桥梁、东川铁路支线达德沟桥梁等均遭泥石流冲毁。1975 年四川米易水陡沟暴发泥石流，冲毁中游一座小水库，并在下泄中淤埋了成昆铁路的弯丘车站。

5）泥石流的次生灾害。除上述几方面的直接危害外，泥石流还可引发次生灾害。如果泥石流体汇入河道，可能导致泥石流堵断河水，形成临时堤坝和堰塞湖，湖水位迅速上涨，造成大面积的淹没灾害，而临时堤坝溃决后又造成下游的洪涝灾害。由于支沟泥石流的汇入，主沟槽迅速淤积上涨，导致航道废弃和引水工程、水库工程报废等。有些河段甚至成为地上河，时常出现溃决与河流改道。泥石流活动还使流域中上游的森林植被破坏，流域水土流失，下游和干流江河河床淤浅，泄洪能力锐减，导致洪、旱灾害加剧。

4．泥石流的防治

（1）勘测。在勘测时应通过调查和访问，查明泥石流的类型、规模、活动规律、危害程度，形成条件和发展趋势等，作为路线布局和选择通过方案的依据，并收集工程设计所需要的流速与流量等方面的资料。

（2）线路通过泥石流地区时的选线原则：

1）路线跨越泥石流沟时，首先应考虑从流通区或沟床比较稳定、冲淤变化不大的堆积扇顶部用桥跨越。这种方案可能存在以下问题，平面线型较差，纵坡起伏较大，沟口两侧路堑边坡容易发生崩塌、滑坡等病害，还应注意目前的流通区有无转化为堆积区的趋势。

2）当河谷比较开阔，泥石流沟距大河较远时，路线可以考虑走堆积扇的外缘。这种方案线型一般比较舒顺，纵坡也比较平缓，但可能存在以下问题：堆积扇逐年向下延伸，淤埋路基，河床摆动，路基有遭受水毁的威胁。

3）对泥石流分布较集中，规模较大，发生频繁，危害严重的地段，应通过经济和技术比较，在有条件的情况下，可以采取跨河绕道走对岸的方案或其他绕避方案。

4）如泥石流流量不大，在全面考虑的基础上，路线也可以在堆积扇中部以桥隧或过水路面通过。采用桥隧时，应充分考虑两端路基的安全措施。这种方案往往很难彻底克服排导沟的逐年淤积问题。

5）通过散流发育并有相当固定沟槽的宽大堆积扇时，宜按天然沟床分散设桥，不宜改沟归并。如堆积扇比较窄小，散流不明显，则可集中设桥，一桥跨过。

6）在处于活动阶段的泥石流堆积扇上，一般不宜采用路堑。路堤设计应考虑泥石流的淤积速度及公路使用年限，慎重确定路基标高。

（3）泥石流的防治措施。防治泥石流应全面考虑跨越、排导、拦截以及水土保持等措施，根据因地制宜和就地取材的原则，注意总体规划，采取综合防治措施。

1）水土保持：包括封山育林、植树造林、平整山坡、修筑梯田、修筑排水系统及支挡工程等措施，水土保持虽是根治泥石流的一种方法，但需要一定的自然条件，收效时间也较长，一般应与其他措施配合进行。

2）滞流与拦截：滞流措施是在泥石流沟中修筑一系列低矮围拦挡坝，其作用是：拦蓄部分泥沙石块，减弱泥石流的规模，固定泥石流沟床，防止沟床下切和谷坡坍塌，减缓沟床纵坡，降低流速。拦截措施是修建拦渣坝或停淤场，将泥石流中的固体物质全部拦淤，只许余水过坝。

3）排导：采用排导沟、急流槽、导流堤等措施使泥石流顺利排走，以防止掩埋道路，堵塞桥涵。泥石流排导沟是常用的一种构筑物，设计排导沟应考虑泥石流的类型和特征。

4）跨越：根据具体情况，可以采用桥梁、涵洞、过水路面、明洞及隧道、渡槽等方式跨越泥石流。采用桥梁跨越泥石流时，既要考虑淤积问题，也要考虑冲刷问题。

第三节　地面变形地质灾害

一、概述

从广义上讲，地面变形地质灾害是指因内、外动力地质作用和人类活动而使地面形态发生变形破坏，造成经济损失和（或）人员伤亡的现象和过程。如构造运动引起的山地抬升和盆地下沉等，抽取地下水、开采地下矿产等人类活动造成的地裂缝、地面沉降和塌陷等。从狭义上讲，地面变形地质灾害主要是指地面沉降、地裂缝和岩溶地面塌陷等以地面垂直变形破坏或地面标高改变为主的地质灾害。随着人类活动的加强，人为因素已经成为地面变形地质灾害的重要原因。因此，在发展经济、进行大规模建设和矿产开采的过程中，必须对地面变形地质灾害及其可能造成的危害有充分的认识，加强地面变形地质灾害的成因、预测和防治措施的研究，有效减轻地面变形地质灾害造成的经济损失。

地面变形地质灾害具有成因复杂、发生突然、破坏程度高以及影响范围广等特点。地面变形的形成原因可分为自然因素和人为因素两大类。构造运动、火山喷发、地震等均可引起地面变形。人类活动的影响使地面变形的类型更加复杂，开采地下矿产、修建地下工程、筑路架桥、城市建设、农业活动等都在改变着地表的形态，战争中的炸弹轰炸也使原始地面形状发生很大的变化。可以说，地面变形成因复杂、种类繁多。

地面变形地质灾害研究的对象主要是对人类社会构成较大危害并造成经济损失或人员伤亡的地面变形类型。地面变形分类可从变形形式和成因两个方面来考虑。按照变形的主要方式，可以将地面变形分为地面沉降、地面塌陷、地裂缝、渗透变形、特殊岩土胀缩变形等。地面变形地质灾害的成因分类比较复杂，一个地区的地质环境、地形地貌、植被类型、人类工程活动等对于地面变形的产生都有重要的影响。可以说，各种内、外动力地质作用都能够改变地面的形态，有些地面变形是多因素共同作用的结果。主要的地面变形成因类型有内动力地面变形、水动力地面变形、重力地面变形和人类活动诱发地面变形等。

内动力地面变形主要有地震裂缝、地震塌陷、构造地裂缝、火山地面变形等。水动力地面变形是指由地表水和地下水运动引起的地面变形，如由江、河、湖、海波浪和水流冲蚀而形成的边岸再造，岩溶水动态变化造成的岩溶塌陷，过量开采地下水引起的地面沉降以及斜坡坡面流水引起的地面冲刷等。重力地面变形是指在岩土体自身重力作用下发生的地面变形，如崩塌、滑坡、黄土湿陷等。人类活动诱发的地面变形种类最多，如修路开挖边坡、采矿地面塌陷、城市建设平整土地、农业活动中的梯田改造等。

从广义上讲，地面变形地质灾害包括上述各种类型。滑坡、崩塌、黄土湿陷、冻融、地裂缝、地面沉降等均可引起地面形态发生改变。本节主要论述狭义上的地面变形地质灾害，即对人类及其生存环境具有危害且分布范围广的地面沉降、地裂缝和地面塌陷。

二、地面沉降

地面沉降是在自然人为因素作用下，由于地壳表层土体压缩而导致区域性地面标高降低的一种环境地质现象。广义的地面沉降指在自然因素和人为因素影响下形成的地表垂直下降现象。导致地面沉降的自然因素主要是构造升降运动以及地震、火山活动等，人为因素主要是开采地下水和油气资源以及局部性增加荷载。自然因素所形成的地面沉降范围大，速率小；人为因素引起的地面沉降一般范围较小，但速率和幅度比较大。一般情况下，将人为因素引起的地面沉降归属于地质灾害现象进行研究和防治。因此，狭义地面沉降是指人为因素引起的地面沉降，即某一区域内由于开采地下水或其他地下流体导致的地表浅部松散沉积物压实或压密引起的地面标高下降的现象，又称作地面下沉或地陷。地面沉降的特点是波及范围广，下沉速率缓慢，往往不易察觉，但它对于建筑物、城市建设和农田水利危害极大。

1．地面沉降的成因、形成条件和分布规律

（1）地面沉降的成因。地面沉降可归纳为三种类型：内陆盆地型，如内蒙古的呼和浩特和山西的大同；冲积洪积平原型，如河南的郑州和安徽的阜阳；沿海三角洲和滨海平原型，如上海和天津，这也是国内地面沉降的主要地区，也是最严重的地区。地面沉降成因主要包括矿产资源开发、地壳活动、海平面上升、地表荷载及自然作用等。

1）矿产资源开发。主要包括固体（煤、盐岩、金属矿产）、液体（石油、地下水）和气体（天然气）等矿产资源的开发活动，引起区域性地面沉降。波兰的莱格纳卡铜矿是世界上最大的铜矿，铜矿开采大量排水，造成地面最大沉降量达 0.8 m；前南斯拉夫吐斯拉城岩盐矿经过近 100 年的开采，盐水层水压力下降，地面最大沉降量达 10 m。据统计，80% 的地面沉降是由地下水开采引起，如意大利的威尼斯、墨西哥的墨西哥城、日本的东京及中国的上海、宁波等。

2）地壳活动。地壳活动包括火山喷发、地震、断裂构造影响等。1995 年，日本神户地震引起砂土液化，导致地面严重沉降，最大沉降量达 4.7 m。

3）海平面上升。联合国政府间气候变化专门委员会在 1995 年评价报告中，认为全球海平面在过去 100 年间平均上升速率为 1.8 mm/a。据中国国家海洋局研究成果，1981—1990 年中国沿海海平面平均年上升速率为 1.4 mm/a；1990 年以来，上升速率增至 2.1～2.3 mm/a，海平面呈加速上升趋势。

4）地表荷载影响。地表建筑物和交通工具等动、静荷载的影响，造成区域性地面沉降。

5）自然作用。自然作用包括土层自重固结、有机质氧化等。1927—1939 年意大利旁

德拿平原地面沉降速率达 50 mm/a；1958—1994 年，平均年沉降速率为 30 mm/a。地面沉降范围与泥炭沉积层分布相一致，该地区地面沉降主要与泥炭层生物氧化、土层自重固结和人为排水固结等有关。

（2）地面沉降的形成条件。大量的研究证明，过量开采地下水是地面沉降的外部原因，中等、高压缩性黏土层和承压含水层的存在则是地面沉降的内因。多数人认为，沉降是由于过量开采地下水、石油和天然气、卤水以及高大建筑物的超量荷载等引起的。

在孔隙水承压含水层中，抽取地下水所引起的承压水位的降低，必然要使含水层本身及其上、下相对隔水层中的孔隙水压力随之而减小。那么孔隙水压力的减小必然导致土中有效应力等量增大，结果就会引起孔隙体积减小，从而使土层压缩。

从地质条件看，疏松的多层含水层体系、水量丰富的承压含水层、开采层影响范围内正常固结或欠固结的可压缩性厚层黏性土层等的存在都有助于地面沉降的形成。从土层内的应力转变条件来看，承压水位大幅度波动式的持续降低是造成范围不断扩大累进性应力转变的必要前提。

1）厚层松散细粒土层的存在。地面沉降主要是抽采地下流体引起土层压缩而引起的，厚层松散细粒土层的存在则构成了地面沉降的物质基础。在广大的平原、山前倾斜平原、山间河谷盆地、滨海地区及河口三角洲等地区分布有很厚的第四系和上第三系松散或未固结的沉积物，因此，地面沉降多发生于这些地区。这些淤泥质黏性土的含水量可高达 60%以上，孔隙比大、强度低、压缩性强，易于发生塑性流变。当大量抽取地下水时，含水层中地下水压力降低，淤泥质黏土隔水层孔隙中的弱结合水压力差加大，使孔隙水流入含水层，有效压力加大，结果发生黏性土层的压缩变形。

易于发生地面沉降的地质结构为砂层、黏土层互层的松散土层结构。随着抽取地下水，承压水位降低，含水层本身及其上、下相对隔水层中孔隙水压力减小，地层压缩导致地面发生沉降。

2）长期过量开采地下流体。未抽取地下水时，黏性土隔水层或弱隔水层中的水压力与含水层中的水压力处于平衡状态。抽水过程中，由于含水层的水头降低，上、下隔水层中的孔隙水压力较高，因而向含水层排出部分孔隙水，结果使上、下隔水层的水压力降低。在上覆土体压力不变的情况下，黏土层的有效应力加大，地层受到压缩，孔隙体积减小。这就是黏土层的压缩过程。

地面沉降与地下水开采量和动态变化有着密切联系：地面沉降区与地下水集中开采区域大体相吻合；地面沉降的速率与地下液体的开采量和开采速率有良好的对应关系；地面沉降量及各单层的压密量与承压水位的变化密切相关。

许多地区已经通过人工回灌或限制地下水的开采来恢复和抬高地下水位的办法，控制了地面沉降的发展，有些地区还使地面有所回升。这就更进一步证实了地面沉降与开采地下液体引起水位或液压下降之间的成因联系。

3）新构造运动的影响。平原、河谷盆地等低洼地貌单元多是新构造运动的下降区，因此，由新构造运动引起的区域性下沉对地面沉降的持续发展也具有一定的影响。

西安地面沉降区位于西安断陷区的东缘，由于长期下沉，新生界累计厚度已经超过 3 000 m，1970—1987 年，渭河盆地大地水准测量表明，西安的断陷活动仍在继续。

4）城市建设对地面沉降的影响。相对于抽采地下流体和构造运动引起的地面下沉，城市建设造成的地面沉降是局部的，有时也是不可逆转的。城市建设按施工对地基的影响方式可分为以水平方向为主和以垂直方向为主的两种类型。前者以重大市政工程为代表，如地铁、隧道、给水排水工程、道路改扩建等，利用开挖或盾构掘进，并铺设各种市政管线。后者以高层建筑基础工程为代表，如基坑开挖、降排水、沉桩等。沉降效应较为明显的工程措施有开挖、降排水、盾构掘进、沉桩等。若揭露有流沙性质的饱水砂层或具流变特性的饱和淤泥质软土，在开挖深度和面积较大的基坑时，则有可能造成支护结构失稳，从而导致基坑周边地区地面沉降。而规模较大的隧道、涵洞的开挖有时具有更显著的沉降效应。降排水常作为基坑等开挖工程的配套工程措施，旨在预先疏干作业面渗水，其机理与抽取地下水引发地面沉降一致。

城建施工造成的沉降与工程施工进度密切相关，沉降主要集中于浅部工程活动相对频繁和集中的地层中，与开采地下水引起的沉降主要发生在深部含水砂层有根本区别。

（3）地面沉降的分布规律。地面沉降灾害在全球各地均有发生。由于工农业生产的发展、人口的剧增以及城市规模的扩大，大量抽取地下水引起了强烈的地面沉降，特别是在大型沉积盆地和沿海平原地区，地面沉降灾害更加严重。石油、天然气的开采也可造成大规模的地面沉降灾害。

1898 年在日本新潟最早发现地面沉降。目前，世界上已有 50 多个国家和地区发生地面沉降，较严重的国家为日本、美国、墨西哥、意大利、泰国和中国等。1921 年，自从上海出现地面沉降以来，目前中国已有上海、天津、江苏、浙江、陕西等 16 个省（区、市）共 46 个城市（地段）、县城出现了地面沉降问题。从成因上看，中国地面沉降绝大多数是因地下水超量开采所致。中国地面沉降的地域分布具有明显的地带性，主要位于厚层松散堆积物分布地区。

2．地面沉降的危害

地面沉降所造成的破坏和影响是多方面的，涉及资源利用、经济发展、环境保护、社会生活、农业耕作、工业生产、城市建设等各个领域。其主要危害表现为地面标高损失，继而造成雨季地表积水，防泄洪能力下降；沿海城市低地面积扩大、海堤高度下降而引起海水倒灌；海港建筑物破坏，装卸能力降低；地面运输线和地下管线扭曲断裂；城市建筑物基础下沉脱空开裂；桥梁净空减小，影响通航；深井井管上升，井台破坏，城市供水及排水系统失效；农村低洼地区洪涝积水，使农作物减产等。地面沉降影响造成的损失是综合的，危害是长期的、永久的，其危害程度也是逐年增加的。

（1）滨海城市海水侵袭。世界上有许多沿海城市，如日本的东京市、大阪市和新市，美国的长滩市，中国的上海市、天津市、台北市等，由于地面沉降致使部分地区地面标高降低，甚至低于海平面。这些城市经常遭受海水的侵袭，严重危害当地的生产和生活。为了防止海潮的威胁，不得不投入巨资加高地面或修筑防洪墙或护岸堤。

1985 年 8 月 2 日和 19 日，天津市沿海海水潮位达 5.5 m，海堤多处决口，新港、大沽一带被海水淹没，直接经济损失达 12 亿元。1992 年 9 月 1 日，特大风暴再次袭击天津，潮位达 5.93 m，有近 100 km 海堤漫水，40 余处溃决，直接经济损失达 3 亿元。虽然风暴潮是气象方面的因素而引起的，但地面沉降损失近 3 m 的地面标高也是海水倒灌的重要原因。地面沉降也使内陆平原城市或地区遭受洪水灾害的频次增多、危害程度加重。可以说，低洼地区洪涝灾害是地面沉降的主要致灾特征。无可否认，江汉盆地沉降、洞庭湖盆地沉降和辽河盆地沉降加重了 1998 年中国的大洪灾。

（2）港口设施失效。地面下沉使码头失去效用，港口货物装卸能力下降。美国的长滩市，因地面下沉而使港口码头报废。我国上海市海轮停靠的码头，原标高 5.2 m，至 1964 年已降至 3 m，高潮时江水涌上地面，货物装卸被迫停顿。

（3）桥墩下沉，影响航运。桥墩随地面沉降而下沉，使桥下净空减小，导致水上交通受阻。上海市的苏州河，原先每天可通过大小船只 2 000 条，由于地面沉降，桥下净空减小，大船无法通航，中小船只通航也受到影响。

（4）地基不均匀下沉，建筑物开裂倒塌。地面沉降往往使地面和地下建筑遭受巨大的破坏，如建筑物墙壁开裂或倒塌、高楼脱空，深井井管上升、井台破坏，桥墩不均匀下沉，自来水管弯裂漏水等。美国内华达州的拉斯维加斯市，因地面沉降加剧，建筑物损坏数量剧增。地面沉降强烈的地区，伴生的水平位移有时也很大，如美国长滩市地面垂直沉降伴生的水平位移最大达到 3 m，不均匀水平位移所造成的巨大剪切力，使路面变形、铁轨扭曲、桥墩移动、墙壁错断倒塌、高楼支柱和行架弯扭断裂、油井及其他管道破坏。由于地面下降，一些园林古迹遭到严重的损坏，如我国苏州市朴园内的亭台楼群阁、回廊假山，经常被水淹没，园内常年备有几台水泵排水。

3．地面沉降的监测、预测与防治

尽管地面沉降往往不明显，不易引人注目，但影响范围广大，会给城市建筑、生产和生活带来极大的损失。因而，在必须开采利用地下水的情况下，通过大地水准测量来监测地面沉降是非常重要的。目前，我国地面沉降严重的城市，几乎都已制订了控制地下水开采的管理法令，同时开展了对地面沉降的系统监测和科学研究。

（1）地面沉降的监测。地面沉降的监测项目主要有大地水准测量、地下水动态监测、地表及地下建筑物设施破坏现象的监测等。

近些年，全球定位系统（GPS）已逐渐取代区域性水位测量，在美国、加拿大、意大利等国家得到广泛的应用，其测量精度可达毫米级。中国上海用 GPS 信号接收机，测量精度达到 3 mm。

（2）地面沉降趋势的预测。虽然地面沉降可导致房屋墙壁开裂、楼房因地基下沉而脱空和地表积水等灾害，但其发生、发展过程比较缓慢，属于一种渐进性地质灾害，因此，对地面沉降灾害只能预测其发展趋势，根据地面沉降的活动条件和发展趋势，预测地面沉降速度、幅度、范围及可能产生的危害。目前，地面沉降预测计算模型主要有两种：土水模型由水位预测模型和土力学模型两部分构成；生命旋回模型主要从地面沉降的整个发展过程来考虑，直接由沉降量与时间之间的相关关系构成。

（3）地面沉降的防治。地面沉降防治并非单一的技术问题，必须从技术、行政、社会、经济、法律和政治等多方面进行综合考虑。地面沉降防治系统包括行政机构、技术方案、经济政策、法规制度、公众意识等。地面沉降防治必须综合考虑资源利用、环境保护、城市建设、经济发展、居民生活和社会进步等各个因素。

目前，世界各国预防地面沉降的技术措施大同小异，主要包括建立健全地面沉降监测网络，加强地下水动态和地面沉降监测工作；开辟新的替代水源、推广节水技术；调整地下水开采布局、控制地下水开采量；对地下水开采层位进行人工回灌；实行地下水开采总量控制、计划开采和目标管理。

地面沉降与地下水过量开采紧密相关，只要地下水位以下存在可压缩地层就会因过量开采地下水而出现地面沉降，而地面沉降一旦出现则很难治理，因此地面沉降主要在于预防。上海市为合理开采使用地下水，有效控制地面沉降，近年来坚持"严格控制、合理开采"的原则，加大对地下水开发、利用和管理的力度，取得了显著的成效。据市给水处的统计数据，1996 年至今全市近郊地区共压缩停用深井 185 口，使本市地下水开采量又恢复到 20 世纪 80 年代的水平。

除上述措施外，还应查清地下地质构造、对高层建筑物的地基进行防沉降处理。在已发生区域性地面沉降的地区，为了减轻海水倒灌和洪涝等灾害损失，还应采取加高加固防洪堤、防潮堤以及疏导河道，兴建排涝工程等措施。

对城市建设来说，不仅要研究城市化建设产生和加剧地面沉降的原因，而且更要研究地面沉降对城市建设和发展的影响和危害。在城市规划、工业布局、市政建设、大型建筑物的设计和建造中，必须慎重考虑地面沉降这一重要因素。另外，在城市化建设中，城市地下水资源开发利用必须充分体现保护自然资源和生态环境持续利用的生态观、促进区域经济增长的发展观和确保地区社会进步的文明观，使得资源利用、环境保护、经济发展和社会进步达到有机协调，确保地区经济和社会可持续发展。

三、地裂缝

地裂缝是地表岩土体在自然因素和人为因素作用下，产生开裂并在地面形成一定长度和宽度裂缝的现象。地裂缝一般产生在第四系松散沉积物中，与地面沉降不同，地裂缝的分布没有很强的区域性规律，成因也比较多。地裂缝的特征主要表现为发育的方向性、延展性和灾害的不均一性与渐进性。

地裂缝发育的方向性与延展性：地裂缝常沿一定方向延伸，在同一地区发育的多条地裂缝延伸方向大致相同，地裂缝造成的建筑物开裂通常由下向上蔓延，以横跨地裂缝或与其成大角度相交的建筑物破坏最为强烈。地裂缝灾害在平面上多呈带状分布。从规模上看，多数地裂缝的长度为几十米至几百米，长者可达几千米。

地裂缝灾害的非对称性和不均一性：地裂缝以相对差异沉降为主，其次为水平拉张和错动。地裂缝的灾害效应在横向上由主裂缝向两侧致灾强度逐渐减弱，而且地裂缝两侧的影响宽度以及对建筑物的破坏程度具有明显的非对称性。同一条地裂缝的不同部位，地裂缝活动强度及破坏程度也有差别，在转折部位相对较重，显示出不均一性。如西安大雁塔地裂缝，其东段的活动强度最大，塌陷灾害最严重，中段灾害次之，西段的破坏效应很不明显。在剖面上，危害程度自下而上逐渐加强，累计破坏效应集中于地基基础与上部结构交接部位的地表浅部十几米深的范围内。

地裂缝灾害的渐进性：地裂缝灾害是因地裂缝的缓慢蠕动扩展而逐渐加剧的。因此，随着时间的推移，其影响和破坏程度日益加重，最后可能导致房屋及建筑物的破坏和倒塌。

地裂缝灾害的周期性：地裂缝活动受区域构造运动及人类活动的影响，因此，在时间序列上往往表现出一定的周期性。当区域构造运动强烈或人类过量抽取地下水时，地裂缝活动加剧，致灾作用增强，反之则减弱。

1. 地裂缝的类型

地裂缝是一种缓慢发展的渐进性地质灾害。按其成因可分为内动力形成的构造地裂缝和外动力作用形成的非构造地裂缝两大类。

（1）构造地裂缝。构造地裂缝是在构造运动和外动力地质作用（自然和人为）共同作用的结果。前者是地裂缝形成的前提条件，决定了地裂缝活动的性质和展布特征，后者是诱发因素，影响着地裂缝发生的时间、地段和发育程度。这种地裂缝分布广、规模大，危害最严重。从构造地裂缝所处的地质环境来看，构造地裂缝大都形成于隐伏活动断裂带之上。断裂两盘发生差异活动导致地面拉张变形，或者因活动断裂走滑、倾滑诱发地震影响等均可在地表产生地裂缝。更多情况是在广大地区发生缓慢的构造应力积累而使断裂发生蠕变活动形成地裂缝。区域应力场的改变使土层中构造节理开启也可发展为地裂缝。

1966年邢台地震后，华北平原在区域应力调整过程中出现了大范围的地裂缝灾害，并于1968年达到高潮。

构造地裂缝形成发育的外部因素主要有两方面：大气降水加剧裂缝发展；人为活动，因过度抽水或灌溉水渗入等都会加剧地裂缝的发展。西安地裂缝就是城市过量抽水产生地面沉降，从而加剧了地裂缝的发展。陕西征阳地裂缝则是因农田灌水渗入和降雨同时作用而诱发的地裂缝。

构造地裂缝的延伸稳定，不受地表地形、岩土性质和其他地质条件影响。构造地裂缝的活动具有明显的继承性和周期性。

（2）非构造地裂缝。非构造地裂缝的形成原因比较复杂，崩塌、滑坡、岩溶塌陷和矿山开采，以及过量开采地下水所产生的地面沉降都会伴随有地裂缝的形成；黄土湿陷、膨胀土胀缩、松散土潜蚀也可造成地裂缝。此外，还有干旱、冻融引起的地裂缝等。非构造成因的地裂缝的纵剖面形态大多呈弧形、圈椅形或近于直立。

实践表明，许多地裂缝并不是单一成因的，而是以一种原因为主，同时又受其他因素影响的综合作用的结果。因此，在分析地裂缝形成条件时，还要具体现象具体分析。就总体情况看，控制地裂缝活动的首要条件是现今构造活动程度，其次是崩塌、滑坡、塌陷等灾害动力活动程度以及动力活动条件等。

2．地裂缝的危害

地裂缝是现代地表破坏的一种形式，其本质与裂隙差不多，但规模比裂隙壮观，形成的时间也比较短暂。地裂缝从 20 世纪中期以来，发生频率及规模逐年加剧，已成为一种区域性的主要地质灾害。

地裂缝在形成和扩展过程中对原有地形地貌的改造，对地下水补、径、排条件的影响及对土层天然结构的破坏作用，均会引发一系列诸如潜蚀、湿陷、地面沉降或塌陷等次生地质灾害，而这些灾害又对地裂缝的活动性产生激发作用，从而形成一种恶性循环。

地裂缝活动使其周围一定范围内的地质体内产生形变场和应力场，进而通过地基和基础作用于建筑物。由于地裂缝两侧出现的相对沉降差以及水平方向的拉张和错动，可使地表设施发生结构性破坏或造成建筑物地基的失稳。地裂缝穿越厂房民居、横切地下洞室、路基，造成市内建筑物开裂、道路变形、管道破坏，严重危及城市建设与人民生活。地裂缝的主要危害是造成房屋开裂、地面设施破坏和农田漏水。在三条巨型地裂缝带中，汾渭盆地地裂缝带不仅规模最大、裂缝类型多，而且危害十分严重。据不完全统计，迄今已造成数亿元的经济损失。河北省及京津地区 60 个县市已发现地裂缝 453 条，造成大量建筑和道路破坏，上千处农田漏水，经济损失达亿元以上。

西安地裂缝灾害已闻名中外，给城市建设和人民生活造成了严重的危害。地裂缝所经之处道路变形、交通不畅，地下输排水管道断裂、供水中断、污水横溢；楼房、车间、校舍、民房错裂、围墙倒塌；文物古迹受损。

前述地裂缝的特征决定了地裂缝灾害具有以下特点：

（1）成带性。这是地裂缝灾害分布最主要的特征，沿地裂缝走向，在建筑物上具有明显的带状分布，追随于地裂缝带，在一定宽度范围内灾害具有在不同类型建筑物上连续显示的特点。

（2）灾害的不可抗拒性。灾害调查证明，凡地裂缝通过的地方，建筑物无论新旧、材料结构类型如何，最终均被破坏，无一幸免；位于地裂缝带上的建筑物无论怎么加固，都抗拒不了地裂缝的破坏。

（3）方向性。地裂缝带内建筑物开裂、变形形态和发育趋势均具有方向性。地裂缝引起建筑物开裂的顺序通常是自下而上发展，标志着地裂缝对建筑物的影响是由下往上传递的。建筑物开裂形态与地裂缝倾向及活动方式有关。

（4）周期性。地裂缝活动具有周期性，如河南构造地裂缝的活动周期与太阳黑子活动周期一致，而且发生在谷年附近。对大同地裂缝短周期观察发现，一年之内，每逢枯水期，地裂缝活动速率明显增加约 4～5 倍。

3. 地裂缝的防治

地裂缝灾害是一种与人类工程活动有关的环境地质灾害，它的发生频率与强度加剧是内外动力地质作用及人类工程活动共同作用的结果。人类工程活动的盲目性和不科学性缩短了地裂缝的活动周期也增了地裂缝的灾害规模。因此，要减轻和缓解地裂缝的灾害规模和灾害程度，就必须分析地裂缝的发生、发展原因，科学规划城市的发展建设，以实现区域可持续发展。

地裂缝灾害多数发生在由主要地裂缝所组成的地裂缝带内，所有横跨主裂缝的工程和建筑都可能受到破坏。防治地裂缝灾害，首先通过地面勘查、测量等方法监测地裂缝活动情况，预测、预报地裂缝发展方向、速率及可能的危害范围；对人为成因的地裂缝关键在于预防，合理规划、严格禁止地裂缝附近的开采行为；对自然成因地裂缝则主要在于加强调查和研究，开展地裂缝易发区的区域评价，以避让为主，从而避免或减轻经济损失。

（1）控制人为因素的诱发作用。对于非构造地裂缝，可以针对其发生的原因，采取各种措施来防止或减少地裂缝的发生。例如，采取工程措施防止发生崩塌、滑坡，通过控制抽取地下水防止和减轻地面沉降塌陷等；对于黄土湿陷裂缝，主要应防止降水和工业、生活用水的下渗和冲刷；在矿区井下开采时，根据实际情况，控制开采范围，增多、增大预留保护柱，防止矿井坍塌诱发地裂缝。

（2）建筑设施避让防灾措施。对于构造成因的地裂缝，因其规模大、影响范围广，在地裂缝发育地区进行开发建设时，首先应进行详细的工程地质勘查，调查研究区域构造和断层活动历史，对拟建场地查明地裂缝发育带及隐伏地裂缝的潜在危害区，做好城镇发展规划，即合理规划建筑物布局，使工程设施尽可能避开地裂缝危险带，特别要严格限制永久性建筑设施横跨地裂缝。

对已经建在地裂缝危害带内的工程设施，应根据具体情况采取加固措施。如跨越地裂缝的地下管道工程，可采用外廊隔离、内悬支座式管道并配以活动软接头连接措施等预防地裂缝的破坏。对已遭受地裂缝严重破坏的工程设施，需进行局部拆除或全部拆除，防止对整体建筑或相邻建筑造成更大规模破坏。

（3）地下水超采是城市地裂缝活动的重要诱发因素，尤其是对水源地盲目的集中强化开采，导致地下水降落漏斗中心水位的降深过大，加大了地裂缝在地表的变形幅度。因此，要合理控制现有水源地开采强度，同时，考虑开辟新的水源地，以减缓地面沉降形变梯度，对降低地裂缝的活动性具有重要作用。

（4）应重视对地裂缝的长期监测工作，通过观测资料的长期积累，了解地裂缝活动的特点，以进一步分析其成因，为地裂缝灾害的减灾防灾提供可靠的依据。

四、地面塌陷

地面塌陷是指地表岩体或土体受自然作用或人为活动影响向下陷落，并在地面形成塌陷坑洞而造成灾害的现象或过程。地面塌陷所形成的单个塌陷坑洞的规模不大，直径一般为数米至数十米，个别巨大者达百米左右。根据塌陷坑洞的多少以及合计影响面积的大小，地面塌陷一般分为四个等级：小型塌陷：塌陷坑洞 1～3 处，合计影响面积小于 1 km²；中型塌陷：塌陷坑洞 4～10 处，合计影响面积 1～5 km²；大型塌陷：塌陷坑洞 11～20 处，合计影响面积 5～10 km²；特大型塌陷：塌陷坑洞超过 20 处，合计影响面积 10 km² 以上。

在我国，造成地面塌陷的原因大体上有两个方面：岩溶活动区塌陷；工程区地面塌陷（以开采地下矿产资源引起的塌陷为主）。地面塌陷形成有其自身的物质基础和地质条件，即裸露或隐伏的可溶性基岩（指石灰岩、泥灰岩、白云岩、大理石等各类碳酸盐岩）、第四系松散堆积物等岩性基本条件，活动断裂破碎带环境皆为地面塌陷奠定了基础。人为不合理的工程行为，加速了地面塌陷的发展。例如，在煤炭开采过程中，采煤工作面绝大部分采用陷落法，由于采空区顶板失去支撑，使原有的断裂、裂隙进一步扩展，造成顶板岩石断裂、冒落，而未采取有效的措施，引起地表沉陷、坍塌。

近 10 年来，广州市地面塌陷灾害造成城市房屋地基失稳，建筑物受到破坏、地下管网受损，交通、供水、供电中断等事故发生，并夺去多人生命，造成重大的经济损失。

1. 岩溶地面塌陷

岩溶地面塌陷指覆盖在浴蚀洞穴之上的松散土体，在外动力或人为因素作用下产生的突发性地面变形破坏，其结果多形成圆锥形塌陷坑。岩溶地面塌陷是地面变形破坏的主要类型，多发生于碳酸盐岩、钙质碎屑岩和盐岩等可溶性岩石分布地区。激发塌陷活动直接诱因除降雨、洪水、干旱、地震等自然因素外，往往与抽水、排水、蓄水和其他工程活动等人为因素密切相关。

在各种类型塌陷中，以碳酸盐岩岩溶塌陷最为常见。自然条件下产生的岩溶地面塌陷一般规模小、发展速度慢，不会给人类生活带来太大的影响。但在人类工程活动中产生的岩溶地面塌陷不仅规模大、突发性强，且常出现在人口聚集地区，对地面建筑物和人身安全构成严重威胁。

岩溶地面塌陷造成局部地表破坏，是岩溶发育到一定阶段的产物。因此，岩溶地面塌陷也是一种岩溶发育过程中的自然现象，可出现于岩溶发展历史的不同时期，既有古岩溶地面塌陷，也有现代岩溶地面塌陷。岩溶地面塌陷也是一种特殊的水土流失现象，水土通过塌陷向地下流失，影响着地表环境的演变和改造，形成具有鲜明特色的岩溶景观。

（1）岩溶地面塌陷的分布规律。岩溶地面塌陷主要分布于岩溶强烈到中等发育的覆盖型碳酸盐岩地区。中国是世界上岩溶地面塌陷范围最广、危害最严重的国家之一。全国以南方的桂、黔、湘、赣、川、滇、鄂等省区最为发育，北方的冀、鲁、辽等省区也发生过严重的岩溶地面塌陷灾害。

岩溶地面塌陷的分布规律主要有以下几个方面：

1）多产生在岩溶强烈发育区。中国南方许多岩溶区的资料说明，浅部岩溶越发育，富水性越强，地面塌陷越多，规模越大。岩溶地面塌陷与岩溶率具有较好的正相关关系。

2）主要分布在第四系松散盖层较薄地段。在其他条件相同的情况下，第四系盖层的厚度越大，成岩程度越高，塌陷越不易产生。相反，盖层薄且结构松散的地区，则易形成地面塌陷。

3）多分布在河床两侧及地形低洼地段。在这些地区，地表水和地下水的水力联系密切，两者之间的相互转化比较频繁，在自然条件下就可能发生潜蚀作用，形成土洞，进而产生地面塌陷。

4）常分布在降落漏斗中心附近。由采、排地下水而引起的地面塌陷，绝大部分发生在地下水降落漏斗影响半径范围以内，特别是在近降落漏斗中心的附近地区。另外，在地下水的主要径流方向上也极易形成岩溶地面塌陷。

（2）岩溶地面塌陷的成因机制。岩溶地面塌陷是在特定地质条件下，因某种自然因素或人为因素触发而形成的地质灾害。由于不同地区地质条件相差很大，岩溶地面塌陷形成的主导因素也有所不同。因此，对岩溶地面塌陷成因机制的认识也存在着不同的观点。其中占主导地位的主要有两种，即地下水潜蚀机制和真空吸蚀机制。

1）地下水潜蚀机制。在地下水流作用下，岩溶洞穴中的物质和上覆盖层沉积物产生潜蚀、冲刷和淘空作用，结果导致岩溶洞穴或溶蚀裂隙中的充填物被水流搬运带走，在上覆盖层底部的洞穴或裂隙开口处产生空洞。若地下水位下降，则渗透水压力在覆盖层中产生垂向的渗透潜蚀作用，土洞不断向上扩展最终导致地面塌陷。

岩溶洞穴或溶蚀裂隙的存在、上覆土层的不稳定性是塌陷产生的物质基础，地下水对土层的侵蚀搬运作用是引起塌陷的动力条件。自然条件下，地下水对岩溶洞穴或裂隙充填物质和上覆土层的潜蚀作用也是存在的，不过这种作用很慢，且规模一般不大；人为抽采地下水，对岩溶洞穴或裂隙充填物和上覆土层的侵蚀搬运作用大大加强，促进了地面塌陷的发生和发展。

潜蚀致塌论解释了某些岩溶地面塌陷事件的成因。按照该理论，岩溶上方覆盖层中若没有地下水或地面渗水以较大的动水压力向下渗透，就不会产生塌陷。但有时岩溶洞穴上方的松散覆盖层中完全没有渗透水流仍会产生塌陷，说明潜蚀作用还不足以说明所有的岩溶地面塌陷的机制。

2）真空吸蚀机制。根据气体的体积与压力关系的玻意尔—马略特定律，在密封条件下，当温度恒定时，随着气体的体积增大，气体压力则不断减小。在相对密封的承压岩溶网络系统中，由于采矿排水、矿井突水或大流量开采地下水，地下水水位大幅度下降。当水位降至较大岩溶空洞覆盖层的底面以下时，岩溶空洞内的地下水面与上覆岩溶洞穴顶板脱开，出现无水充填的岩溶空腔。随着岩溶水水位持续下降，岩溶空洞体积不断增大，空洞中的气体压力不断降低，从而导致岩溶空洞内形成负压。岩溶顶板覆盖层在自身重力及溶洞内真空负压的影响下，向下剥落或塌落，在地表形成岩溶塌陷坑。

3）其他岩溶地面塌陷形成机制。除前述两种岩溶地面塌陷形成机制外，还有学者提出重力致塌模式、冲爆致塌模式、振动致塌模式和荷载致塌模式等其他岩溶地面塌陷的成因模式。

（3）岩溶地面塌陷的形成条件。

1）可溶岩及岩溶发育程度。可溶岩的存在是岩溶地面塌陷形成的物质基础。

岩溶的发育程度和岩溶洞穴的开启程度是决定岩溶地面塌陷的直接因素。从岩溶地面塌陷形成机理看，可溶岩洞穴和裂隙一方面造成岩体结构的不完整，形成局部的不稳定；另一方面为容纳陷落物质和地下水的强烈运动提供了充分条件。因此，一般情况下，可溶岩的岩溶越发育，溶隙的开启性越好，溶洞的规模越大，岩溶地面塌陷越严重。

2）覆盖层厚度、结构和性质。发生于覆盖型岩溶分布区的塌陷与覆盖层岩土体的厚度、结构和性质存在着密切的关系。大量调查统计结果显示，覆盖层厚度小于 10 m 发生塌陷的机会最多，10～30 m 以上只有零星塌陷发生。覆盖层岩性结构对岩溶地面塌陷的影响表现为颗粒均一的砂性土最容易产生塌陷；层状非均质土、均一的黏性土等不易落入下伏的岩溶洞穴中。此外，当覆盖层中有土洞时，容易发生塌陷；土洞越发育，塌陷则越严重。

3）地下水运动。强烈的地下水运动，不但促进了可溶岩洞隙的发展，而且是形成岩溶地面塌陷的重要动力因素。地下水运动的作用方式包括：溶蚀作用、浮托作用、侵蚀及潜蚀作用、搬运作用等。因此，岩溶地面塌陷多发育在地下水运动速度快的地区和地下水动力条件发生剧烈变化的时期，如大量开采地下水而形成的降落漏斗地区极易发生岩溶地面塌陷。

4）动力条件。引起岩溶地面塌陷的动力条件主要是水动力条件的急剧变化，由于水动力条件的改变可使岩土体应力平衡发生改变，从而诱发岩溶地面塌陷。水动力条件发生急剧变化的原因主要有降雨、水库蓄水、井下充水、灌溉渗漏以及严重干旱、矿井排水或高强度抽水等。除水动力条件外，地震、附加荷载、人为排放的酸碱废液对可溶岩的强烈溶蚀等均可诱发岩溶地面塌陷。

（4）岩溶地面塌陷的危害。岩溶地面塌陷的产生，一方面使岩溶区的工程设施，如工业与民用建筑、城镇设施、道路路基、矿山及水利水电设施等遭到破坏；另一方面造成岩溶区严重的水土流失、自然环境恶化，同时影响各种资源的开发利用。

1）对矿山的危害。岩溶地面塌陷可成为矿坑充水的诱发型通道，严重威胁矿山开采。如淮南谢家集矿区，因矿井疏干排水，在1978年7月河底岩溶盖层很快产生塌陷，河水瞬间灌入地下，岸边的房屋也遭受破坏。

2）对城市建筑的危害。在城市地区，岩溶地面塌陷常常造成建筑物破坏、市政设施损毁。1996年发生于桂林市市中心的体育场塌陷，虽然塌陷坑直径只有9.5 m，深度也只有5 m，但由于塌陷紧靠"小香港"商业街，造成整个商业街关闭15天，营业额损失近千万元。

3）对道路交通的影响。位于云南省境内的贵昆铁路沿线自1965年建成通车以来，西段陆续发现岩溶地面塌陷。至1987年年底，已发现塌陷117处。

4）对坝体的影响。1962年9月29日晚，云南省个旧市云锡公司新冠选矿厂火谷都尾矿坝因岩溶地面塌陷突然发生垮塌，坝内1.5×10^6 m³泥浆水奔腾而出，冲毁下游农田和部分村庄、公路、桥梁等，造成174人死亡，89人受伤。

（5）岩溶地面塌陷的监测和预报。岩溶地面塌陷的产生在时间上具有突发性，在空间上具有隐蔽性，因此，对岩溶发育地区难以采取地面监测手段进行塌陷监测和时空预报。

近年来，地理信息系统（GIS）技术的应用，使得岩溶地面塌陷危险性预测评价上升到一个新的水平。利用GIS的空间数据管理、分析处理和建模技术，对潜在塌陷危险性进行预测评价，已经取得了良好的效果。但这些预测方法多局限于对研究区潜在塌陷的危险性分区，并没有解决塌陷的发生时间和空间位置的预测预报问题。某些可引起岩溶水压力发生突变的因素，如振动、气体效应等，有时也可成为直接致塌因素，甚至在通常情况下不会发生塌陷的地区出现岩溶地面塌陷。因此，如何进行岩溶地面塌陷的时空预测预报已成为岩溶地面塌陷灾害防治研究中的前沿课题。

（6）岩溶地面塌陷的防治措施。

1）控水措施。要避免或减少地面塌陷的产生，根本的办法是减少岩溶充填物和第四系松散土层被地下水侵蚀、搬运。

地表水防水措施：在潜在的塌陷区周围修建排水沟，防止地表水进入塌陷区，减少向地下的渗入量。在地势低洼、洪水严重的地区围堤筑坝，防止洪水灌入岩溶孔洞。对塌陷区内严重淤塞的河道进行清理疏通，加速泄流，减少对岩溶水的渗漏补给。对严重漏水的河溪、库塘进行铺底防漏或者人工改道，以减少地表水的渗入。对严重漏水的塌陷洞隙采用黏土或水泥灌注填实，采用混凝土、石灰土、水泥土、氯丁橡胶、玻璃纤维涂料等封闭地面，增强地表土层抗蚀强度，均可有效防止地表水冲刷入渗。

地下水控水措施：根据水资源条件规划地下水开采层位、开采强度和开采时间，合理开采地下水。在浅部岩溶发育、并有洞口或裂隙与覆盖层相连通的地区开采地下水时，应主要开采深层地下水，将浅层水封住，这样可以避免地面塌陷的产生。开采地下水时，要加强动态观测工作，以此用来指导合理开采地下水，避免产生岩溶地面塌陷。必要时进行人工回灌，控制地下水水位的频繁升降，保持岩溶水的承压状态。在地下水主要径流带修建堵水帷幕，减少区域地下水补给。

2）工程加固措施。

①清除填堵法：常用于相对较浅的塌坑或埋藏浅的土洞。首先清除其中的松土，填入块石、碎石形成反滤层，其上覆盖以黏土并夯实。对于重要建筑物，一般需要将坑底与基岩面的通道堵塞，可先开挖然后回填混凝土或设置钢筋混凝土板，也可灌浆处理。

②跨越法：用于比较深大的塌陷坑或土洞。对于大的塌陷坑，当开挖回填有困难时，一般采用梁板跨越，两端支撑在坚固岩、土体上的方法。对建筑物地基而言，可采用梁式基础、拱形结构，或以刚性大的平板基础跨越、遮盖溶洞，避免塌陷危害。对道路路基而言，可选择塌陷坑直径较小的部位，采用整体网格垫层的措施进行整治。若覆盖层塌陷的周围基岩稳定性良好，也可采用桩基栈桥方式使道路通过。

③强夯法：在土体厚度较小、地形平坦的情况下，采用强夯砸实覆盖层的方法消除土洞，提高土层的强度。通常利用 10～12 t 的夯锤对土体进行强力夯实，可压密塌陷后松软的土层或洞内的回填土，提高土体强度，同时消除隐伏土洞和松软带，是一种预防与治理相结合的措施。

④钻孔充气法：随着地下水位的升降，溶洞空腔中的水气压力产生变化，可能出现气爆或冲爆塌陷，因此，在查明地下岩溶通道的情况下，将钻孔深入到基岩面下溶蚀裂隙或溶洞的适当深度，设置各种岩溶管道的通气调压装置，破坏真空腔的岩溶封闭条件，平衡其水、气压力，减少发生冲爆塌陷的机会。

⑤灌注填充法：在溶洞埋藏较深时，通过钻孔灌注水泥砂浆，填充岩溶孔洞或缝隙、隔断地下水流通道，达到加固建筑物地基的目的。灌注材料主要是水泥、碎料（砂、矿渣等）和速凝剂（水玻璃、氧化钙）等。

⑥深基础法：对于一些深度较大，跨越结构无能为力的土洞、塌陷，通常采用桩基工程，将荷载传递到基岩上。

⑦旋喷加固法：在浅部用旋喷桩形成一"硬壳层"，在其上再设置筏形基础。"硬壳层"厚度根据具体地质条件和建筑物的设计而定，一般在 10～20 m。

3）非工程性的防治措施。

①开展岩溶地面塌陷风险评价：当前，岩溶地面塌陷评价只局限于根据其主要影响因素和由模型试验获得的临界条件进行潜在塌陷危险性分区，这对岩溶地面塌陷防治决策而言是远远不够的。因此，在岩溶地面塌陷评价中，需开展环境地质学、土木工程学、地理学、城市规划、经济学、管理学等多领域、多学科协作，对潜在塌陷的危险性、生态系统的敏感性、经济与社会结构的脆弱性进行综合分析，才能达到对岩溶地面塌陷进行风险评价的目的。

②开展岩溶地面塌陷试验研究：开展室内模拟试验，确定在不同条件下岩溶地面塌陷发育的机理、主要影响因素以及塌陷发育的临界条件，进一步揭示岩溶地面塌陷发育的内在规律，为岩溶地面塌陷防治提供理论依据。

③ 增强防灾意识，建立防灾体系：广泛宣传岩溶地面塌陷灾害给人民生命财产带来的危害和损失，加强岩溶地面塌陷成因和发展趋势的科普宣传。在国土规划、城市建设和资源开发之前，要充分论证工程地质环境效应，预防人为地质灾害的发生。建立防治岩溶地面塌陷灾害的信息系统和决策系统。在此基础上，按轻重缓急对岩溶地面塌陷灾害开展分级、分期的整治计划。同时，充分运用现代科学技术手段，积极推广岩落地面塌陷灾害综合勘查、评价、预测预报和防治的新技术与新方法，逐步建立岩溶地面塌陷灾害的评估体系及监测预报网络。

2. 采空区地面塌陷

采空区地表在开始时多形成较浅的凹地，随着采空区的不断扩大，凹地不断发展成为凹陷盆地，也常称为移动盆地。自移动盆地的中心向边缘，变形特征可划分为三个区：均匀下沉区，即盆地中心的平底部分，其特点是地表下沉均匀，地面平坦，一般无明显裂缝。移动区，区内地表变形不均匀，变形种类较多，对建筑物破坏作用较大。如地表出现裂缝时，又称裂缝区。轻微变形区，地表变形值较小，一般对建筑物不起损坏作用。该区与移动区的分界，一般是以建筑物的容许变形值来划分。

（1）影响塌陷区地表变形的因素。

影响塌陷区地表变形的因素主要为：

① 矿层因素：矿层埋深越大，地表变形值越小，变形较平缓均匀，但地表移动盆地的范围增大；矿层厚度大，地表变形值大，矿层倾角大，水平移动值大。

② 岩性因素：上覆岩层强度高、分层厚度大时，地表变形所需采空面积要大，破坏过程所需时间长，厚度大的坚硬岩层，可长期不产生地表变形；强度低、分层薄的岩层，常产生较大的地表变形，速度快，变形均匀，地表一般不出现裂缝；脆性岩层地表易产生裂缝；当厚的塑性大的软弱岩层覆盖于硬脆的岩层上时，硬脆岩层产生的破坏，常会被前者缓冲或掩盖，使地表变形平缓；一旦上覆软弱岩层较薄，则地表变形很快，并出现裂缝；若岩层软硬相间且倾角较陡时，接触处常出现层离现象，地表出现变形；另外，地表第四纪堆积物越厚，地表变形增大，但变形平缓均匀。

③ 地下水因素：地下水活动可加快变形速度，扩大变形范围，增大地表变形值，特别是抗水性弱的岩层。

④ 开采条件因素：矿层的开采和顶板处置方法以及采空区的大小、形状，工作面推进速度等，都影响地表变形值、变形速度和变形的形式。

（2）采空区地面塌陷的防治措施。

在建筑物设计方面可以采用以下措施：

① 在矿区进行建筑工程设计时建筑物长轴应垂直工作面方向，目的是发生采空塌陷时，地基变形较同步，减少建筑物的破坏程度。为防止塌陷发生时地基应力状态的改变而使沉降不均，须使建筑物平面形态力求简单，以矩形为宜。基础底部应位于同一标高和岩

性均一的地层上，否则应用沉降缝将基础分开。当基础埋深有变化时，应采用台阶，尽量不采用柱廊和独立柱。

② 加强基础刚度和上部结构强度，在结构微薄易变形处更应加强。

③ 小窑采空塌陷地表裂缝地段属不稳定地段，建筑物应避开，并应有一定的安全距离。安全距离的大小以建筑物的性质而定，一般应大于 15 m。

平原地区人口众多，土地短缺矛盾极为突出，而地面塌陷又对耕地造成了大量破坏，这就更加加剧了人与地之间的矛盾，因此对塌陷区土地进行复垦整治就成为地面塌陷治理的主要任务。根据多年的土地整治实践，可以采用疏干法、挖深垫浅法、充填复垦、直接利用法进行土地整治。

第四节 特殊土地质灾害

特殊土是指某些具有特殊物质成分和结构、赋存于特殊环境中、易产生不良工程地质问题的区域性土，如黄土、膨胀土、盐渍土、软土、冻土、红土等。当特殊土与工程设施或工程环境相互作用时，常产生特殊土地质灾害，故在国外常把特殊土称为"问题土"，即特殊土在工程建设中容易产生地质灾害或工程问题。

中国地域辽阔，自然地理条件复杂，在许多地区分布着区域性的、具有不同特性的土层。深入研究它们的成因、分布规律和地质特征、工程地质性质，对于及时解决在这些特殊土上进行建设时所遇到的工程地质问题，并采取相应的工程措施及合理确定特殊土发育地区工程建设的施工方案，避免或减轻灾害损失，提高经济和社会效益具有重要的意义。

一、黄土的工程地质问题

黄土是一种特殊的第四纪陆相疏松堆积物，一般为黄色或褐黄色，颗粒成分以粉粒为主，富含碳酸钙，有肉眼可见的大孔隙，孔隙比常在 1 左右，天然剖面上铅直节理发育，并含有大小不一、数量不等的结核和包裹体，被水浸湿后在自重作用下显著沉陷（湿陷性）。具上述全部特征的土，一般称为典型黄土；与之相似但缺少个别特征的土，称为黄土状土。典型黄土和黄土状土统称黄土类土，简称黄土。

1. 黄土特征

黄土在世界上分布很广，欧洲、北美、中亚均有分布。黄土在我国特别发育，地层全，厚度大，分布广。主要分布于黑龙江、吉林、辽宁、内蒙古、山东、河北、河南、山西、陕西、甘肃、青海、新疆，江苏和四川等地也有分布。从自然地理条件看，我国黄土基本上位于昆仑山、秦岭、山东半岛以北，阿尔泰山、阿拉善、鄂尔多斯、大兴安岭一线以南的广大地区。

中国黄土，根据其中所含脊椎动物化石确定，从早更新世开始堆积，经历了整个第四纪，目前还未结束。形成于下（早）更新世的午城黄土和中更新世的离石黄土，称为老黄土。上（晚）更新世的马兰黄土及全新世下部的次生黄土，称为新黄土。而近几十年至近几百年形成的最近堆积物，称为新近堆积黄土。

中国黄土基本由小于 0.25 mm 的颗粒组成，其中以粉粒为主，平均含量达 50%以上；砂粒含量较少，一般小于 20%，并以极细砂粒为主；黏粒含量变化较大，为 5%～35%，一般为 15%～25%。

中国黄土中矿物约有 60 余种，其中以轻矿物（相对密度＜2.9）为主，重矿物（相对密度＞2.9）含量甚少。黄土的结构为非均质的骨架式海绵结构。黄土由石英、长石及少量云母、重矿物和碳酸钙组成的极细砂粒和粗粉粒组成基本骨架，其中砂粒相互基本不接触，浮于粗粉粒构成的架空结构中，由石英和碳酸钙等组成的细粉粒为填料，聚集在较粗颗粒接触点之间；以伊利石或高岭石为主（还含有少量的腐殖质和其他胶体）的黏粒、吸附的水膜以及部分水溶盐为胶结物质，依附在上述各种颗粒的周围，并将较粗颗粒胶结起来，形成大孔和多孔的结构形式。铅直节理（有时交叉但角度较陡）是黄土的典型构造。原生黄土层理极不明显，次生黄土（古土壤层）明显有层理。

黄土塑性较弱，一般无膨胀性，崩解性很强，透水性较粒度成分类似的一般黏性土要强，属中等透水性土。黄土在干燥状态下压缩性中等，抗剪强度较高，但随着湿度增高（尤其饱和），压缩性急剧增大，抗剪强度显著降低。新近堆积的黄土，土质松软，强度低，压缩性高。

2. 黄土的工程地质问题

在黄土地区进行工程建筑，经常遇到的工程地质问题有黄土湿陷、黄土陷穴、黄土冲沟、黄土泥流、黄土路堑边坡的冲刷防护，边坡稳定性及边坡设计等。通过多年实践和研究，对于这些问题的解决已积累了不少经验和较为有效的措施。这里仅对黄土湿陷、陷穴和冲沟问题进行讨论。

（1）黄土湿陷。天然黄土在一定压力作用下，受水浸湿后结构遭到破坏发生突然下沉的现象，称黄土湿陷。黄土湿陷又分在自重压力下发生的自重湿陷和在外荷载作用下产生的非自重湿陷。非自重湿陷比较普遍，对工程建筑的重要性也较大。

并非所有黄土都具有湿陷性，一般老黄土（午城黄土及离石黄土大部）无湿陷性，而新黄土（马兰黄土及新近堆积黄土）及离石黄土上部有湿陷性。因此，湿陷性黄土多位于地表以下数米至十余米，很少超过 20 m。黄土的湿陷性强弱与许多因素有关。通常，黄土的天然含水量越小，所含可溶盐特别是易溶盐越多，孔隙比越大，干密度越小，则湿陷性越强。

湿陷性黄土因其湿陷变形量大、速率快、变形不均匀等特征，往往使工程设施的地基产生大幅度的沉降或不均匀沉降，从而造成建筑物开裂、倾斜，甚至破坏。建筑物地基若为湿陷性黄土，在建筑物使用中因地表积水或管道、水池漏水而发生湿陷变形，加之建筑物的荷载作用更加重了黄土的湿陷程度，常表现为湿陷速度快和非均匀性，使建筑物地基产生不均匀沉陷，破坏了建筑基础的稳定性及上部结构的完整性。

为了保证建筑物基础的稳定性，常常需要花费大量的物力、财力对湿陷性黄土地基进行处理。如西安市建筑物黄土地基的处理费用一般占工程总费用的 4%～8%，个别建筑场地甚至高达 30%。

湿陷性黄土作为路堤填料或作为建筑物地基，严重影响工程建筑物的正常使用和安全，能使建筑物开裂甚至破坏。因此，必须查清建筑地区黄土是否具有湿陷性及湿陷性的强弱，以便有针对性地采取相应措施。

在湿陷性黄土地区，虽然因湿陷而引发的灾害较多，但只要能对湿陷变形特征与规律进行正确分析和评价，采取恰当的处理措施，湿陷便可以避免。防治黄土湿陷的措施可分两个方面，一方面可采用机械的或物理化学的方法提高黄土的强度，降低孔隙度，加强内部联结；另一方面则应注意排除地表水和地下水的影响。

水的渗入是黄土湿陷的基本条件，因此，只要能做到严格防水，湿陷事故是可以避免的。天然条件下，黄土被浸湿有两种情况，一是地表水下渗，二是地下水位升高。一般前者引起的湿陷性要强些。防水措施是防止或减少建筑物地基受水浸湿而采取的措施。这类措施有平整场地，以保证地面排水通畅；做好室内地面防水设施，室外散水、排水沟，特别是开挖基坑时，要注意防止水的渗入；切实做到给水排水管道和供暖管道等用水设施不漏水等。

地基处理是对建筑物基础一定深度内的湿陷性黄土层进行加固处理或换填非湿陷性土，达到消除湿陷性、减小压缩性和提高承载能力的方法。在湿陷性黄土地区，通常采用的地基处理方法有重锤表层夯实（强夯）、垫层、挤密桩、灰土垫层、预浸水、土桩压实爆破、化学加固和桩基、非湿陷性土替换法等。

选择防治措施，应根据场地湿陷类型、湿陷等级、湿陷土层的厚度，结合建筑物的具体要求等综合考虑后来确定。对于弱湿陷性黄土地基，一般建筑物可采用防水措施或配合其他措施；重要建筑物除采用防水措施外，还需用重锤夯实或换土垫层等方法。对中等或强烈湿陷性黄土地基，则以地基处理为主，并配合必要的防水措施和结构措施。对于某些水工建筑物，防止地表水渗入几乎是不可能的，此时可以采用预浸法。

（2）黄土陷穴。在湿陷黄土分布区，尤其是黄土斜坡地带，经常遇到黄土陷穴。有黄土自重湿陷和地下水潜蚀作用造成的天然洞穴，也有人工洞穴。由于陷穴的存在，可使地表水大量潜入路基和边坡，严重者导致路基坍滑。由于地下暗穴不易被发现，经常在建筑物刚刚完工交付使用便突然发生倒塌事故。湿陷性黄土区铁路路基有时因暗穴而引起轨道悬空，造成行车事故。因此，必须研究黄土陷穴的成因、分布规律、探测方法及防治措施。

自重湿陷问题已经简要叙述，这里简述地下水在黄土中的潜蚀作用。黄土的特征使地下水易于在其中渗流。在流动过程中，一方面地下水能溶解黄土中易溶于水的盐分；另一方面当渗透水流的水力梯度很大，并有大孔存在于黄土中时，地下水作紊流运动，把黄土中粉土颗粒及部分黏土颗粒冲动带走，在土中造成空洞，这个过程称潜蚀作用。随着潜蚀作用不断进行，黄土中洞穴也由小变大，由少变多。由此可知，黄土中易溶盐含量越高，大孔越多；地下水流量、流速越大，就越有利于潜蚀作用进行。因此，在地表地形变化较大的河谷阶地边缘，冲沟两岸及斜坡地带，地面不平坦的地形变坡处等位置有利于地表水下渗或流速变快，是地下洞穴经常出现的位置。不同时代地层地质特征不同，黄土陷穴多分布于新黄土及新近堆积黄土中，老黄土表层有少量陷穴分布，中下部则不发育陷穴。

在可能产生黄土陷穴的地带，应通过地面调查和探测，查明分布规律，并针对陷穴形成和发展的原因采取必要的预防措施。对于埋藏不深、尺寸较小、分布区较小的陷穴，一般用简易勘探方法，如洛阳铲、小螺纹钻等探测。对于大面积普查地下较深范围内较大洞穴的分布，可采用地震、电法、地质雷达等物探方法结合钻探方法进行探测。

防治黄土陷穴的措施有两个方面：一方面，针对已查明的陷穴可采用如下的措施进行处理：对小而直的陷穴进行灌砂处理；对洞身不大，但洞壁曲折起伏较大的洞穴和离路基中线或地基较远的小陷穴，可用水、黏土、砂制成的泥浆重复灌注；对建筑物基础下的陷穴一般采用明挖回填；对较深的洞穴，要开挖导洞和竖井进行回填，由洞内向洞外回填密实。另一方面，针对地下水，要在工程建筑物附近做好地表排水工程，不许地表水流入建筑场地或渗入建筑物地下，以防止潜蚀作用继续发展。具体措施有：设置排水系统，把地表水引至有防渗层的排水沟或截水沟，经由沟渠排泄到地基或路基范围以外；夯实表土、铺填黏土等不透水层或在坡面种植草皮，增强地表的防渗性能；平整坡面，减少地表水的汇聚和渗透。

（3）冲沟。黄土地区地表土比较疏松、地面坡度较陡，再加上地面缺少植物覆盖，极易形成冲沟。随着冲沟的形成和不断发展，使当地产生大量水土流失，地表被纵横交错的大小冲沟切割得支离破碎。这使该地区大量水土流失，耕地面积减少，交通运输不便，对工程建设也造成很大困难。冲沟的发展常使铁路路基被冲毁，边坡坍塌。在冲沟地区进行工程施工，首先必须查明该地区冲沟形成的各种条件和原因，特别要研究该地区冲沟的活动程度，分清哪些冲沟正处于剧烈发展阶段，哪些冲沟已处于衰老休止阶段，然后有针对性地进行治理。冲沟治理应以预防为主。

通常采用的主要措施是调整地表水流、填平洼地、禁止滥伐树木、人工种植草皮等。对那些处于剧烈发展阶段的冲沟，必须从上部截断水源，用排水沟将地表水疏导到固定沟槽中，同时在沟头、沟底和沟壁受冲刷之处采取加固措施。在大冲沟中筑石堰、修梯田，沿沟铺设固定排水槽，也是有效措施。工程施工通过应尽量少挖方，新开挖的边坡则应及时采取保护措施。

二、冻土的工程地质问题

冻土又称含冰土，是一种温度低于零摄氏度并含有冰的特殊土。根据冻土的冻结时间可分为两大类：季节冻土和多年冻土。温度升高，土中冰融，称为融土，所含水分比其冻结前增加很多。土中水的冻结与融化是土温降低与升高的反映，是土体热动态变化导致土中水物理状态的变化。冻土与融土是对立的统一，它在一定的气候条件下互相转化。

（1）季节冻土。冬季冻结，夏季全部融化的土层称季节冻土。季节冻土在我国分布广泛，东北、华北、西北及华东、华中部分地区都有分布。自长江流域以北向东北、西北方向，随着纬度及地面高度的增加，冬季气温越来越低，冬季时间延续越来越长，因此季节冻土厚度自南向北越来越大。石家庄以南季节冻土厚度小于 0.5 m，北京地区一般为 1 m 左右，辽源、海拉尔一带则为 2～3 m，季节冻土的主要工程地质问题是冻结时膨胀、融化时下沉。冻胀融沉的程度首先取决于土的颗粒组成及含水量。按土的颗粒组成将土的冻胀性分为不冻胀土、稍冻胀土、中等冻胀土和极冻胀土四类，按土中含水量大小将土的冻胀分为不冻胀、弱冻胀、冻胀和强冻胀四级。粉黏粒越多，含水量越大，冻胀越严重。土层冻胀主要因土中水分结冰时体积膨胀造成，水冻结为冰，体积增大 1/11 左右。

（2）多年冻土。冻土的冻结状态持续三年以上甚至几十年不融化者通常称多年冻土。多年冻土多在地面以下一定深度存在着，其上部至地表部分常有一季节冻土层，故多年冻土区常伴有季节性冻结现象存在。

我国的多年冻土按地区分布不同分为两类：一类是高原型多年冻土，主要分布在青藏高原及西部高山地区。另一类是高纬度型多年冻土，这里的冻土主要受纬度控制，自北向南厚度逐渐变薄。

根据冻土内冻结水（冰）的分布状况（位置、形状及大小），多年冻土有三种结构类型，整体结构：这种结构使冻土有较高的冻结强度，融化后土的原有结构未遭破坏，一般不发生融沉，故整体结构冻土工程性质较好。网状结构：一般发生在含水量较大的黏性土中，这种结构的冻土不仅发生冻胀，更严重的是融化后含水量大，呈软塑或流塑状态，发生强烈融沉，工程性质不良。层状结构：土粒与冰透镜体和薄冰层相互间层，这种结构的冻土冻胀显著，融沉严重，工程性质不良。

多年冻土的构造是指季节冻土层与多年冻土层之间的接触关系，有衔接型和非衔接型两种构造类型。衔接型构造：季节冻土的最大冻结深度达到或超过多年冻土层上限，此种构造的冻土属于稳定型或发展型多年冻土。非衔接型构造：在季节冻土所能达到的最大冻结深度与多年冻土层上限之间有一层不冻土或称融土层，这种构造的冻土多为退化型多年冻土。

（3）多年冻土的工程性质。冻结的土体应视为土的颗粒、未冻水、冰及气体四相组成的复杂综合体。纯水在 0℃时开始结冰。土中水由于矿物颗粒表面能的作用和水中含有一定盐分的原因，其开始冻结温度均低于 0℃。同样的负温和土质，外荷载压力大，水溶液浓度大，未冻水量就多。可见，未冻水含量的多少取决于土的粒度成分、负温度、外部压力及水中含盐量，未冻水量直接影响着冻土的工程性质。

由于冰是一种黏滞性物体，所以冻土的抗剪强度和抗压强度都与荷载作用时间有密切关系，即冻土具有明显的流变性。长期荷载作用下冻土的持久强度大大低于瞬时加荷的强度。冻土具有冻结时体积膨胀，融化时迅速下沉的特性。应当指出，只有土中所含水量超过某个界限值时，冻结过程中才出现冻胀现象，这个界限含水量称为起始冻胀含水量，它与土的塑限有密切关系。

冻土融化下沉由两部分组成，一部分是在外力作用下的压缩变形，另一部分是在负温变为正温时的自身融化下沉。根据冻土的融沉情况进行分类，多年冻土的融沉，是指由于人类在多年冻土区的活动，不仅使表层季节冻土层融化，而且使多年冻土层上限下移，原来的冻土产生融沉。例如采暖房屋的修建，使地基多年冻土融沉。

（4）多年冻土的工程地质问题。

① 多年冻土区的冰丘和冰锥：它们的形成与季节冻土区相似，只是规模更大，有的冰冻延续时间很长，可达几年以上。多年冻土区的舌形冰锥，则一般长数百米至数千米。冰丘和冰锥对路基及其他铁路建筑物危害严重，特别是对路堑工程危害更大，容易发生大量地下水涌进路堑，掩埋线路。因此，在选线时应尽量避开这些不良地质现象。

② 多年冻土地区路基基底稳定问题：由于在地表修筑路堤，使多年冻土上限上升，在路堤内形成冻土结核，产生冻胀，夏季融化后可能引起沿上限局部滑塌。在多年冻土地区开挖路堑，则使多年冻土上限下降，若此多年冻土为融沉或强融沉性的，则可能造成严重下沉，路堑边坡滑动。因此，在路基基底表面设置保温层，尽量防止多年冻土上限上下波动，是一项重要措施。

③ 多年冻土地区的建筑物地基问题：多年冻土作为建筑物地基，应把土的年平均地温的稳定性、冻土组成及冻结作用、融化后的下沉性和冻土的不良地质现象作为冻土地基评价的依据。冻土具有瞬时的高强度，但更重要的是确定外压力长期作用下冻土的流变性及人为活动下热流作用造成的冻土下沉性。因此，选择建筑物场地时，应尽量避开冰丘、冰锥发育地区，选择坚硬岩石或粗碎屑颗粒土分布地段，地下水埋藏较深，冰融时工程性质变化较小的地基。对于冻土地区病害处理的基本原则应当是：排水、保温、用粗颗粒土换掉细粒土，甚至采用桩基。

三、软土的工程地质问题

软土又称淤泥类土或有机类土，是静水或缓慢流水环境中有微生物参与作用的条件下沉积形成的特殊土，是一种含有较多有机质、天然含水量大于液限、天然孔隙比大于 1，结构疏松、颜色呈灰色为主、污染手指、具臭味的淤泥质和腐殖质的黏性土。其中，天然孔隙比大于 1.5 的称为淤泥；小于 1.5 而大于 1 的称为淤泥质土。淤泥质土性质，介于淤泥和一般黏性土之间。淤泥类土是近代未经固结的在海滨、湖泊、沼泽、河湾及废河道等环境沉积的一种特殊土。

淤泥类土粒度成分主要为粉粒和黏粒，后者含量达 30%～60%，属黏土或粉质黏土、砂质粉土或粉质黏土，其矿物成分主要为石英、长石、白云母及大量蒙脱石、伊利石等黏土矿物，并含有少量水溶盐；特别是含有大量的有机质（一般为 5%～10%，个别达 17%～25%）。淤泥类土具有蜂窝状或絮状结构，疏松多孔，具有薄层状构造。厚度不大的淤泥类土常是淤泥质黏土、粉砂土、淤泥或泥炭交互成层（或呈透镜体）。

1．软土的特征

淤泥类土是在特定的环境中形成的，具有某些特殊的成分、结构和构造，这便决定了它某些特殊的工程地质性质：

① 高含水量，高孔隙比。我国淤泥类土孔隙比常见值大于液限（一般 40%～60%），饱和度一般都超过 95%。原状土常处于软塑状态，扰动土则呈流动状态。

② 透水性极弱，且因层状结构而具方向性。

③ 高压缩性，且随天然含水量的增加而增大。

④ 抗剪强度很低，且与加荷速度和排水固结条件有关。

2．软土常见的工程地质问题

软土地基承载力很低，抗剪强度也很低，长期强度更低。软土压缩性很高，沉降量大，常出现由于地基下沉引起基础变形或开裂，直至建筑物不能使用。由于软土含水量大，多接近或超过其液限而成为软塑或流塑状态，且因其持水性强，透水性差，对地基的固结排水不利，强度增长缓慢，沉降延续时间很长，因此影响了工期和工程质量。软土成分及结构复杂，平面分布及垂直分布均具有不均匀性，易使建筑物产生不均匀沉降。当软土受到某种振动时，很容易破坏其海绵状结构连接强度，使软土产生稀释液化而丧失强度，这种现象被称为触变性，在建筑物施工及使用过程中要防止软土发生触变。

由于软土强度低、压缩性高，故以软土作为建筑物地基所遇到的主要问题是承载力低和地基沉降量过大。软土中常夹有砂质透镜体，易引起不均匀沉降，使建筑物遭受破坏。另外，由于软土的固结时间长，建筑物将长期处于沉降变形之中，所以灾害的威胁长期难以消除。

在铁路和道路工程建设中经常遇到软土工程地质问题。在软土地区修筑路基时，由于软土抗剪强度低，抗滑稳定性差，不但路堤的高度受到限制，而且易产生侧向滑移。在路基两侧常产生地面隆起，形成远伸至坡脚以外的坍滑或沉陷。

3. 软土地基的加固措施

在软土地区进行工程建设往往会遇到地基强度和变形不能满足设计要求的问题，特别是在采用桩基、沉井等深基础措施在技术及经济上又不可能时，可采取加固措施来改善地基土的性质以增加其稳定性。一般认为，在软土地区不宜建筑重型建筑物，对一般建筑物和铁路路基基底应采取相应的处理措施。处理措施的原则是：

① 控制路堤高度，减轻建筑物自重或加大承载面积，以减小软土单位面积所受压力。

② 若软土埋藏不深，厚度较小时，可采用开挖换填砂卵石、碎石，或抛石排淤、爆破排淤的方法，使建筑物基础置于软土下面的坚实土层上。

③ 排水固结提高软土强度。根据不同要求及条件，可分别采用预压固结、分期分层填筑路堤、路堤底部设排水砂垫层，在软土地基中设置排水砂井、石灰砂桩等方法加速排除软土中水分，完成预期沉陷，提高软土承载力。

④ 为防止软土地基溯流，可采用反压护道法，在软土地基周围打板桩围墙的方法，有时也可采用电化学加固法，防止软土被挤出。

四、膨胀土的工程地质问题

膨胀土又称胀缩土，是一种因含水量增加而膨胀、含水量减小而收缩的黏性土。膨胀土在我国分布较广，以云南、广西、贵州和湖北等省分布较多，且有代表性，一般位于盆地内垅岗、山前丘陵地带和二、三级阶地上。多数是晚更新世及其以前的残坡积、冲积、洪积物，也有晚第三纪至第四纪的湖相沉积及其风化层，个别埋藏在全新世的冲积层中。

我国膨胀土，按其成因及特征基本分为三类：第一类为湖相沉积及其风化层，黏土矿物中以蒙脱石为主，自由膨胀率、液限、塑性指数都较大，土的膨胀、收缩性最显著。第二类为冲积、冲洪积及坡积物。黏土矿物中以伊利石为主，自由膨胀率和液限较大，土的膨胀、收缩性也显著。第三类为碳酸盐类岩石的残积、坡积及洪积的红黏土。液限高，但自由膨胀率常小于 40%，故常被定为非膨胀性土，但其收缩性很显著。

1. 膨胀土的特征

膨胀土一般呈红、黄、褐、灰白等色，具斑状结构，常含铁、锰或钙质结构，具网状开裂，有蜡状光泽的挤压面，类似劈理。土层表层常出现纵横交错的裂隙和龟裂现象，使土体的完整性破坏，强度降低。

膨胀土常处于硬塑或坚硬状态，膨胀土强度较高，压缩性中等偏低，故常被误认为是较好的天然地基。当含水量增加和结构扰动后，力学性质减弱明显。评价膨胀土胀缩性的指标很多，但可归纳为直接的和间接的两种。直接指标主要有膨胀力、膨胀率和体缩率；间接指标主要有活动性指数、压实指数、膨胀性指数和吸水性指标等。

2．膨胀土的工程地质问题

膨胀土的胀缩特性对工程建筑，特别是低荷载建筑物具有很大的破坏性。只要地基中水分发生变化，就能引起膨胀土地基产生胀缩变形，从而导致建筑物变形甚至破坏。另外，膨胀土对铁路、公路以及水利工程设施的危害也十分严重，常导致路基和路面变形、铁轨移动、路堑滑坡等，影响运输安全和水利工程的正常运行。

1）膨胀土地区的路基。膨胀土地区的铁路遭受膨胀土的严重危害，在膨胀土地区修筑铁路，无论是路堑或路堤，极普遍而且严重的病害就是边坡变形和基床变形。随着列车轴重的增加和行车密度与速度的提高，由于膨胀土体抗剪强度的衰减及基床土承载力的降低，造成边坡溜塌，糟坡，路基长期不均匀下沉，翻浆冒泥等病害更加突出，造成路基失稳，影响行车安全。

在膨胀土中开挖地下洞室，常见围岩底鼓、内挤、坍塌等变形现象，导致隧道衬砌变形破坏，地面隆起。膨胀土隧道围岩变形常具有速度快、破坏性大、延续时间长和整治困难等特点。

2）膨胀土地区的地基。膨胀土地基的破坏作用主要源于明显而反复的胀缩变化。因此，膨胀土的性质和发育情况是决定膨胀土危害程度的基础条件。膨胀土厚度越大，埋藏越浅，危害越严重。它可使房屋等建筑物的地基发生变形而引起房屋沉陷开裂。膨胀土灾害对于轻型建筑物的破坏尤其严重，特别是三层以下民房建筑，变形破坏严重而且分布广泛，有时即使加固基础或打桩穿过膨胀土层，膨胀土的变形仍可导致桩基变形或错断。高大建筑物因基础荷载大，一般不易遭受变形破坏。

在膨胀土地基上修筑的桥涵及房屋等建筑物，随地基土的胀缩变形而发生不均匀变形。因此膨胀土地基问题既有地基承载力问题，又有引起建筑物变形问题。其特殊性在于：地基承载力较低，还要考虑强度衰减；不仅有土的压缩变形，还有湿胀干缩变形。在膨胀土地基上修筑建筑物必须注意建筑物周围的防水排水。建筑场地应尽量选在地形平坦地段，避免挖填方改变土层自然埋藏条件。建筑物基础应适当加深，以便相应减小膨胀土的厚度，并增加基础底面以上土的自重，加大基础侧面摩擦力，还可用增加基础附加压力的方法克服土的膨胀，必要时也可以采用换土、土垫层、桩基等。

为了防止由于膨胀土地基胀缩变形而引起的建筑物破坏，在城镇规划和建筑工程选址时，要进行充分的地质勘查，弄清膨胀土的分布范围、发育厚度、埋藏深度以及膨胀土的物理性质和水理性质，在此基础上合理规划建筑布局，尽可能避开膨胀土发育区。在难以找到非膨胀土工程场地时，尽可能选择地形简单、胀缩性相对较弱、厚度小而且地下水水位变化较小、容易排水、没有浅层滑坡和地裂缝的地段进行工程建设，以最大限度地减少膨胀土的危害。

除对建筑物布置和基础设计采取措施外，最主要的是对膨胀土地基进行防治和加固。经常采用的措施有防水保湿措施和地基改良措施。

第六章　建筑工程中的气象灾害

第一节　气象灾害及其危害

一、概述

1. 含义

气象灾害是指大气对人类的生命财产和国民经济建设及国防建设等造成的直接或间接的损害。它是自然灾害中的原生灾害之一。一般包括天气、气候灾害和气象次生、衍生灾害。气象灾害是自然灾害中最为频繁而又严重的灾害。中国是世界上自然灾害发生十分频繁、灾害种类甚多，造成损失十分严重的少数国家之一。

2. 特点

气象灾害是自然灾害中的原生灾害之一。气象灾害的特点是：

（1）种类多。主要有暴雨洪涝、干旱、热带气旋、霜冻低温等冷冻害、风雹、连阴雨和浓雾及沙尘暴共 7 大类 20 余种，如果细分，可达数十种甚至上百种。

（2）范围广。一年四季都可出现气象灾害；无论在高山、平原、高原、海岛，还是在江、河、湖、海以及空中，处处都有气象灾害。

（3）频率高。我国从 1950—1988 年的 38 年内每年都出现旱、涝和台风等多种灾害，平均每年出现旱灾 7.5 次，涝灾 5.8 次，登陆我国的热带气旋 6.9 个。

（4）持续时间长。同一种灾害常常连季、连年出现。例如，1951—1980 年华北地区出现春夏连旱或伏秋连旱的年份有 14 年。

（5）群发性突出。某些灾害往往在同一时段内发生在许多地区，如雷雨、冰雹、大风、龙卷风等强对流性天气在每年 3 月、5 月常有群发现象。1972 年 4 月 15—22 日，从辽宁到广东共有 16 个省、自治区的 350 多个县、市先后出现冰雹，部分地区出现 10 级以上大风以及龙卷风等灾害天气。

（6）连锁反应显著。天气气候条件往往能形成或引发、加重洪水、泥石流和植物病虫害等自然灾害，产生连锁反应。

（7）灾情重。联合国公布的 1947—1980 年全球因自然灾害造成人员死亡达 121.3 万人，其中 61%是由气象灾害造成的。

3. 分类

气象灾害，一般包括天气、气候直接灾害和气象次生、衍生灾害。

（1）天气、气候直接灾害，是指因台风（热带风暴、强热带风暴）、暴雨（雪）、雷暴、冰雹、大风、沙尘、龙卷、大（浓）雾、高温、低温、连阴雨、冻雨、霜冻、结（积）冰、寒潮、干旱、干热风、热浪、洪涝、积涝等因素直接造成的灾害。

（2）气象次生、衍生灾害，是指因气象因素引起的山体滑坡、泥石流、风暴潮、森林火灾、酸雨、空气污染等灾害。

二、气象灾害危害

随着全球气候变化和经济总量的扩大，气象灾害发生的频率会越来越高，据统计资料显示，1992—2001 年全球水文气象灾害事件占各类灾害的 90%左右，导致 62.2 万人死亡，20 多亿人受影响，估计经济损失 4 500 亿美元，占所有自然灾害损失的 65%左右。根据联合国的统计资料，全球洪水致人死亡的风险从 1990 年到 2007 年增加了 13%，经济风险增加了 33%。截至 2009 年，1975 年以来死亡人数最高的 10 起灾害，一半以上发生在 2003 年至 2008 年。对 12 个亚洲和拉丁美洲国家的取样调查显示，1970—2007 年，84%的因灾死亡人口及 75%的被毁房屋集中在 0.7%的巨灾事件。因灾死亡主要发生在发展中国家，而灾害经济损失以发达国家为主。

在我国，据气象部门统计，在各类自然灾害中，70%以上是气象灾害，给农牧业、生态环境、经济社会发展、人民生产生活带来了严重的影响。气象灾害造成的直接经济损失每年在数百亿元到数千亿元之间，占 GDP 的比例 3%～ 6%（20 世纪 80 年代），通过长期不懈的努力，目前占 GDP 比例已降至 1%～3%。

1. 我国的主要气象灾害

干旱、暴雨洪涝以及热带气旋导致的台风是我国最为常见、危害程度最为严重的灾害种类。其中，干旱也是我国影响面最大、最为严重的灾害。旱灾的特点是范围广、时间长、影响远。因此，旱灾也是我国气象灾害中损失最为严重的灾害。暴雨洪涝灾害是仅次于旱灾的气象灾害。此外，雷击、沙尘暴、霜冻、冰雹、雾灾等在我国也是经常发生的危害较大的气象灾害。

（1）洪涝灾害。是短时间内或连续的一次强降水过程，在地势低洼、地形闭塞的地区，雨水不能迅速排泄造成农田积水和土壤水分过度饱和给农业带来灾害。暴雨甚至会引起山洪暴发、江河泛滥、堤坝决口给人民和国家造成重大经济损失。长江流域是暴雨、洪涝灾害的多发地区，其中两湖盆地和长江三角洲地区受灾尤为频繁。1983 年、1988 年、1991年、1998 年和 1999 年等都发生过严重的暴雨洪涝灾害。

（2）冰冻雨雪灾害。低温冷冻灾害主要是冷空气及寒潮侵入造成的连续多日气温下降，致使作物损伤及减产的农业气象灾害。1977 年 10 月 25—29 日强寒潮使内蒙古、新疆积雪深 0.5 m，草场被掩埋，牲畜大量死亡。

长时间大量降雪造成大范围积雪成灾的自然现象。危害有：严重影响甚至破坏交通、通信、输电线路等生命线工程，对人民生产、生活影响巨大。2005 年 12 月山东威海、烟台遭遇 40 年来最大暴风雪，此次暴风雪造成直接经济损失达 3.714 3 亿元。

（3）干旱和沙尘暴。干旱是在足够长的时期内，降水量严重不足，致使土壤因蒸发而水分亏损，河川流量减少，破坏了正常的作物生长和人类活动的灾害性天气现象。其结果造成农作物、果树减产，人民、牲畜饮水困难，以及工业用水缺乏等灾害。干旱是影响我国农业最为严重的气象灾害，造成的损失相当严重。据统计，我国农作物平均每年受旱面积达 3 亿多亩，成灾面积达 1.2 亿亩，每年因干旱减产平均达 100 亿～150 亿千克，每年由于缺水造成的经济损失达 2 000 亿元。目前，全国 420 多个城市存在干旱缺水问题，缺水比较严重的城市有 110 个。全国每年因城市缺水影响产值达 2 000 亿～3 000 亿元。

（4）台风。台风属于热带气旋的一种，热带气旋是在热带海洋大气中形成的中心温度高、气压低的强烈涡旋的统称。造成狂风、暴雨、巨浪和风暴潮等恶劣天气，是破坏力很强的天气现象。近年来，因其造成的损失年平均在百亿元人民币以上，像 2004 年在浙江登陆的"云娜"，一次造成的损失就超过百亿元人民币。

2. 我国气象灾害的地区分布

由于我国幅员广阔，南北气候相差很大，气象灾害区域性明显：
（1）东北地区：暴雨、洪涝、低温冻害等。
（2）西北地区：干旱、冰雹等。
（3）华北地区：干旱、暴雨、洪涝等。
（4）长江中下游地区：暴雨、洪涝、伏旱、台风等。
（5）西南地区：暴雨、干旱、低温冻害、冰雹、台风等。
（6）华南地区：暴雨、冰雹、台风等。

3. 灾害分级

按照灾害性天气气候强度标准和重大气象灾害造成的人员伤亡和财产损失程度，重大气象灾害分为一般（Ⅳ级）、较重（Ⅲ级）、严重（Ⅱ级）和特别严重（Ⅰ级）四级。

4．气象灾害对交通影响

海、陆、空交通都受风、浓雾、能见度、暴雨、冰雪、雷暴、积水等气象条件的影响，海雾能使客船、商船、渔船和舰艇等有偏航、触礁、搁浅、相撞的危险。据统计，日本 1948—1953 年的 6 年中发生的 910 次海损事故中，由于浓雾及低气压的暴风天气而引起的占总数的 60%。能见度差易使飞机产生偏航和迷航，降落时影响安全着陆。暴雨可引起洪水灾害。

5．气象对工业的影响

气象对工业生产的影响是非常广泛的。无论是厂址的选择、厂房的设计，还是原料储存、制造、产品保管和运输等各个环节，都受温度、湿度、降水、风、日射等气象条件的影响。特别是灾害性天气，如热带风暴和台风、暴雨洪水引起输电线路中断或厂房、设备损坏，仓库被淹以及工人伤亡、不能上班等；由干旱引起供水不足；雷电等引起火灾；低温造成的水管和输油管冻裂及其他冻害；高温低湿容易诱发火灾和爆炸；高温高湿易造成原材料等的腐蚀、霉烂，以及影响工人的身体健康和生产效率等，这些都直接或间接地影响着工业生产。有人通过调查分析得出，高温时节的工伤事故多于其他时节；当棉纺厂一车间内温度、湿度突然下降时，棉纱断头增多。据河北省沧州地区气象局的调查研究，海盐的生产，不仅受到降水天气的影响，而且也受到温度的影响。当冷空气侵袭时，日降温大于 8℃，且最低气温在 5℃以下时，可产生芒硝，减少产盐量；当最高气温大于 33℃，相对湿度在 30%以下，风速在 8 m/s 以上时，由于蒸发量增大，迅速改变卤水比重，容易产生氯化镁，影响盐的产量。总之，气象影响着工业生产的方方面面。

第二节　洪涝灾害

一、概述

1．定义

洪涝灾害即水灾，是暴雨、急剧融化的冰雪、风暴潮等自然因素引起的江河湖海水量迅速增加或水位迅猛上涨的自然现象。分为"洪"和"涝"两种。"洪"，指大雨、暴雨引起水道急流、山洪暴发、河水泛滥、淹没农田、毁坏环境与各种设施等。"涝"，指水过多或过于集中或返浆水过多造成的积水成灾。

2. 分类

洪涝灾害主要类型：

（1）暴雨洪灾：由较大强度的降雨形成，集中在雨季。峰高、强度大、持续时间长、波及面广。我国气象部门规定，24h 降水量为 50 mm 或以上的雨称为"暴雨"。

（2）山洪：山区溪沟中由于地面、河床较陡，降雨后形成的急剧涨落的洪水。山洪灾害的特点：突发、水量集中、破坏力强。

（3）融雪洪水：急剧融化的积雪形成的洪水。发生在高纬度积雪地区或高山积雪区，时间较有规律。易发地点：西藏、新疆、甘肃、青海。

（4）冰凌洪水：在某些由低纬度流向高纬度的河段，当河流开冻时，低纬度的上游河段先开冻，而高纬度的下游河段仍封冻，上游河水和冰块堆积在下游河床形成冰坝，引起洪水。

（5）溃坝洪水：大坝或其他挡水建筑物发生瞬时溃决，水体突然涌出，造成下游地区灾害。破坏力很大。

（6）风暴潮洪水：由强烈大气扰动，如热带气旋、温带气旋等引起的海面异常升高现象。

3. 洪涝灾害特点

（1）发生频繁。据资料统计，明清两代（1368—1911 年）的 543 年中，范围涉及数州县到 30 个州县的水灾共有 424 次，平均每 4 年发生 3 次。新中国成立以来，洪涝灾害年年都有发生，只是大小有所不同而已。特别是 20 世纪 50 年代，10 年中就发生大洪水11 次。

（2）突发性强。中国东部地区常常发生强度大、范围广的暴雨，而江河防洪能力又较低，因此洪涝灾害的突发性强。山区泥石流突发性更强，一旦发生，人民群众往往来不及撤退，造成重大伤亡和经济损失。如 1991 年云南昭通一次死亡 200 多人。

（3）损失大。如 1991 年，中国淮河、太湖、松花江等部分江河发生了较大的洪水，尽管在党中央和国务院的领导下，各族人民进行了卓有成效的抗洪斗争，尽可能地减轻了灾害损失，全国洪涝受灾面积仍达 3.68 亿亩，直接经济损失高达 779 亿元。其中安徽省的直接经济损失达 249 亿元，约占全年工农业总产值的 23%，受灾人口 4 400 万，占全省总人口的 76%。

4. 洪涝灾害等级划分

洪涝灾害按特大灾、大灾、中灾分为三个等级，划分标准：

（1）一次性灾害造成下列后果之一的为特大灾：

1）在县级行政区域造成农作物绝收面积（指减产八成以上，下同）占播种面积的 30%；

2）在县级行政区域倒塌房屋间数占房屋总数的 1%以上，损坏房屋间数占房屋总间数的 2%以上；

3）灾害死亡 100 人以上；

4）灾区直接经济损失 3 亿元以上。

（2）一次性灾害造成下列后果之一的为大灾：

1）在县级行政区域造成农作物绝收面积占播种面积的 10%；

2）在县级行政区域倒塌房屋间数占房屋总数的 0.3%以上，损坏房屋间数占房屋总间数的 1.5%以上；

3）灾害死亡 30 人以上；

4）灾区直接经济损失 3 亿元以上。

（3）一次性灾害造成下列后果之一的为中灾：

1）在县级行政区域造成农作物绝收面积占播种面积的 1.1%；

2）在县级行政区域倒塌房屋间数占房屋总数的 0.3%以上，损坏房屋间数占房屋总间数的 1%以上；

3）灾害死亡 10 人以上；

4）灾区直接经济损失 5 000 万元以上。

（4）等级为轻灾的洪涝灾害，进一步细分为以下三个等级：

1）轻灾一级：灾区死亡和失踪人数 8 人以上；洪涝灾情直接威胁 100 人以上群众生命财产安全；直接经济损失 3 000 万元以上。

2）轻灾二级：灾区死亡和失踪人数 5 人以上；洪涝灾情直接威胁 50 人以上群众生命财产安全；直接经济损失 1 000 万元以上。

3）轻灾三级：灾区死亡和失踪人数 3 人以上；洪涝灾情直接威胁 30 人以上群众生命财产安全；直接经济损失 500 万元以上。

5. 洪涝灾害成因

我国地处东亚大陆，面积辽阔，地形复杂，气候差异较大。

（1）地形条件。我国的大江大河，如长江、黄河、淮河、海河、辽河、松花江、珠江七大河流，流域面积的 60%～80%为山区和丘陵区，这些地区暴雨引发的山洪来势凶猛，河水陡涨陡落，常常造成洪水灾害。

（2）气候条件。我国的降雨受太平洋副热带高压的影响，一般年份 4 月初至 6 月初，副热带高压脊线在北纬 15°～20°，故珠江流域和沿海地带发生暴雨洪水；6 月中旬至 7 月初，副热带高压脊线移至北纬 20°～30°，江淮一带产生梅雨，引起河道水位上涨；7 月下旬至 8 月中旬，副热带高压脊线移至北纬 30°以北，降雨带移至海河流域、河套地区和东北一带，而此时热带风暴和台风不断登陆，使华南一带产生暴雨洪水。8 月下旬副热带高压脊线南移，故华北、华中地区雨季结束。

（3）地质条件。我国西北、华北和东北的西部地区为黄土区，土质均匀，缺乏团粒结构，土粒主要靠易溶解于水的碳酸钙聚在一起，抗冲能力极差。在暴雨时大量泥沙的冲蚀和山坡的坍塌和崩塌，极易产生泥石流。黄河中游流经黄土高原，水土流失面积达 43 万 km²，大量泥沙随地表径流进入河道，使黄河河水的含沙量很高，以致河流的中下游河床淤积严重，由于河床淤积使得河底高出两岸地面达 5～10 m，而且这种多沙河流的河床极不稳定，如遇特大洪水，河堤极易漫溢和溃决，泛滥成灾。

（4）人为因素。

1）林木的滥伐，不合理的耕作和放牧，使植被减少；

2）在河湖内围垦或筑围养殖，致使湖泊面积减少，调蓄洪水的能力下降，河道的行洪发生障碍；

3）在河滩擅自围堤，占地建房，修建建筑物，甚至发展城镇；

4）在河滩上修建阻水道路、桥梁、码头、抽水站、灌溉渠道，影响河道正常行洪；

5）擅自向河道排渣，倾倒垃圾，修筑梯田，种植高秆作物，使河道过水断面减小。

二、洪涝灾害严重性

1. 我国洪涝灾害

我国是个多洪水的国家，1/10 国土、5 亿人口、100 多座大中城市、70%的工农业总产值不同程度地受到洪水威胁。

我国是洪水灾害频繁的国家。据史书记载，从公元前 206 年至公元 1949 年中华人民共和国成立的 2 155 年间，大水灾就发生了 1 029 次，几乎每两年就有一次。1931 年，中国发生特大水灾，有 16 个省受灾，其中最严重的是安徽、江西、江苏、湖北、湖南五省，山东、河北、浙江次之。8 省受灾面积达 14 170 万亩。据统计，半数房屋被冲，近半数的人流离失所，不少人举家逃难。这次大水灾祸不单行，还伴有其他自然灾害，加上社会动荡，受灾人口达 1 亿人，死亡 370 万人，令人触目惊心。

目前，我国平均每年受洪涝灾害面积约一亿亩，成灾 6 000 万亩，因灾害造成粮食减产上百亿千克。20 世纪 90 年代以来，年均洪涝灾害损失超千亿元，粮食每年减产 90 亿千克（等于一个中等国家的全年用粮）。

2. 全球洪涝灾害

在全球气候变暖的大背景下，近年来全球暴雨等极端天气不断增多，洪涝灾害出现频率与强度明显上升，局部地区强暴雨事件呈现多发、并发的趋势。就全球范围来说，洪涝灾害主要发生在多台风暴雨的地区。这些地区主要包括：孟加拉国北部及沿海地区、日本和东南亚国家、加勒比海地区和美国东部近海岸地区。此外，在一些国家的内陆大江大河流域，也容易出现洪涝灾害。

3．洪涝灾害对基础设施影响

洪涝灾害对城市基础设施影响很大，特别是对公路、铁路、通信、堤岸等设施破坏严重。一个城市的基础设施建设，是按十年一遇的洪水防范，还是百年一遇的洪水防范，这是两个完全不同的概念。如果按照百年一遇的情况去建设，我国的财力物力根本无法支撑。因此，每当洪灾发生时，基础设施的因灾损失非常大。

据统计，2010 年，全国因洪涝停产工矿企业 35 260 个，铁路中断 83 条次，公路中断 58 606 条次，机场、港口关停 108 个次，供电中断 23 063 条次，通信中断 16 098 条次，工业交通运输业直接经济损失 867.85 亿元。全国因洪涝造成 4 座（小一型）水库、7 座（小二型）水库垮坝，损坏大中型水库 57 座、小型水库 3 694 座；损坏堤防 81 824 处、19 146 km，堤防决口 8 780 处、1 599 km，损坏护岸 85 366 处，损坏水闸 21 154 座，冲毁塘坝 97 679 座，损坏灌溉设施 321 461 处，损坏机电井 36 179 眼，损坏水文测站 1 362 个、损坏机电泵站 10 854 座、水电站 2 652 座，水利设施直接经济损失 691.68 亿元。

三、工程水文与结构防洪设计

1．水文基本知识

自然界水循环中，海洋和陆地上的水分蒸发到大气中形成水汽，遇到冷空气凝结为雨滴并降落在地表，除去蒸发和下渗以外，在重力作用下沿着一定的方向和路径流动，这种水流称为地面径流。地面径流长期侵蚀地面，冲成沟壑，形成溪流，最后汇集而成为河流。河流某断面的集水区域称为该断面的流域。河流水量多少与该河流对应的流域面积相关。一般天然河流从河源到河口的距离称为河流长度。世界上，尼罗河是世界上最长的河流，全长 6 670 km；我国的长江全长 6 300 km，排名第三，黄河全长 5 464 km，排名第五。

为研究河流的水文特征，一般取垂直于水流方向的断面称为河流横断面。容纳水流的称为河槽（也称河床），枯水期水流所占部位为基本河床，或称主槽；洪水泛滥及部位为洪水河床，或称滩地。横断面内，自由水面高出某一水准基面的高程称为水位，其水面高程所依据的水准基面，一般由水文站按实际情况选定，并可能变动，一般以黄海平均海平面（青岛站）作为我国陆地高程的起算面，即 O 点基准面。水位是河流最基本的水位因素，河流的水位变化反映河道中水量的增减，是工程建设中不可缺少的水文资料，并可用以推算流量。河流流量 Q 是指单位时间通过某一断面的水量，单位为 m³/s 或 L/s，是过水断面面积与断面平均流速的乘积。断面平均流速不能直接测量，原因是过水断面内的流速分布不均匀，通常实测流速的方法（流速仪法和浮标法）只能测定某点的流速或水面流速，应首先将河流横断面划分为较小面积（称为部分面积），其次根据各点实测流速计算各部分面积上测速垂线的平均流速，各部分面积与部分面积平均流速相乘再累加求和得到全断面流量。

由于河流的分类依据和目的不同，河流的分类也各不相同。根据河流流域地形特点，一般分为山区河流和平原河流两大类。山区河流河床一般为基岩，流速较快（可高达 6～8 m/s），平原河流由于地势平坦，河床多为冲积层，流速相对较慢。由于河流水流流量和流速不断变化，河流断面始终处于动态变化中，判断河段的稳定性及其变形大小，通常以50 年左右作为衡量标准。

2. 设计洪水频率与设计流量

每当河流涨水时，我们常常会听到"百年一遇"、"十年一遇"、"五十年一遇"等说法。河流某一断面的洪水各年不同，小流量的洪峰出现机会较多，而大流量洪峰出现机会较少。洪峰流量出现的机会一般用频率或用重现期来表示。重现期是指等于和大于某频率的洪水平均多少年出现 1 次（或称为多少年一遇），常用 T 表示。例如，某河流断面处 100 年一遇的洪峰流量为 500 m³/s，就是说在多年期间平均 100 年可能出现 1 次等于或大于 500 m³/s 的洪水，或者等于或大于 500 m³/s 的洪水的频率是 1%。频率值的大小反映了该条件出现的可能性的大小，如洪水频率为 1%，就是表示此洪水为 100 年一遇。但绝不能理解为每相隔 100 年就一定会遇到 1 次，只是说有这种可能，因为实际出现的情况并不是均匀的。

在水文计算时，对于洪水频率：常用到重现期来表示各种水文现象发生的可能性。例如，对于概率为 P=80%枯水流量，T=5 年，称此为五年一遇的枯水流量。或称为保证率为80%的设计流量。

弄清楚洪峰流量出现的频率或重现期，密切关系到水利规划和工程设计的安全与经济，对防治水灾害，发展水利事业十分重要。

因为当设计某项水利工程时，首先要确定应以能抗御多大的洪水作为设计的标准，如果以出现机会不多的大洪水作为设计标准，虽然工程规模要大，费用增加，但却安全可靠；如果以出现机会多的小洪水作为设计标准，则当遇上超过这个标准的洪水时，工程的安全将得不到保证。因此，一般要根据所在河段未来可能发生洪水的特性，按照工程的规模和要求，拟定一个比较合理的洪水作为安全设计的依据，这个洪水称为设计洪水。

3. 防洪标准

防洪标准的含义包括两方面：防洪保护对象达到的或要求达到的防御水平或能力，一般以重现期洪水表示。对水工建筑物自身要求防洪安全所达到的防御能力。

防洪保护对象达到防御洪水的水平或能力。一般将实际达到的防洪能力也称为已达到的防洪标准。防洪标准可用设计洪水（包括洪峰流量、洪水总量及洪水过程）或设计水位表示。一般以某一重现期的设计洪水为标准，也有以某一实际洪水为标准。在一般情况下，当实际发生的洪水不大于设计防洪标准时，通过防洪系统的正确运用，可保证防护对象的防洪安全。水工建筑物的安全设计洪水标准有时也称为防洪标准。

防洪标准的高低，与防洪保护对象的重要性、洪水灾害的严重性及其影响直接有关，并与国民经济的发展水平相联系。国家根据需要与可能，对不同保护对象颁布了不同防洪标准的等级划分。在防洪工程的规划设计中，一般按照规范选定防洪标准，并进行必要的论证。阐明工程选定的防洪标准的经济合理性。对于特殊情况，如洪水泛滥可能造成大量生命财产损失等严重后果时，经过充分论证，可采用高于规范规定的标准。如因投资、工程量等因素的限制一时难以达到规定的防洪标准时，经过论证可以分期达到。

世界各国所采用的防洪标准各有不同，有的用重现期表示，有的采用实际发生的洪水表示，但差别不大。例如日本对特别重要的城市要求防200年一遇洪水，重要城市防100年一遇洪水，一般城市防50年一遇洪水。印度要求重要城镇的堤防按50年一遇洪水设计，对农田的防洪标准一般为10~20年一遇洪水。澳大利亚农牧业区要求防3~7年一遇洪水。

（1）城市防洪标准。城市防洪标准，是指根据城市的重要程度、所在地域的洪灾类型，以及历史性洪水灾害等因素，而制定的城市防洪的设防标准。城市的重要程度是指该城市在国家政治、经济中的地位。洪灾类型是按洪灾成因分为河洪、海潮、山洪和泥石流四种类型。城市防洪标准通常分为设计标准和校核标准。设计标准表示当发生设计洪水流量时，防洪工程可正常运行，防护对象（如城镇、厂矿、农田等）可以安全排洪。校核标准是在洪水流量大于一定的设计洪水流量时，防洪工程不会发生决堤、垮坝、倒闸和河道漫溢等问题。

城市应根据其社会经济地位的重要性或非农业人口的数量分为四个等级，各等级防洪标准见表6-1。

表 6-1 城市等级和防洪标准

等级	重要性	人口/万人	防洪标准重现期/a
I	特别重要的城市	≥150	≥200
II	重要的城市	150~50	200~100
III	中等城市	50~20	100~50
IV	一般城市	≤20	50~20

（2）工矿企业防洪标准。冶金、煤炭、石油、化工、林业、建材、机械、轻工、纺织、商业等工矿企业，根据其规模分为四个等级，各等级防洪标准见表6-2。

表 6-2 工矿企业的等级和防洪标准

等级	工矿企业规模	防洪标准重现期/a
I	特大型	200~100
II	大型	100~50
III	中型	50~20
IV	小型	20~10

工矿企业的尾矿坝或尾矿库，根据其库容或坝高分为五个等级，各等级防洪标准见表6-3。当尾矿坝或尾矿库一旦失事，对于下游的城镇、工矿企业和交通运输等设施造成严重危害，应在防洪标准基础上提高一等或二等。

表 6-3　尾矿坝或尾矿库的等级和防洪标准

等级	工程规模		防洪标准重现期/a	
	库容/10 亿 m³	坝高/m	设计	校核
Ⅰ	局部提高等级条件的Ⅱ、Ⅲ等工程			2 000～1 000
Ⅱ	≥1	≥100	200～100	1 000～500
Ⅲ	1～0.10	100～60	100～50	500～200
Ⅳ	0.10～0.01	60～30	50～30	200～100
Ⅴ	≤0.01	≤30	30～20	100～50

（3）交通设施防洪标准。铁路运输设施建筑物和构筑物，根据其重要程度或运输能力分为三个等级，各等级的防洪标准见表 6-4，并结合所在河段、地区的行洪和蓄滞洪的要求确定。

表 6-4　铁路各类建筑物、构筑物的等级和防洪标准

等级	重要程度	运输能力/ (10 万 t/a)	防洪标准重现期/a			校核
			设计			
			路基	路基	桥梁	技术复杂修复困难或重要的大桥和特大桥
Ⅰ	骨干铁路和准高速铁路	≥1 500	100	50	100	300
Ⅱ	次要骨干铁路和联络铁路	1 500～750	100	50	100	300
Ⅲ	地区（地方）铁路	≤750	50	50	50	100

汽车专用公路的各类建筑物、构筑物，应根据其重要性和交通量分为高速、Ⅰ、Ⅱ三个等级，各等级的防洪标准见表6-5。

表 6-5　公路各类建筑物、构筑物的等级和防洪标准

等级	重要性	防洪标准重现期/a				
		路基	特大桥	大中桥	小桥	涵洞及小型排水构筑物
高速	政治、经济意义特别重要的，专供汽车分道高速行驶，并全部控制出入的公路	100	300	100	100	100
Ⅰ	连接重要的政治、经济中心，通往重点的工矿区港口、机场等地，专供汽车分道行驶，并部分控制出入的公路	100	300	100	100	100

等级	重要性	防洪标准重现期/a				
		路基	特大桥	大中桥	小桥	涵洞及小型排水构筑物
II	连接重要的政治、经济中心或大工矿区、港口机场等地,专供汽车行驶的公路	50	100	50	50	50
III	沟通县城以上等地的公路	25	100	50	25	25
IV	沟通县、乡、村等地的公路		100	50	25	

四、洪涝灾害的防治

1. 防洪减灾措施

洪涝灾害的防治工作包括两个方面:一方面减少洪涝灾害发生的可能性,另一方面尽可能使已发生的洪涝灾害的损失降到最低。加强堤防建设、河道整治以及水库工程建设是避免洪涝灾害的直接措施,即工程措施,长期持久地推行水土保持可以从根本上减少发生洪涝的机会。切实做好洪水、天气的科学预报与滞洪区的合理规划可以减轻洪涝灾害的损失,建立防汛抢险的应急体系,是减轻灾害损失的最后措施,这些措施也称为非工程措施。

(1)工程措施。新中国成立以来,开展了规模空前的江河治理和防洪建设,洪患得到了初步控制,所取得的成就举世瞩目,全国已建成各类水库 8.5 万座,总库容 5 200 亿 m³,建成江河堤防 27 万 km。

1)修建水库、堤防、蓄滞洪区。在被保护区域的河道上游修建水库,调蓄洪水,削减洪峰;利用水库拦蓄的水量满足灌溉、发电、供水等发展经济的需要,达到兴利除害的目的。例如,永定河在历史上称为无定河,常常造成下游堤防漫溢和溃决,从而造成水灾。1912—1949 年卢沟桥以上的堤防 7 次发生大决口。1951 年修建官厅水库后,使永定河百年一遇的洪峰流量 7 020 m³/s 经水库调节后削减到 600 m³/s,消除了洪水对京津及下游地区的威胁。

2)沿河修建防护堤。沿河修建防护堤,提高河道的行洪能力。我国的长江、黄河、淮河、海河、辽河、松花江、珠江七大江河,沿江都修筑有防护堤,保护着全国一半以上人口的生命和财产安全及工农业经济的发展,抗拒了 1954 年、1980 年、1981 年长江的洪水,1957 年松花江的洪水,1958 年黄河中下游的洪水,1963 年海河的洪水,保障了武汉、哈尔滨、兰州、郑州、天津等城市的安全和经济的发展。

3)沿防护区修筑围堤。当防护区位于地势比较低洼平坦的地区时,为了缩短防护堤的长度或有效地保护防护区免遭洪水的侵袭,可以在保护区的四周修筑围堤,以保证防护区的安全。

4)进行分洪。

5）修建排水工程。

6）整治河道。稳定河床。在河滩上植树、加固滩地；对河岸进行加固，防止洪水暴发时受到冲刷，甚至被冲决；在河滩上修建防护堤，防止汛期时洪水漫溢；在河道中受冲刷的一岸修建丁坝、顺坝、格坝等工程，稳定河床。加固岸坡和堤防。

7）小流域综合治理。在小流域内植树种草、封山育林，进行沟壑治理；在山沟上修筑谷坊、拦沙坝，拦截泥沙，保持水土。

8）防止河道上形成冰坝和冰塞。

（2）非工程措施。

非工程措施是指为防止洪灾发生、发展和减灾而制定的法律法规、指挥系统、信息采集等软环境措施。

2. 防洪预案

防洪预案是指防御洪水的方案，即防御江河洪水灾害、山地灾害、台风暴潮灾害、冰凌洪水灾害以及垮坝洪水灾害等方案的统称，是在现有工程设施条件下，针对可能发生的各类洪水灾害而预先制定的防御方案、对策和措施，是防汛指挥部门实施指挥决策和防洪调度、抢险救灾的依据。

防洪预案的基本内容：

（1）概况：包括自然地理、气象、水文特征；社会经济状况，如耕地、人口、城镇、重要设施、资产、产值等。

（2）洪灾风险图。

（3）洪水调度方案：确定河道、堤防、水库、闸坝、湖泊、蓄滞洪区的调度运用方案。

（4）防御超标准洪水方案：防洪工程的标准是一定的、有限的，对防洪标准以内的洪水要确保安全，对超过防御标准的洪水要尽可能地降低危害和减少损失。

（5）防御突发性洪水方案。

（6）实施方案。

（7）保障措施。

3. 洪灾来临对策

洪水到来时应对措施：

（1）洪水到来时，来不及转移的人员，要就近迅速向山坡、高地、楼房、避洪台等地转移，或者立即爬上屋顶、楼房高层、大树、高墙等高的地方暂避。

（2）如洪水继续上涨，暂避的地方已难自保，则要充分利用准备好的救生器材逃生，或者迅速找一些门板、桌椅、木床、大块的泡沫塑料等能漂浮的材料扎成筏逃生。

（3）如果已被洪水包围，要设法尽快与当地政府防汛部门取得联系，报告自己的方位和险情，积极寻求救援。注意：千万不要游泳逃生，不可攀爬带电的电线杆、铁塔，也不要爬到泥坯房的屋顶。

（4）如已被卷入洪水中，一定要尽可能抓住固定的或能漂浮的东西，寻找机会逃生。

（5）发现高压线铁塔倾斜或者电线断头下垂时，一定要迅速远避，防止直接触电或因地面"跨步电压"触电。

（6）洪水过后，要做好各项卫生防疫工作，预防疫病的流行。

4．灾后应对措施

（1）加强饮用水卫生管理。

1）水源的选择与保护。应在洪水上游或内涝地区污染较少的水域选择饮用水水源取水点，并划出一定范围，严禁在此区域内排放粪便、污水与垃圾。有条件的地区宜在取水点设码头，以便离岸边一定距离处取水。

2）退水后水源的选择。无自来水的地区，尽可能利用井水为饮用水水源。水井应有井台、井栏、井盖，井的周围 30 m 内禁止设有厕所、猪圈以及其他可能污染地下水的设施。取水应有专用的取水桶。有条件的地区可延伸现有的自来水供水管线。

3）对饮用水进行净化消毒。煮沸是十分有效的灭菌方法。在有条件时可采用过滤方法。但在洪涝灾害期间，最主要的饮用水消毒方法是采用消毒剂消毒。

（2）加强食品卫生管理。

1）水灾地区需要重点预防食物中毒。

2）加强灾区食品卫生监督管理。特别是水淹过的食品生产经营单位应做好食品设备、容器、环境的清洁消毒，经当地卫生行政部门验收合格后方可开业，并加强对其食品和原料的监督，防止食品污染和使用发霉变质原料。

3）开展对预防食物中毒的宣传教育。

（3）加强环境卫生。首先要选择安全和地势较高的地点，搭建帐篷、窝棚、简易住房等临时住所，做到先安置、后完善。其次要注意居住环境卫生，不随地大小便和乱倒垃圾污水，不要在棚子内饲养畜禽。合理布设垃圾收集站点，及时清运和处理，对一些传染性垃圾可采用焚烧法处理。洪灾后做好消毒工作。

第三节　海洋灾害

海洋灾害是指海洋自然环境发生异常或激烈变化导致在海上或海岸发生的灾害。

海洋灾害主要指风暴潮灾害、海浪灾害、海冰灾害、海雾灾害、飓风灾害、地震海啸灾害及赤潮、海水入侵、溢油灾害等突发性的自然灾害。引发海洋灾害的原因主要有大气的强烈扰动，如热带气旋、温带气旋等；海洋水体本身的扰动或状态骤变；海底地震、火山爆发及其伴生的海底滑坡、地裂缝等。

海洋自然灾害不仅威胁海上及海岸，还危及沿岸城乡经济和人民生命财产的安全。下面重点介绍海啸、风暴潮、灾害性海浪三种灾害方面的知识。

一、海啸

1. 概述

海啸一词源自日语"津波"、"港边的波浪"，是指由海底地震、火山爆发、海底滑坡等产生的超大波长的大洋行波。

在深海大洋，海啸波以很快的速度（800 km/h 以上）传播，但波高却只有几十厘米或更小。当海啸波移近岸边浅水区时，波速会减慢，波高陡增，可形成十数米或更高的"水墙"，随着海啸波向陆地移动，受海湾、海港或泻湖等特殊地形的影响，海啸波的高度会进一步上升。据观测，较大的海啸浪高可超过 20 m，甚至达 70 m 以上，即使波高只有 3～6 m 的海啸，也极具破坏力，可造成严重灾害。海啸可以高速度长距离传播，在开阔海域其速度常接近声音的传播速度，可达 700～800 km/h。它携带着很大能量，能以 10%～80% 的效率传播地震能量。

通常海啸按照空间位置可分两类：一类是"近海海啸"，或称本地海啸。海啸生成源地在近岸几十千米至一二百千米以内。海啸波到达沿岸的时间很短，只有几分钟或几十分钟，带有很强的突发性，无法防御，危害极大。另一类是"远洋海啸"，是从远洋甚至横越大洋传播过来的海啸。对于远洋海啸，海啸预警系统可发出海啸警报，可以有效地减少人员伤亡和财产损失，而近海海啸，由于发生于局地，很难进行准确地预警。

海啸按成因可分为 4 种类型，即由气象变化引起的风暴潮、火山爆发引起的火山海啸、海底滑坡引起的滑坡海啸和海底地震引起的地震海啸。

地震海啸是海底发生地震时，海底地形急剧升降变动引起海水强烈扰动。

气象海啸是由于台风等气象因素引发的海啸，它是由台风、温带气旋、冷锋的强风作用和气压骤变等强烈的天气系统引起的海面异常升降现象，一般被称为"风暴增水"或"风暴海啸"，在气象上通称为风暴潮。

海底的火山喷发时也会造成海啸。如 1883 年，爪哇附近喀拉喀托岛上的火山喷发时，在海底裂开了 300 m 的深坑，激起的海浪高达 30 m 以上，有 3 万多人被浪涛卷到海里。火山在水下喷发，还会使海水沸腾，涌起水柱，使大量的鱼类和海洋生物死亡，漂浮于海面。

2. 海啸危害

灾害性海啸的产生对太平洋沿岸的大多数国家是一个重大的威胁。此外，地中海沿岸国家和世界上其他地区也曾受到海啸灾害的危害。

海啸由于携带着极大的能量，当其接近浅水区或冲上海岸时可以产生很大的破坏力。海啸的破坏力直接由三种因素产生：洪水泛滥、波浪对建筑物的冲击和对海岸的冲蚀。这些都会引起大量的人员伤亡与经济损失。

在公元前 47 年和公元 173 年，我国就记载了莱州湾和山东黄县海啸。这些记载被认定是世界上最早的两次海啸记载。从总体上讲，中国海域海水较浅（200 m 以内），大陆架延伸较宽，沿海岛屿屏障作用较大，发生严重地震海啸灾害的概率较小。1949 年后，有记录的海啸有 3 次：第一次发生在 1969 年 7 月 18 日，由发生在渤海中部的 7.4 级地震引起海啸，海啸波高约为 0.2 m。此次海啸对河北唐山造成一定损失。第二次发生在海南岛南端，是 1992 年 1 月 4—5 日，波高 0.78 m 的海啸，三亚港也出现波高 0.5～0.8 m 的海啸，造成一定损失。第三次是 1994 年发生在台湾海峡的海啸，未造成损失。

全球的海啸发生区大致与地震带一致。全球有记载的破坏性海啸大约有 260 次，平均大约六七年发生一次。发生在环太平洋地区的地震海啸就占了约 80%。而日本列岛及附近海域的地震又占太平洋地震海啸的 60%左右，日本是全球发生地震海啸最多并且受害最深的国家。

2004 年 12 月 26 日于印度尼西亚的苏门答腊外海发生里氏地震 9 级海底地震。海啸袭击斯里兰卡、印度、泰国、印度尼西亚、马来西亚、孟加拉国、马尔代夫、缅甸和非洲东岸等国，造成约 30 万人丧生。

3. 海啸灾害防治对策

海啸的发生往往与地震密切相关，因此海啸的防治首先要从地震监测与预报入手，建设地震监测预警中心、海域地震监测设施，同时采取构筑堤坝工程措施，辅以改善海岸环境，以增强减轻地震灾害和地震海啸灾害的能力。

（1）监测与预报。从科学技术的角度讲，地震海啸预警是完全可以实现的。因为，地震波在地壳中的传播速度约为 6 km/s，地震海啸产生的声波的传播速度为 5 400 km/h，海浪的传播速度为 200 m/s，地震声波比海啸波传播的速度快得多，可根据接收到海啸声音的时刻，推算地震海啸波到达的时间，这就为利用地震台网进行地震海啸预警提供了可能。2004 年印度西尼亚 8.7 级地震海啸在震后两个半小时才到达印度，如果建立了预警机制，印度通过地震台网的地震记录即可在海啸到达之前两个半小时预测到海啸灾难即将发生，甚至可以再用数分钟核实印西尼西亚已经遭到海啸袭击，足以采取措施使人们逃避这场灾难。

海啸发生前是有征兆的，比如，海底的突然下沉，会引起水流向下沉的方向流动，从而出现快速的退潮。由于海啸能量的传播要作用于水，一个波与另一个波之间有一个距离，这个距离，就为那些有知识的人留下了逃生的时间。英国海事学会向一名 11 岁的英国女童颁发奖状，以表彰她利用课堂所学知识，在 2004 年年底印度洋海啸来临前及时发现海啸征兆，成功拯救 100 多名游客生命的事迹。这名小女孩名叫蒂利。2004 年圣诞节期间，她与家人正在泰国普吉岛度假。12 月 26 日那天，他们一家在海边玩耍时，蒂利在麦拷海滩玩着沙子，她突然发现一个古怪的现象：海面上出现了不少的气泡，潮水也突然退去，将船只和海鱼留在沙滩上。见此情景，沉醉于海边美丽风光的游客们都感到不解。唯有这位小女孩想起了老师在课堂教过的海啸知识。一旦遇上这种迹象，说明要有海啸发生。她立即告诉了母亲。女孩的妈妈聪慧而理性，当她听完孩子的叙述之后，立即和麦拷海滩饭店的工作人员，火速把海滩边 100 多名游客撤离到安全地区。就在游客离开海滩不到几分钟，十几米高的海浪突然从岸边袭来。但万幸的是，因为有了小女孩的预报，麦拷海滩成为这场海啸中少数几个没有出现人员伤亡的海滩之一。

（2）修筑堤坝。荷兰国土有一半以上低于或几乎水平于海平面。为了生存和发展，荷兰人从 13 世纪起筑堤坝拦海水，几百年来修筑的拦海堤坝长达 1 800 km，增加土地面积 60 多万 hm²。在 1/4 个世纪内，荷兰耗资大约 80 亿美元，设立了一道海岸防御体系，是迄今为止世界上最好的海防工程之一（巴里尔大坝），能够抵御万年一遇的风暴洪灾。

（3）营造沿海湿地环境。在海岸线和岛岸线种植红树林、海草和珊瑚礁，形成海上森林，从而减轻地震海啸灾害的危害。

二、风暴潮

1. 含义与分类

（1）含义。风暴潮是一种灾害性的自然现象。由于剧烈的大气扰动，如强风和气压骤变（通常指台风和温带气旋等灾害性天气系统）导致海水异常升降，使受其影响的海区的潮位大大地超过平常潮位的现象，称为风暴潮。又可称"风暴增水"、"风暴海啸"、"气象海啸"或"风潮"。强烈的大气扰动引起的增水虽只有几米（世界上最高的风暴潮增水达 6 m 以上），但总是叠加着几米高的巨浪，而且其发生几率比海啸高得多。其影响范围一般为数十千米至上千千米，持续时间为 1～100 h。

（2）分类。风暴潮根据风暴的性质，通常分为由温带气旋引起的温带风暴潮和由台风引起的台风风暴潮两大类。

1）温带风暴潮。由温带气旋、强冷空气、寒潮等温带天气系统所引起的风暴潮，各国统称为温带风暴潮。多发生于春秋季节，夏季也时有发生。其特点是：增水过程比较平缓，增水高度低于台风风暴潮。主要发生在中纬度沿海地区，以欧洲北海沿岸、美国东海岸以及我国北方海区沿岸为多。

2）台风风暴潮。由热带气旋（热带风暴、强热带风暴、台风等）所引起，在北美地区称为飓风风暴潮，在印度洋沿岸称热带气旋风暴潮。多见于夏秋季节。其特点是：来势猛、速度快、强度大、破坏力强。凡是有台风影响的海洋国家、沿海地区均有台风风暴潮发生。

风暴潮的命名一般以诱发它的天气系统来命名，例如，由 1980 年第 7 号强台风引起的风暴潮，称为"8007 台风风暴潮"；温带风暴潮大多以发生日期命名，如 2003 年 10 月 11 日发生的温带风暴潮称为"03.10.11"温带风暴潮，2007 年 3 月 3 日发生的温带风暴潮称为"07.03.03"温带风暴潮。

（3）风暴潮预警级别。按照国务院颁布的《风暴潮、海啸、海冰应急预案》中的规定，风暴潮预警级别分为Ⅰ、Ⅱ、Ⅲ、Ⅳ四级，分别表示特别严重、严重、较重、一般，颜色依次为红色、橙色、黄色和蓝色。

2. 风暴潮危害

风暴潮能否成灾，在很大程度上取决于其最大风暴潮位是否与天文潮高潮相叠，尤其是与天文大潮期的高潮相叠。当然，也决定于受灾地区的地理位置、海岸形状、岸上及海底地形，尤其是滨海地区的社会及经济（承灾体）情况。如果最大风暴潮位恰与天文大潮的高潮相叠，则会导致发生特大潮灾，风暴潮灾害居海洋灾害之首位，世界上绝大多数因强风暴引起的特大海岸灾害都是由风暴潮造成的。依国内外风暴潮专家的意见，一般把风暴潮灾害划分为四个等级，即特大潮灾、严重潮灾、较大潮灾和轻度潮灾。

我国海岸线长达 18 000 km，南北纵跨温、热两带，风暴潮灾害可遍布各个沿海地区，但灾害的发生频率、严重程度都大不相同。渤、黄海沿岸由于处在高纬度地区主要以温带风暴潮灾害为主，偶有台风风暴潮灾害发生，春秋季节，我国渤黄海沿岸是冷暖空气频繁交汇的地方，据统计 100 cm 以上温带风暴潮过程平均每年 12 次（1950—2008 年），150 cm 以上的平均每年 3 次，200 cm 以上的平均每年 1 次。我国有验潮记录以来的最高温带风暴潮值为 352 cm（1969 年 4 月 23 日发生在山东羊角沟站，是一次北高南低过程），为世界第一高值。东南沿海则主要是台风风暴潮灾害，西北太平洋沿岸国家中，我国是受台风袭击最多的国家，登陆的台风高达 34%。在我国引起的 100 cm 以上风暴潮的台风平均每年 5 次（1949—2008 年），150 cm 以上的平均每年 2 次，200 cm 以上的约每年 1 次。我国有验潮记录以来的台风最高风暴潮为 575 cm（广东南渡站监测到，由 8007 号台风引发的），为世界第三大值。成灾率较高、灾害较严重的岸段主要集中在以下几个岸段：渤海湾至莱州湾沿岸、江苏省小洋河口至浙江省中部、福建宁德至闽江口沿岸等海域。

中国是世界上受风暴潮危害最严重的国家之一。随着濒海城乡工农业的发展和沿海基础设施的增加，承灾体的日趋庞大，每次风暴潮的直接和间接损失却正在加重。据统计，中国风暴潮的年均经济损失已由 20 世纪 50 年代的 1 亿元左右，增至 80 年代后期的平均每年约 20 亿元，90 年代的每年平均 76 亿元，进入 21 世纪，风暴潮损失呈增大趋势，风暴潮正成为沿海对外开放和社会经济发展的一大制约因素。

2007 年 3 月 4 日，渤海湾、莱州湾发生了一次强温带风暴潮过程，辽宁、河北、山东省海洋灾害直接经济损失 40.65 亿元。辽宁省大连市海洋灾害直接经济损失 18.60 亿元，损毁船只 3 128 艘（建筑工程现场的 8 台塔吊和 4 台物料提升机倒塌。3 台塔吊起重臂折断，直接损失 700 多万元，特别是 3 月 5 日凌晨，一续建工程的近百米高塔吊倒塌，造成工地周边建筑物的毁坏和人员伤亡）。河北省沧州市海域受风暴潮影响，损毁海塘堤防及海洋工程 20 km，直接经济损失 0.30 亿元；山东省死亡 7 人，6 700 多 hm² 筏式养殖受损，2 000 多 hm² 虾池、鱼塘冲毁，10 km 防浪堤坍塌，损毁船只 1 900 艘，海洋灾害直接经济损失 21 亿元。

全球范围内，风暴潮引起的灾难也时有发生。在孟加拉湾沿岸，1970 年 11 月 13 日发生了一次震惊世界的热带气旋风暴潮灾害。这次风暴增水超过 6 m 的风暴潮夺去了恒河三角洲一带 30 万人的生命，溺死牲畜 50 万头，使 100 多万人无家可归。1991 年 4 月的又一次特大风暴潮，在有了热带气旋及风暴潮警报的情况下，仍然夺去了 13 万人的生命。

3. 防御风暴潮的主要措施

我国对风暴潮灾的防范工作，随着事业的发展和客观的需要，也日益得到重视和加强。风暴潮的防治措施可以分为工程措施和非工程措施。工程措施是指在可能遭受风暴潮灾的沿海地区修筑防潮工程。如大力兴建沿海防护林，整修、扩建海堤。非工程措施是建立海洋灾害综合防治系统，包含监测预报和紧急疏散计划等。大力进行风暴潮预报和预报技术的研究工作。运用法律、行政、经济、科研、教育和工程技术手段，大力提高防灾、减灾和灾后恢复和重建能力。监测预报系统，负责风暴潮的监测和预报警报的发布。防潮指挥部门依据预报警报实施恰当的防潮指挥，必要时按照疏散计划确定的路线将人员和贵重的物质财产转移到预先确定的"避难所"。这些减轻风暴潮灾害的非工程措施在减灾中也发挥了很好的作用。

目前在沿海已建立了由 28 个海洋站、验潮站组成的监测网络，配备比较先进的仪器和计算机设备，利用电话、无线电、电视和基层广播网等传媒手段，进行灾害信息的传输。风暴潮预报业务系统比较好地发布了特大风暴潮预报和警报，同时沿海省、市有关部门和大中型企业也积极加强防范并制订了一些有效的对策，如一些低洼港口和城市根据当地社会经济发展状况结合历来风暴潮侵袭资料，重新确定了警戒水位。位于黄河三角洲的胜利油田和东营市政府投入巨资，兴建几百千米的防潮海堤。随着沿海经济发展的需要，抗御潮灾已是实施未来发展的一项重要战略任务。

三、灾难性海浪

1. 定义

海浪是海水的波动现象，海浪分为三种：风浪、涌浪、近岸浪。风浪顾名思义就是风引起的浪，它是在风的直接作用下产生的，外形很不规则，风力达到 5 级时，海面上就会出现风已把波面撕得破裂成碎浪的"白浪"。风浪的传播方向和风向是一致的。涌浪是在风停后，海面上仍有余浪，浪离开风作用的区域继续向外传播的浪。人们所说的"无风三尺浪"就是指这种浪。近岸浪是当风浪和涌浪传播到岸边和浅水区时受海底的摩擦，能量迅速减小，几乎成为一条直线的浪。

海浪的传播是让人难以想象的，它可水平方向传播，也可垂直向下传播。水平方向传播时，在北半球的英国可测到来自南大西洋风暴区的海浪。在太平洋北部的阿拉斯加海岸，可测量到从万里以外南极风暴区传来的海浪。可见海浪在水平传播时不但传播如此之远，还能维持一定的波高，其破坏力当然是巨大的。

当然并不是所有的海浪都对人类造成损害，20 世纪兴起的冲浪运动就是人们利用海浪开展的运动。只有波高在 6 m 以上的海浪才引起灾害。而我们所说的灾害性海浪一般指海上波高达 6 m 以上的海浪，即国际波级表中"狂浪"以上的海浪。"灾害性海浪"是海洋中由风产生的具有灾害性破坏的波浪，其作用力可达 30～40 t/m²，也称为巨浪灾害。但必须明确指出，对于灾害性海浪世界上至今仍没有一个确切的定义，上述定义只是相对当今世界科学技术水平和人们在海上与大自然抗争能力而言的相对定义。通常，6 m 以上波高的海浪对航行在海洋上的绝大多数船只已构成威胁。

根据国际波级表规定，海浪级别按照有效波高（指在给定波列中的 1/3 大波波高的平均值）进行划分，假设 Hs 为有效波高，将海浪级别划分为 9 级，见表 6-6。

表 6-6　海浪级别划分

序号	海浪级别	有效波高/m	序号	海浪级别	有效波高/m
1	微浪	$Hs<0.1$	6	巨浪	$4≤Hs<6$
2	小浪	$0.1≤Hs<0.5$	7	狂浪	$6≤Hs<9$
3	轻浪	$0.5≤Hs<1.25$	8	狂涛	$9≤Hs<14$
4	中浪	$1.25≤Hs<2.5$	9	怒涛	$14≤Hs$
5	大浪	$2.5≤Hs<4$			

2. 危害

灾害性海浪在近海常能掀翻船舶，摧毁海上工程，给海上航行、海上施工、海上军事活动、渔业捕捞等带来危害，其导致的泥沙运动也会使海港和航道淤塞。第二次世界大战太平洋战争期间，美国第三舰队经过浴血奋战后，打败了日本军队占领了菲律宾的民都洛岛。当美军舰队返航添加燃料时，由于没有海浪预报，舰队遭到了强风浪的袭击。咆哮而来的风浪铺天盖地，浪头最高的达 18 m 以上，2 艘航空母舰，8 艘战列舰，24 艘加油船被大浪掀翻，沉入海底，800 多名官兵遇难。这损失对美军来说，只比日本袭击珍珠港造成的损失稍小一点。

灾害性海浪在岸边不仅冲击摧毁沿海的堤岸、海塘、码头和各类构筑物，还伴随风暴潮，沉损船只、席卷人畜，并致使大片农作物受淹和各种水产养殖受损。

20 世纪新兴的海上石油开采平台，常常遭受一个或几个大的海浪波群的破坏和摧毁。据不完全统计，世界上已有 60 多座海上平台翻沉。1955—1982 年的 28 年中，由狂风巨浪在全球范围内翻沉的石油钻井平台有 36 座。

第四节　冰冻雨雪灾害

冰冻雨雪灾害，是指因长时间大量降冻雨或降雪造成大范围积雪结冰成灾的自然现象。

一、冻雨

1．概述

冻雨是由过冷水滴组成，与温度低于 0℃的物体碰撞立即冻结的降水，是初冬或冬末春初时节见到的一种灾害性天气。低于 0℃的雨滴在温度略低于 0℃的空气中能够保持过冷状态，其外观同一般雨滴相同，当它落到温度为 0℃以下的物体上时，立刻冻结成外表光滑而透明的冰层，称为雨凇。严重的雨凇会压断树木、电线杆，使通信、供电中止，妨碍公路和铁路交通，威胁飞机的飞行安全。

要使过冷水滴顺利地降落到地面，往往离不开特定的天气条件：近地面 2 000 m 左右的空气层温度稍低于 0℃；2 000～4 000 m 的空气层温度高于 0℃，比较暖一点；再往上一层又低于 0℃，这样的大气层结构，使得上层云中的过冷却水滴、冰晶和雪花，掉进比较暖一点的气层，都变成液态水滴。再向下掉，又进入不算厚的冻结层。当它们随风下落，正准备冻结的时候，已经以过冷却的形式接触到冰冷的物体，转眼形成坚实的"冻雨"。

2．冻雨危害

冻雨风光值得观赏，但它毕竟是一种灾害性天气，它所造成的危害是不可忽视的。冻雨厚度一般可达 10～20 mm，最厚的有 30～40 mm。冻雨发生时，风力往往较大，所以冻雨对交通运输，特别是对通信和输电线路影响更大。其危害表现在以下几个方面：

（1）对供电网的危害。由于天上落下冻雨，掉在电线上马上就结成坚实的冰，这样累积下来，结的冰柱会越来越大，电线结冰后，遇冷收缩，加上冻雨重量的影响，供电网就承受不了，就会绷断。有时，成排的电线杆被拉倒或输电塔倒塌，使电讯和输电中断。

（2）对交通运输的危害。由于路面结冰，易出现交通事故。如果飞机飞行在过冷云中，不慎进入过冷却水丰水区后，以 60～100 m/s 的高速度撞上大量过冷却水，机身大量覆冰后，极易酿成机毁人亡的空难。

（3）对农作物的危害。大田结冰，会冻断返青的冬麦或冻死早春播种的作物幼苗，造成严重的霜冻灾害。另外，冻雨还能大面积地破坏幼林、冻伤果树等。

（4）严重的冻雨会把建筑物压坍。

（5）山区可能会引发滑坡、泥石流等。

2008 年 1 月 13 日起，罕见的冰雪天气袭击贵州省，黔东南大地遭受 1984 年以来最大的冰雪灾害。到 1 月 21 日中午，黔东南州下辖的三穗、天柱、锦屏、黎平、从江、榕江、雷山 7 个县供电陆续出现中断，累计受灾户数达 12.98 万多户。江西南昌曾因冻雨，市区3 小时停电，火车因铁轨冻冰无法驶出、进入南昌火车站，致使几万人拥堵在火车站。我国湖南省遭遇冻雨，导致路面结冰，我国南北大动脉京珠高速湖南段出现交通堵塞。湖南郴州市电缆、电塔等大部分压断、倒塌，导致郴州市停水停电 8 天，此次灾害导致贵州黔东南大部分农村停电长达 20 天以上。2008 年冰雪灾害因灾直接经济损失 1 516.5 亿元。

二、雪灾

1. 雪灾的含义、分类

（1）雪灾含义。雪灾亦称白灾，是因长时间大量降雪造成大范围积雪成灾的自然现象。它是中国牧区常发生的一种畜牧气象灾害，主要是指依靠天然草场放牧的畜牧业地区，由于冬半年降雪量过多和积雪过厚，雪层维持时间长，影响畜牧正常放牧活动的一种灾害。对畜牧业的危害，主要是积雪掩盖草场，且超过一定深度，有的积雪虽不深，但密度较大，或者雪面覆冰形成冰壳，牲畜难以扒开雪层吃草，造成饥饿，有时冰壳还易划破羊和马的蹄腕，造成冻伤，致使牲畜瘦弱，常常造成牧畜流产，仔畜成活率低，老弱幼畜饥寒交迫，死亡增多。同时还严重影响甚至破坏交通、通信、输电线路等生命线工程，对牧民的生命安全和生活造成威胁。雪灾主要发生在稳定积雪地区和不稳定积雪山区，偶尔出现在瞬时积雪地区。中国牧区的雪灾主要发生在内蒙古草原、西北和青藏高原的部分地区。

（2）雪灾分类。根据我国雪灾的形成条件、分布范围和表现形式，将雪灾分为 3 种类型：雪崩、风吹雪灾害（风雪流）和牧区雪灾。

2. 雪灾的危害

（1）雪灾的指标。人们通常用草场的积雪深度作为雪灾的首要标志。由于各地草场差异、牧草生长高度不等，因此形成雪灾的积雪深度是不一样的。内蒙古和新疆根据多年观察调查资料分析，对历年降雪量和雪灾形成的关系进行比较，得出雪灾的指标为：

① 轻雪灾：冬春降雪量相当于常年同期降雪量的120%以上；

② 中雪灾：冬春降雪量相当于常年同期降雪量的140%以上；

③ 重雪灾：冬春降雪量相当于常年同期降雪量的160%以上。

雪灾的指标也可以用其他物理量来表示，诸如积雪深度、密度、温度等，不过上述指标的最大优点是使用简便，且资料易于获得。

（2）雪灾对建筑的影响。2008 年，在我国南方地区发生的 50 年不遇的雨雪冰冻灾害使大量建筑设施受损，因灾造成的直接经济损失达 537.9 亿元。之所以能够造成如此巨大数量的建筑物损害或倒塌，就是因为大量的冰冻雨雪累积在建筑物之上，已经超出了建筑物自身所能承受的最大负荷。建筑物不堪重负，就导致了灾害的发生。我国南方建筑和北方建筑，在建造时的设计荷载标准是不同的。正是因为在南方极少遇到像北方一样极端恶劣的冰雪天气，所以南方的建筑在设计标准上，雪荷载要求比北方的建筑要低，人们在建造房屋及其他建筑设施的时候，没有考虑到天气变化会给建筑物带来如此大的负荷。而这次南方长时间的雨雪冰冻天气，造成大量冰冻雨雪累积在建筑物上，使得建筑物的负荷过大，其自身的结构强度已经不能承受这样的负担，所以就发生了受损和倒塌。

雪荷载是指房屋上由积雪而产生的荷载，雪荷载是作用在屋面上的。当前，我国大部分气象台（站）收集的都是雪深数据，而相应的积雪重度（或密度）数据不齐全。在统计中，当缺乏平行观测的积雪密度时，均以当地的平均密度来估算雪压值。

3. 雪灾的"后遗症"

抗击雪灾期间，为了加快道路融雪，各地比较普遍的做法是向路面撒放融雪剂或工业盐，南京市城区十分之一的道路撒了工业盐，每升雪水中的含盐量达 0.26g，冰雪融化后，这些工业盐会使土壤碱性偏高，不利于植被生长。

（1）大量的树木已经折断，就算没折断的，也由于冻死了树干树根，树叶虽然还是绿的，但是也会在两三年内死掉。

（2）食物链遭到破坏。植物是食物链的第一环，植物的消失必然引起食物链之上的其他物种的消失。融雪剂引起路边植物泛黄枯萎。

（3）病虫害的肆虐。死去的植物会在地表形成一个肥沃保护层，从而为病虫害提供了一个滋生繁衍的合适环境。

（4）冰雪加速融化会改变地表岩石和土壤的结构，很可能诱发大面积崩塌、滑坡、泥石流和地面塌陷，冰雪融化期也可能成为地质灾害多发期。没有了植被的保护，雨水直接会把泥土冲到江河里面，水夹泥的冲击下面，人们的生命财产会面临严重威胁。加上水混进泥土，冲进江河，更容易形成大面积洪水。

（5）公路工程遭到破坏。2008 年雪灾过后，南京长江大桥公路桥面铁链防滑压出"8 000多个坑"。原本平整坚硬的公路上留下了一条又一条明显的车辙，有一些还可以明显看出是履带型车辆留下的痕迹，公路坑坑洼洼。在一些路面上，则出现了细小的龟裂状的细缝。灾害原因调查表明，是冰雪灾害加长期负重引起的，其中一部分是冰雪灾害期间重型除冰设备所造成的。

第五节　沙尘暴及雷暴

一、沙尘暴

1. 沙尘暴的定义、成因及分类

（1）沙尘暴定义。沙尘暴是沙暴和尘暴两者兼有的总称，是指强风把地面大量沙尘物质吹起并卷入空中，使空气特别混浊，水平能见度小于 100 m 的严重风沙天气现象。其中沙暴是指大风把大量沙粒吹入近地层所形成的挟沙风暴；尘暴则是大风把大量尘埃及其他细粒物质卷入高空所形成的风暴。

沙尘天气分为浮尘、扬沙、沙尘暴和强沙尘暴四类：

1）浮尘：尘土、细沙均匀地浮游在空中，使水平能见度小于 10 km 的天气现象；

2）扬沙：风将地面尘沙吹起，使空气相当混浊，水平能见度在 1～10 km 以内的天气现象；

3）沙尘暴：强风将地面大量尘沙吹起，使空气很混浊，水平能见度小于 1 km 的天气现象；

4）强沙尘暴：大风将地面尘沙吹起，使空气模糊不清，浑浊不堪，水平能见度小于 500 m 的天气现象。

（2）沙尘暴成因。

1）沙尘暴天气成因。

有利于产生大风或强风的天气形势，有利的沙、尘源分布和有利的空气不稳定条件是沙尘暴或强沙尘暴形成的主要原因。

2）沙尘暴形成的物理机制。

在极有利的大尺度环境、高空干冷急流和强垂直风速、风向切变及热力不稳定层结条件下，引起锋区附近中小尺度系统生成、发展，加剧了锋区前后的气压、温度梯度，形成了锋区前后的巨大压温梯度。在动量下传和梯度偏差风的共同作用下，使近地层风速陡升，掀起地表沙尘，形成沙尘暴或强沙尘暴天气。

（3）沙尘暴分类。

沙尘暴按照强度划分为四个等级：

1）4 级≤风速≤6 级，500 m≤能见度≤1 000 m，称为弱沙尘暴；

2）6 级≤风速≤8 级，200 m≤能见度≤500 m，称为中等强度沙尘暴；

3）风速≤9 级，50 m≤能见度≤200 m，称为强沙尘暴；

4）当其达到最大强度（瞬时最大风速）25 m/s，能见度≤50 m，甚至降低到 0 m 时，称为特强沙尘暴（或黑风暴，俗称"黑风"）。

2. 沙尘暴灾害

沙尘暴天气是我国西北地区和华北北部地区出现的强灾害性天气，可造成房屋倒塌、交通供电受阻或中断、火灾、人畜伤亡等，污染自然环境，破坏作物生长，给国民经济建设和人民生命财产安全造成严重的损失和极大的危害。沙尘暴危害主要在以下几方面：

（1）生态环境恶化。出现沙尘暴天气时狂风裹的沙石、浮尘到处弥漫，凡是经过地区空气浑浊，呛鼻迷眼，呼吸道等疾病人数增加。如 1993 年 5 月 5 日发生在甘肃省金昌市的强沙尘暴天气，监测到的室外空气含尘量为 1 016 mm/cm³，室内为 80 mm/cm³，超过国家规定的生活区内空气含尘量标准的 40 倍。

（2）生产生活受影响。沙尘暴天气携带的大量沙尘蔽日遮光，天气阴沉，造成太阳辐射减少，几小时到十几个小时恶劣的能见度。沙尘暴还会使地表层土壤风蚀、沙漠化加剧，覆盖在植物叶面上厚厚的沙尘，影响正常的光合作用，造成作物减产；沙尘暴还使气温急剧下降，天空如同撑起了一把遮阳伞，地面处于阴影之下变得昏暗、阴冷。

（3）生命财产损失。1993 年 5 月 5 日，发生在甘肃省金昌市、武威市、武威市民勤县、白银市等地市的强沙尘暴天气，受灾农田 253.55 万亩，损失树木 4.28 万株，造成直接经济损失达 2.36 亿元，死亡 50 人，重伤 153 人。

（4）影响交通安全。沙尘暴天气经常影响交通安全，造成飞机不能正常起飞或降落，使汽车、火车车厢玻璃破损、停运或脱轨。

（5）危害人体健康。当人暴露于沙尘天气中时，含有各种有毒化学物质、病菌等的尘土可透过层层防护进入到口、鼻、眼、耳中。这些含有大量有害物质的尘土若得不到及时清理将对这些器官造成损害或病菌以这些器官为侵入点，引发各种疾病。

经统计，20 世纪 60 年代特大沙尘暴在我国发生过 8 次，70 年代发生过 13 次，80 年代发生过 14 次，而 90 年代至今已发生过 20 多次，并且波及的范围越来越广，损失越来越重。

3. 防尘减灾措施

（1）加强环境的保护，把环境的保护提到法制的高度上来。

（2）恢复植被，加强防止风沙尘暴的生物防护体系。实行依法保护和恢复林草植被，防止土地沙化进一步扩大，尽可能减少沙尘源地。

（3）根据不同地区因地制宜制定防灾、抗灾、救灾规划，积极推广各种减灾技术，并建设一批示范工程，以点带面逐步推广，进一步完善区域综合防御体系。

（4）控制人口增长，减轻人为因素对土地的压力，保护好环境。

（5）加强沙尘暴的发生、危害与人类活动的关系的科普宣传，使人们认识到所生活的环境一旦破坏，就很难恢复，不仅加剧沙尘暴等自然灾害，还会形成恶性循环，所以人们要自觉地保护自己的生存环境。

二、雷电灾害

1. 雷电概述

雷电是伴有闪电和雷鸣的一种雄伟壮观而又有点令人生畏的放电现象。雷电灾害泛指雷击或雷电电磁脉冲入侵和影响造成人员伤亡或物体受损，其部分或全部功能丧失，酿成不良的社会和经济后果的事件。云层之间的放电主要对飞行器有危害，对地面上的建筑物和人、畜没有很大影响，云层对大地的放电，则对建筑物、电子电气设备和人、畜危害甚大。

2. 雷击危害

自然界每年都有几百万次闪电。雷电灾害是"联合国国际减灾十年"公布的最严重的十种自然灾害之一。最新统计资料表明，雷电造成的损失已经上升到自然灾害的第三位。现今全球平均每年因雷电灾害造成的直接经济损失就超过 10 亿美元，死亡人数在 3 000 人以上。据不完全统计，我国每年因雷击以及雷击负效应造成伤亡人数均超过 1 万，其中死亡 3 000～4 000 人，财产损失在 50 亿～100 亿元人民币。雷电可造成建筑物和森林火灾，仅美国山林火灾中 70%以上由雷电引起，每年烧掉近 400 万英亩的林木；雷电造成航空航天事故更严重，美国每年平均有 55 架次的各类飞机遭雷电。雷电还可引爆火箭的点火装置，使火箭自行升空，或使发射过程中的火箭爆炸。

（1）雷电对电业、铁路、通信等多种行业造成破坏。主要伤害方式有：

1）直击雷：带电的云层对大地上的某一点发生猛烈的放电现象，称为直击雷。当雷电直接击在建筑物上，强大的雷电流使建（构）筑物水分受热汽化膨胀，从而产生很大的机械力，导致建筑物燃烧或爆炸。它的破坏力十分巨大，若不能迅速将其泄放入大地，将导致放电通道内的物体、建筑物、设施、人畜遭受严重的破坏或损害，如火灾、建筑物损坏、电子电气系统摧毁，甚至危及人畜的生命安全。

2）感应雷破坏：感应雷破坏也称为二次破坏。它分为静电感应雷和电磁感应雷两种。静电感应雷带有大量负电荷产生的电场将会在金属导线上感应出被电场束缚的正电荷，沿着线路产生大电流冲击，对易燃易爆场所、计算机危害较大。电磁感应雷，雷击发生在供电线路附近，或击在避雷针上会产生强大的交变电磁场，此交变电磁场的能量将感应于线路并最终作用到设备上。由于避雷针的存在，建筑物上落雷机会反倒增加，内部设备遭感应雷危害的机会和程度一般来说是增加了，对用电设备造成极大危害。

3）雷电波引入的破坏：当雷电接近架空管线时，高压冲击波会沿架空管线侵入室内，造成高电流引入，这样可能引起设备损坏或人身伤亡事故。如果附近有可燃物，容易酿成火灾。

据统计，雷电对建筑的伤害只要是直击雷和感应雷，直击雷的损坏仅占15%，感应雷与地电位提高的损坏占85%，直击雷主要是对建筑物伤害，易遭雷击的建筑物有：

①高耸突出的建筑物，如水塔、电视塔等；

②地下水位高或有金属矿床等地区的建筑物；

③孤立突出在旷野的建筑物，如工棚、凉亭；

④建筑物屋面的突出部位和物体，如烟囱、管道、太阳能热水器；

⑤建筑物各种金属突出物，如旗杆、广告牌。建筑物要严格按照国家防雷法律法规安装防雷装置，避免遭受雷电直击。

2004年3月27日，受西风槽影响，深圳出现雷雨天气，福田体育公园工地遭雷击，地下室一道砖墙被雷击塌。

（2）雷电对人的伤害。

据不完全统计估算，我国每年因雷击伤亡3 000人以上。如2004年6月26日，浙江省台州市临海市杜桥镇杜前村有30人在5棵大树下避雨，遭雷击，造成17人死13人伤。

（3）雷击是森林火灾的重要原因之一，森林火灾有30%~70%是雷击造成的，雷击还同时破坏森林生态平衡。

（4）雷击事故一直是电力供应部门最重要的灾祸之一，供电线路和设备都是雷电的袭击对象。

供电设施易遭受雷击，轻则造成设备损坏，停电停产，重则造成人员伤亡。在2005年8月15日，广东电网公司深圳供电局110 kV平凤Ⅱ线遭雷击跳闸，同时110 kV凤凰站1号主变重瓦斯保护动作跳闸，造成1号主变损坏，雷灾造成直接经济损失120万元。

（5）雷击灾害新特点。

200多年前，富兰克林发明避雷针以后，建筑物等设施已得到了一定的保护，人们认为可以防止雷害，对防雷问题有所松懈。20世纪80年代以后，雷灾出现新的特点，这主要是因为一些高大建筑的兴起，如高层智能大厦、微波站、天线塔等都会吸引落雷，从而使本身所在建筑及附近建筑遭到破坏。增设的各种架空长导线反倒引雷入室，使避雷装置失去作用。另外，随着微电子技术高度发展及广泛应用到各个领域，使雷害对象也发生了转移，从对建筑物本身的损害转移到对室内的电器、电子设备的损害。以致发生人身伤亡事故。随之防雷对象也由强电转移到弱电。雷电产生的电磁感应已成为主要危害。

（6）雷电还威胁着航天、航空、火箭发射等事业。

3. 结构防雷设计

建筑物应根据其重要性、使用性质、发生雷电事故的可能性和后果，按防雷要求分为三类。对每类建筑物的防雷措施规定如下：

（1）第一类防雷建筑物的防雷措施，应装设独立避雷针或架空避雷线（网），使被保护的建筑物及风帽、放散管等突出屋面的物体均处于接闪器的保护范围内。架空避雷网的网格尺寸不应大于 5 m×5 m 或 6 m×4 m。排放爆炸危险气体、蒸汽或粉尘的放散管、呼吸阀、排风管等的管口外的以下空间应处于接闪器的保护范围内。

（2）第二类防雷建筑物防直击雷的措施，宜采用装设在建筑物上的避雷网（带）或避雷针或由其混合组成的接闪器。避雷网（带）应按规定沿屋角、屋脊、屋檐和檐角等易受雷击的部位敷设，并应在整个屋面组成不大于 10 m×10 m 或 12 m×8 m 的网格。所有避雷针应采用避雷带相互连接。

（3）第三类防雷建筑物防直击雷的措施，宜采用装设在建筑物上的避雷网（带）或避雷针或由这两种混合组成的接闪器。避雷网（带）应按规定沿屋角、屋脊、屋檐和檐角等易受雷击的部位敷设。并应在整个屋面组成不大于 20 m×20 m 或 24 m×16 m 的网格。平屋面的建筑物，当其宽度不大于 20 m 时，可仅沿网边敷设一圈避雷带。

4. 防雷减灾措施

防御和减轻雷电灾害的活动，包括雷电和雷电灾害的研究、监测、预警、防护以及雷电灾害的调查、鉴定和评估等。目前，我国已经有《防雷工程专业资质管理法》和《防雷装置设计审核和竣工验收规定》两部防雷规章，但触目惊心的雷电灾害损失说明在防御雷电灾害方面依然存在许多问题。

防雷减灾重在预防。现有的居民高楼，检测覆盖率连 30%都达不到。另外，很多人对防雷的认识停留在避雷针阶段。虽然 1725 年富兰克林发明的避雷针到现在仍然是有效措施之一，但是弱电设备普及以后，雷击灾害就不那么简单了，如果没有良好的接地，有针仍然烧毁周围设施，研究发现，雷电在空气中产生聚变电磁场，感应金属导体，天线、电源线、电脑都会感应出电流，这就使感应雷击产生，直击雷好防，感应雷难防。会造成网络设备的损害很大，80%的人却不了解。

第六节　气象灾害的防灾减灾措施与对策

为了加强气象灾害的防御，避免、减轻气象灾害造成的损失，保障人民生命财产安全，《气象灾害防御条例》2010 年 4 月 1 日起施行。但是，气象灾害防御工作是一项复杂的系统工程，涉及的领域广、部门多，必须要有"政府组织、预警先导、部门联动、社会响应"这样的机制，形成政府统一领导、统一指挥，部门协同作战、各负其责，群众广泛参与、自救互救的防灾减灾工作格局，才能有效减轻气象灾害造成的损失。

1. 掌握气象防灾减灾知识

要科学、有效地组织气象灾害防御，首先要对我们组织防御的对象有所了解，掌握它的特点和规律。具体来说就是，了解气象灾害的变化规律，判断气象灾害的影响程度，科学正确利用天气预报预警，在减灾防灾中有效地利用气象信息趋利避害，减少或避免气象灾害所造成的损失。从事防灾减灾工作的基层工作人员，一般需掌握以下几方面的气象防灾减灾知识：

（1）气象基础知识。掌握一定的气象基础知识是必需的，这是做好气象防灾减灾工作的基础和前提。例如，气温、降雨、风等基本气象术语，尤其是降雨和风的等级划分及所表示的含义。掌握这些基础知识，才能准确理解和应用气象部门发布的各类气象信息。

（2）气象灾害预警知识。首先，要了解暴雨、台风、雷电等各种灾害性天气过程的危害，特别是要结合本区域实际，了解当地气象灾害发生规律和致灾特点，以及可能产生的影响。其次，要掌握气象灾害预警信号，一旦台风、暴雨等灾害性天气过程来临，气象部门就会及时发布相关预警信号，提请有关单位和人员做好防范准备。基层工作人员除了要及时、正确接收预警信号外，还要对预警信号的含义，以及相应的防御措施有所了解，例如暴雨黄色预警信号，它的含义是什么？相应的防御措施又是什么，对这些都非常清楚了，自然就能迅速、科学地启动相关工作，取得防灾减灾的主动权。

2. 采取必要的措施，确保防灾减灾措施落到实处

（1）加强宣传，预防为主。

社会公众既是气象灾害的主要受害者，同时又是防灾减灾的主体，防灾减灾需要广大社会公众广泛增强防灾意识，了解与掌握避灾知识，在气象灾害发生时，能够知道如何应对灾害，气象灾害所造成的损失较严重原因之一就是人们的气象灾害意识淡薄，不懂如何应对气象灾害进行自救和互救，因此造成了许多本来可以避免的损失。近年来，气象部门加大气象防灾减灾科普宣传力度，通过广播、电视、报刊、网络、手机短信等渠道，采取通俗易懂、形式多样的方式宣传各种气象防灾知识，起到了明显效果。

（2）建立和完善相应的应急预案。

应急预案是开展气象防灾减灾应急管理和应急救援工作的基础，制定预案的过程就是建立应急机制和准备应急资源的过程。气象应急预案应包括对气象灾害的应急组织体系及职责、预测预警、信息报告、应急响应、应急处置、应急保障、调查评估等机制，形成包含事前、事发、事中、事后等各环节的一整套工作运行机制。在建立预案的同时，结合本区域所发生气象灾害的实际情况，有计划、有重点地组织开展应急预案实战演练，通过预案演练使广大群众、灾害管理人员熟悉掌握预案，把应急预案落到实处，并在实践中不断修订与完善。

（3）建立顺畅信息传输渠道，及时获取信息上传下达建立广泛、畅通的信息传输渠道，

及时准确获取气象部门发布的各类气象信息，根据不同预警信息、不同预警级别，采取积极有效的应对措施。同时，在收到气象灾害预警信息时，还需将信息延伸面向全社会，使公众在尽可能短的时间内接收到气象灾害预警信息，采取相应的防御措施，达到减少人员伤亡和财产损失的目的。

3. 认真组织好重点部位的防御和抢险救援工作

不同气象灾害可产生不同的影响，防灾减灾的重点部位和措施也不同，如对台风灾害，重点是防御强风、暴雨、高潮位对沿海船只、沿海居民的影响，应根据台风预警级别，及时疏散台风可能影响的沿海地区居民，告知人员尽可能待在防风安全的地方，加固港口设施，防止船只走锚、搁浅和碰撞，拆除不牢固的高层建筑广告牌，预防强暴雨引发的山洪、泥石流灾害。再如对暴雨洪涝灾害，它容易造成水浸、边坡倒塌、山体滑坡，应根据雨情发展，及时转移滞洪区、泄洪区的人员及财产，及时转移低洼危险地带以及危房居民，切断低洼地带有危险的室外电源。另外，同一种灾害由于地域不同，它所造成的影响及防御重点也不尽相同，有的是重点关注港口、码头及渔船，有的重点关注地质灾害和洪涝，有的是重点关注工棚、学校、工厂等人口密集区域和弱势群体，总之，各单位需根据不同灾害特点以及本区域的实际情况，采取不同的分类应对措施，及时、科学组织防灾救灾和抢险及救援，将有限的人力资源集中到关键部位，提高防灾减灾工作的有效性。

第七章　建筑工程中的生物与环境灾害

第一节　生物灾害

一、生物灾害的含义及分类

生物灾害是指由于人类的生产生活不当、破坏生物链或在自然条件下的某种生物的过多过快繁殖（生长）而引起的对人类生命财产造成危害的自然事件。生物灾害按照生物种类可以分为动物、植物和微生物三类。

二、生物灾害危害

在自然界，人类与各种动植物相互依存，可一旦失去平衡，生物灾难就会接踵而至。如捕杀鸟、蛙，会招致老鼠泛滥成灾；用高新技术药物捕杀害虫，反而增强了害虫的抗药性；盲目引进外来植物会排挤本国植物，均会造成不同程度的生物灾害，危及生态环境。

1. 鼠害

鼠的主要危害：偷吃食物、咬坏家具、衣物、书籍文具、毁坏建筑物、咬断电线等，引发火灾，造成严重经济损失，骚扰居住环境。通信、交通等方面有时可造成严重危害，洪涝期间的堤坝管涌有时与鼠洞有关。鼠类在堤坝上盗洞，造成漏水而引起决堤，形成河水泛滥的记载国内外均有。

鼠对建筑物的破坏也十分严重，褐家鼠、黄胸鼠在一些古建筑中栖息，鼠的门牙没有齿根，一生中在不断生长，所以必须经常借助磨牙，即"啮齿"来防止门牙无限制地生长，有时咬坏珍贵的雕刻和文物，破坏量很大。20世纪80年代在内蒙古某旗建成一座价值近百万元的冷库，只使用了两年，由于褐家鼠在隔温层内做巢、打洞，把隔温层盗空失掉了隔温作用，不能再作冷藏，失去了使用价值。

2. 蚁害

蚂蚁是一类高度进化的社会性昆虫，每窝蚂蚁的数量从 30 万～50 万只不等。蚂蚁的种类相当丰富，有 16 000 多种。

蚂蚁主要危害有：

① 损坏木材及其他生活物品；

② 窃取、污染食物；

③ 叮咬、骚扰人类，影响人休息；

④ 将各种细菌、病毒等病原体带到食物上，传播疾病。如普通的蚂蚁可以破坏堤坝，引起河堤溃口，而红火蚁甚至可以破坏电器。

蚂蚁种群中危害最大的一类当属白蚁，它是世界五大害虫之一，全世界白蚁种类有 3 000 多种，我国已发现白蚁有 500 多种。

白蚁可以在各种结构的建筑物内栖息做巢，危害十分严重，有的还引起房屋倒塌，造成人畜伤亡。因此，防治白蚁对保护建筑物，特别是古建筑物具有重要意义。白蚁危害主要表现在以下几个方面：

（1）对房屋建筑的破坏。白蚁对房屋建筑的破坏，特别是对砖木结构、木结构建筑的破坏尤为严重。由于其隐藏在木结构内部，破坏或损坏其承重点，往往造成房屋突然倒塌，引起人们的极大关注。在我国，危害建筑的白蚁种类主要有：家白蚁、散白蚁等。其中，家白蚁属的种类是破坏建筑物最严重的白蚁种类。它的特点是扩散力强，群体大，破坏迅速，在短期内即能造成巨大损失。

（2）对江河堤坝的危害。白蚁危害江河堤防的严重性，我国古代文献上已有较为详细的记载，近代的记载更为详尽。其种类有土白蚁属、大白蚁属和家白蚁属种类的白蚁群体，白蚁能在江河堤围和水库的土坝内营巢生存，常常十分隐蔽不易被人发现，在堤坝内迅速繁殖，密集营巢，蚁道相通，四通八达，有些蚁道甚至穿通堤坝的内外坡，汛期到来时，水位升高，水渗入白蚁筑巢的空洞或蚁道中，常常出现管漏险情，更严重者则酿成塌堤垮坝，洪水泛滥，给人类造成极大的损失。据调查，我国南方各省凡 15 年以上的河堤和水库堤坝，90%～100%有土栖白蚁的栖息。

三、生物灾害防治

人类对于有害生物危害的认识和防治已有很久的历史，大约在一万年前，自农业开始发展以来，各种形式的有害生物防治手段就已被广泛使用。到近现代，随着科学技术的发展，一系列的如化学手段、物理手段、生物手段等新的防治措施不断涌现，现在对某一特定有害物种的防治往往都会将多种技术手段加以综合运用，以实现防治的最优目标。目前常用的防治技术措施主要有：

1. 化学防治

化学防治是利用农药的生物活性，将有害生物种群或群体密度压低到经济损失允许水平以下。农药具有高效、速效、使用方便、经济效益高等优点，但使用不当可对植物产生药害，引起人畜中毒，杀伤有益微生物，导致病原物产生抗药性。

2. 物理防治

采用物理方法防治有害生物。例如，对害虫进行灯光诱杀等。

3. 生物防治

主要利用有害生物的天敌来调节、控制有害生物种。如利用有益昆虫、微生物等来控制害虫、杂草等。生物防治的优点：对环境污染小，能有效地保护天敌，发挥持续控制作用。

以常见的白蚁病害为例，在蚁害区域内，建筑物预防白蚁工程技术是根据白蚁种类和保护对象的不同，综合运用生态防治法、生物防治法、物理机械防治法、化学滞留防治法和检疫防治法中的有关方法，提高保护对象抵抗白蚁的能力创造不利白蚁生存的环境，阻止白蚁的滋生、蔓延、侵袭，提高保护对象抵抗白蚁的能力，使之免遭白蚁的危害。所采取的防蚁技术措施，从建筑物的设计、场地清理和建筑物建筑施工中入手，在建筑物的设计中，要充分注意到白蚁对水分的依赖性，尽量考虑把木构件吸收和保持的湿度降到最低限度，增加通风和防潮措施，选用抗蚁性较强的木材或其他建筑材料，提高建筑物自身预防白蚁的免疫力，这类技术措施主要从屋面、墙体地基、各类变形缝和木构件等的设计中予以考虑。场地清理是进一步断绝场地上遗留的可供白蚁生存的食料，直接消灭旧基础上的白蚁，减少其生存的可能，这类技术措施主要是对现场调查和检查，清除地下的树根、棺木、朽木等一切废旧木材，做好场地内的排水设施畅通等一系列工作。建筑施工中增加预防白蚁的措施，是一种用物理和化学处理方法相结合的技术，用于弥补设计中存在的预防考虑不足之处，并提供一个能阻止白蚁侵入房屋内部的天然屏障，这类技术措施主要有墙基内外保护圈、室内地坪防蚁毒土层、辅助设施（踏步、台阶、管道井、变形缝等）防蚁毒土层和木构件防蚁药物涂刷等工作。用较少的投资，换取长时间不发生白蚁危害，其效果是事半功倍的。

第二节　环境灾害

一、概述

18 世纪兴起的产业革命，使人类文明达到了一个前所未有的高度，曾经给人类带来希望和欣喜。然而，随着工业化速度的不断加快，环境污染问题也日趋严重，区域性乃至全球性的灾害事件层出不穷。发达国家最早享受到工业化所带来的繁荣，也最早品尝到环境污染所带来的苦果。

1. 含义

环境灾害是指人类生存环境的变异，引起人群伤亡与物质财富损失的现象，主要是由于人类活动引起环境恶化所导致的灾害。

2. 分类

环境灾害按其表现形式可分为骤发性灾害和长期性灾害两类。

（1）骤发性灾害：突发猛烈、持续时间短、瞬间危害大、地理位置易确认；

（2）长期性灾害：缓慢发生、持续时间长、潜在危害大等。

环境灾害按其成因分为自然环境灾害与人为环境灾害（见图 7-1）。

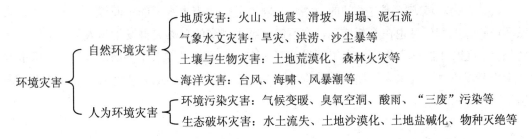

图 7-1　环境灾害分类

（1）自然环境灾害：自然环境中蕴藏的对其自身有威胁作用的某些因素发生变化，累积超过一定临界度，致使自然环境系统的功能结构部分或全部遭到破坏，进而危及人类生存环境，导致人类生命财产损失的现象。

（2）人为环境灾害：人类活动作用超过自然环境的承载能力，致使自然环境遭到破坏，失去其服务于人类的功能，甚至对人类生命财产构成严重威胁或造成损失的现象。

3. 特点

（1）全球性与区域性共存。目前，温室效应、臭氧层破坏及酸雨灾害，危害范围已遍及全球，对人类赖以生存的整个地球环境造成了极大危害，成为 21 世纪人类面临的真正威胁，必须通过国际社会的共同努力来解决。区域性是指环境灾害的种类与灾害发生的频率与区域自然环境特征有密切的相关性，即特定的灾害往往发生在特定的环境之中。

（2）双重性：环境灾害兼具有自然属性与人为属性。

环境既是自然的环境，又是人类的生存环境，自然的环境固然有其随机变化，但是，目前人类活动的触须已经遍及地球表层的各个角落，没有打上人类烙印的纯自然环境已寥寥无几。任何环境灾害都是在人类的生产活动过程中，由于人类不合理活动，违背自然规律，致使环境发生与人类相背离的各类事件，都是自然原因与人为原因叠加的结果。

（3）周期性与群发性。有些自然灾害如火山爆发、地震和特大干旱因成因不同，往往有其自身独特的周期。火山爆发一般以百年为尺度。环境灾害群发性是指各种灾害包括自然灾害和人为灾害的群集伴生现象，即各种灾害常常接踵而至或是相伴发生。

（4）突发性和潜在性。突发性是指环境灾害尤其是自然灾害的发生往往出乎人们的意料，而且来势凶猛，令人猝不及防。潜在性是指一些环境灾害如水土流失、沙漠化、土壤侵蚀等环境灾害，既不像洪水那样凶猛，也不像地震那样强烈，瞬息间造成巨大的生命和财产的损失，但它却像癌细胞损害人体的健康一样，不声不响地破坏着一个国家、地区的生态基础。这种潜伏的环境灾害缓慢地侵蚀着人类的"生存"基础，不容忽视。

（5）危害性。目前，全球性的环境灾害，如温室效应、臭氧层枯竭、酸雨灾害等，给人们的生存与发展带来严重威胁，其危害范围之广和危害程度之深都是空前的。我国单就环境污染造成的经济损失每年逾 906 亿元。

（6）人为环境灾害可占份额的渐增性。随着社会生产力水平的不断提高，人类改造自然环境的深度和广度也在不断增强，这不仅使越来越多的自然灾害发生与人类社会因素密切相关，还会不断地产生许多人工诱发的新灾害。例如，兴建水库会诱发地震，山区的水库由于两岸山体下部未来长期处于浸泡之中，发生山体滑坡、塌方和泥石流的频率会有所增加。

二、常见环境灾害及危害

目前，全球性的环境灾害，如大气污染及酸雨灾害、水污染、温室效应等，随着科技的发展，新的环境灾害灾种不断出现，如光污染、生化泄漏、噪声污染等，给人们的生存与发展带来严重威胁。

1. 大气污染和酸雨

（1）大气污染。大气污染灾害是指由于人类活动或自然过程，使局部、甚至全球范围的大气成分发生变化，导致对生物界产生的危害。大气污染来源：

1）自然形成：火山爆发、风吹扬沙和沙尘暴、雷击森林失火等。

2）人为造成：工业和交通上煤炭、石油、天然气的使用，农业上化肥、农药的喷施，生活上制冷采暖的排放与泄漏等。

大气污染物分类：分为一次污染物和二次污染物。一次污染物是指直接由污染源排出的有害物质；二次污染物是指进入大气的一次污染物互相作用或与大气正常组分发生化学反应；以及在太阳辐射线的参与下引起光化学反应而产生的新的污染物。典型案例如，1968年3月日本米糠油事件：因为生产米糠油时用多氯联苯作脱臭工艺中的热载体，生产管理不善，导致北九州市、爱知县一带居民食用该种米糠油时，普遍中毒，患者超过 1 400 人，至七八月，患者超过了 5 000 人，残废 6 人，实际受害人数约 13 000 人。1952 年 12 月 5—8 日，伦敦烟雾事件，英国几乎全境都为浓雾所覆盖，4 天中死亡的人数较常年同期多出 4 000 人，45 岁以上的死亡率更是平常的 3 倍，1 岁以下婴儿死亡率为平常的 2 倍，事件发生的一周内，支气管炎病人死亡人数是上一周的 9.3 倍。

（2）酸雨。

1）酸雨的分布。酸雨是指 pH<5.6 的包括雨、雪、霜、雾、露等各种形式的降水。

云雨过程本是大气的自洁过程，酸雨的结果反使污染物经过转化回到地面，影响生态环境。酸雨中含有多种无机酸和有机酸，其中绝大部分是硫酸和硝酸，多数情况下，酸雨以硫酸为主，从污染源排放出来的二氧化硫（SO_2）和氮氧化物（NO_x）是形成酸雨的主要起始物。其中，氮氧化物（NO_x）是一种毒性很大的黄烟，不经治理通过烟囱排放到大气中，形成触目的棕（红）黄色烟雾，俗称"黄龙"，在众多废气治理中 NO_x 难度最大，是污染大气的元凶。如果得不到有效控制不仅对操作人员的身体健康与厂区环境危害极大，而且随风飘逸扩散对周边居民生活与生态环境造成公害。

2）酸雨的危害。酸雨对地球生态环境和人类社会经济带来严重影响和破坏。研究表明，酸雨对土壤、水体、森林、建筑、名胜古迹等人文景观均带来严重危害，不仅造成重大经济损失，更威胁着人类生存和发展。在酸雨区域内，湖泊酸化，渔业减产，森林衰退，土壤贫瘠，粮菜减产，建筑物腐蚀，文物面目皆非。

① 对水域生物危害。酸雨可造成江、河、湖、泊等水体的酸化，水体的酸性直接影响鱼的生长，尤其是酸雨释放出的土壤中的铝对鱼类更是具有毒性，致使水生生态系统的结构与功能发生紊乱。从目前的研究来看，酸化污染的水体可能会影响鱼卵的孵化和鱼苗的生长发育，抑制鱼对水中氧的吸收，使其食物供应减少，得病的可能性增加。水体的 pH 降到 5.5 以下时鱼的繁殖和发育会受到严重影响，pH 降到 5.0 以下，鱼群会相继死亡。水体酸化还会导致水生物的组成结构发生变化，耐酸的藻类、真菌增多，有根植物、细菌和浮游动物减少，有机物的分解率则会降低。流域土壤和水体底泥中的金属（铝）可被溶解进入水体中而毒害鱼类。例如，挪威南部 5 000 个湖泊中有近 2 000 个鱼虾绝迹。加拿大的安大略省已有 4 000 多个湖泊变成酸性。

② 对陆生植物的危害。酸雨进入土壤可使土壤的物理化学性质发生变化，抑制土壤中有机物的分解和氮的固定，淋洗与土壤粒子结合的钙、镁、钾等营养元素，使土壤贫瘠化，植物难以生长，病虫害猖獗。除了间接影响植物生长外还直接作用于植物，破坏植物形态结构、损伤植物细胞膜、抑制植物代谢功能。酸雨可以阻碍植物叶绿体的光合作用，影响种子的发芽率。酸雨对农作物和森林的危害最大。资料统计表明，欧洲每年有 6 500 万 hm^2 的森林受酸雨危害。我国的西南地区、四川盆地受酸雨危害的森林面积约为 27.56 万 km^2，占林地面积的 31.9%。据 1988—1989 年的估算，广东因酸雨和 SO_2 造成的农田减产面积占全省耕地的 10%，年损失 1.3 亿元。

③ 对人体健康的影响和危害。酸雨对人类健康产生直接和间接伤害。首先，酸雨中含有多种致病致癌因素，能破坏人体皮肤、黏膜和肺部组织，诱发哮喘等多种呼吸道疾病和癌症，降低儿童的免疫力。其次，酸雨还会对人体健康产生间接影响。在酸沉降作用下，土壤和饮用水水源被污染；其中一些有毒的重金属会在鱼类机体中沉积，人类因食用而受害；再次，农田土壤被酸化，原已固化在土壤中的重金属（如汞、铅、镉等）再溶出，继而为植物、蔬菜吸收和富集，食物被降下的酸雨腐蚀，人类食用后中毒生病。美国每年因酸雨致病的人数高达 5.1 万人。

④ 酸雨对建构筑物和材料的危害。酸雨地区的混凝土桥梁、大坝、道路、轨道交通以及高压线钢架、电视塔等土木建筑基础设施都是直接暴露在大气中，遭受酸雨腐蚀的。酸雨与这些基础设施的构筑材料发生化学或电化学反应，造成诸如金属的锈蚀、水泥混凝土的剥蚀疏松、矿物岩石表面的粉化侵蚀以及塑料、涂料侵蚀等。

a. 酸雨能使非金属建筑材料（混凝土、砂浆和灰砂砖）表面硬化水泥溶解，发生材料表面变质、失去光泽、材质松散，出现空洞和裂缝，导致强度降低，最终引起构件破坏，这就是混凝土酸蚀作用。更严重地使混凝土大量剥落，钢筋裸露与锈蚀。

b. 毁坏古迹著名的美国纽约港自由女神像，钢筋混凝土外包的薄铜片因酸雨而变得疏松，一触即掉（1932 年检查时还是完好的），因此不得不进行大修。

c. 对金属物品腐蚀严重，对电线、铁轨、船舶、桥梁、输电线路等设施危害严重。全世界 1/10 的钢铁产品受酸雨腐蚀而破坏甚至报废，如波兰的托卡维兹因酸雨腐蚀铁轨，火车每小时开不到 40 km，而且还显得相当危险。1967 年，美国俄亥俄河上一座大桥突然坍塌，桥上许多车辆掉入河中，淹死 46 人。原因就是桥上钢梁和螺钉因酸雨腐蚀锈坏，导致断裂。

2. 水污染

人类的活动会使大量的工业、农业和生活废弃物排入水中，使水受到污染。目前。全世界每年约有 4 200 多亿 m^3 的污水排入江河湖海，污染了 5.5 万亿 m^3 的淡水，这相当于全球径流总量的 14% 以上。

1984 年颁布的《中华人民共和国水污染防治法》中为"水污染"下了明确的定义，即水体因某种物质的介入，而导致其化学、物理、生物或者放射性等方面特征的改变，从而影响水的有效利用，危害人体健康或者破坏生态环境，造成水质恶化的现象称为水污染。

污染物主要有：未经处理而排放的工业废水；未经处理而排放的生活污水；大量使用化肥、农药、除草剂而造成的农田污水；堆放在河边的工业废弃物和生活垃圾；森林砍伐，水土流失；因过度开采，产生矿山污水。

水体污染既影响工业生产、增大设备腐蚀、影响产品质量甚至使生产不能进行下去，又影响人民生活，破坏生态，直接危害人的健康，损害很大。

3. 生化及核污染

英国哲学家波普尔曾说过"科技进步带给人类像希腊神话中火种一样巨大的财富，同时也打开装有各种灾难和祸患的潘多拉魔盒"。面对当前日益快速发展的科学技术，各种生化危机或核事故发生风险越来越大，加之自然灾害的影响，加剧了这种灾害发生的可能性。这些灾害的发生原因是多方面的：

（1）工业泄漏。由于人为或自然因素使有毒有害物质泄漏导致重大经济损失和人员伤亡。如 1984 年印度震惊世界的博帕尔化学泄漏事件，它直接致使 3 150 人死亡，5 万多人失明，2 万多人受到严重毒害，近 8 万人终身残疾，15 万人接受治疗，受这起事件影响的人口多达 150 余万，约占博帕尔市总人口的一半。

（2）自然灾害的次生灾害致灾。2011 年 3 月 11 日，日本当地时间 14 时 46 分，日本东北部海域发生里氏 9.0 级地震并引发海啸，造成重大人员伤亡和财产损失。地震造成日本福岛第一核电站 1～4 号机组发生核泄漏事故。根据国际核事件分级表（INES），福岛第一核电站事故定为 7 级（最高级）。截至 2011 年 8 月 24 日，日本福岛以东及东南方向的西太平洋海域已受到福岛核泄漏的显著影响，监测海域海水中均检出了铯-137 和锶-90，94%监测站位样品中检出了正常情况下无法检出的铯-134。71%监测站位铯-137 含量超过我国海域本底范围，其中铯-137 和锶-90 最高含量分别为我国海域本底范围的 300 倍和 10 倍。

（3）战争导致环境灾害。战争的进展往往伴随着高科技的应用，同时也不可避免地导致环境的破坏，交战双方为了达到快速取胜的目的，往往采取各种手段包括使用大规模杀伤性武器，例如，毒气、核武器、生化武器等。战争造成大量人员伤亡的同时，对环境的破坏最为严重，杀伤性武器的使用，直接或间接地对人造成伤害并长期威胁人们健康。

美军当年曾在越南战争中密集喷洒橙色落叶剂对付越共游击队，橙色毒剂污染"触目惊心"，在接受抽样调查的越南平和的居民当中，95%居民的血液二噁英含量超标，有些人的含量甚至超过普通水平的 200 倍。二噁英可致癌，并对人体的生殖系统、神经和免疫系统造成伤害。

第三节　环境灾害防治

1. 坚持可持续发展方式，把环境保护和建设纳入国民经济和社会发展计划

（1）环境问题实质上是国民经济和社会发展的问题，是环境与发展的对立统一如何平衡问题。

（2）生态破坏是一种不可逆转的过程。

（3）可持续发展是一种既满足当代人需要，又不对子孙后代构成危害的发展方式。

2．控制人口快速增长，减少人口对环境的压力

人口问题既是一个社会问题，又是一个经济问题。人口数量增多和科学技术的进步，使人对环境的影响和作用越来越大，而对环境的依赖性逐渐减少。

3．制定和严格实施环境法规和标准

4．大力推行城市综合整治

5．综合技术改造防治工业污染

（1）制定和实施国家产业政策，通过产业结构调整，减少环境污染和生态破坏。

（2）对于污染密集型的基础工业，要改革工艺和革新设备，尽量在生产过程中对污染物加以清除，即发展清洁生产工艺。

（3）现有企业的技术改造，把防治工业污染作为重要内容，提出防治目标任务和技术方案，技术改造方案和防治污染方案必须符合经济效益、社会效益和环境效益统一的原则。

6．建立以合理利用能源和资源为核心的环境保护战略

7．坚持以强化监督管理为中心的环境管理政策

（1）预防为主、谁污染谁治理和强化管理三大环境政策，是具有中国特色的环境管理思路逐渐形成、成熟和发展的明显标志。

（2）"三同时"制度：防治污染设施必须与主体工程同时设计、同时施工、同时投入运行。

（3）排污收费制度：对排放污染物超过排放标准的企事业单位征收超标排污费，用于污染治理。

（4）环境影响评价制度：规定所有建设项目，在建设前对该项目可能对环境造成的影响进行科学论证评价，提出防治方案，编报环境影响报告书或表，避免盲目建设对环境造成损害。

（5）环境保护目标责任制。

（6）环境综合整治定量考核制度；排放污染物许可制度。

（7）污染集中控制制度。

（8）限制治理制度。

第八章 建筑工程中的人防工程建设

第一节 概　述

一、基本概念

人民防空（国外称民防）简称人防。人防工程的一般定义为，在战争时具有能抵抗一定武器效应的杀伤破坏，能保护人民生命、财产安全的防护工程，是国防的重要组成部分，是一项全民性的长期的战备工作。它是为了防备敌人突然袭击，保护人民生命财产的安全，减少国民经济损失，有效地保存战争潜力，为夺取未来反侵略战争胜利而采取的重要战略措施。

我国的国土防空体系由要地防空、军队防空（又称野战防空）和人民防空组成。其中要地防空是保卫重要地区安全的防空，如重要城市、交通枢纽和重要军事基地的防空；军队防空是保障地面部队作战行动安全的防空；而人民防空则是动员和组织城市居民采取的防空措施。人民防空与野战防空、要地防空共同构成国家国土防空三大体系，在未来城市防空袭斗争中承担着侦察预警、疏散掩蔽、重要目标防护和消除空袭后果的重要任务。

人民防空是以阻碍敌人空袭兵器发挥效能或消除空袭后果为手段的防空。它与要地防空、军队防空等积极防空不同，主要防护手段是"走"、"藏"、"消"。"走"就是疏散，在临战前组织城市人口疏散和工厂搬迁，将战时不宜留城的居民及对支援战争具有重要作用的厂矿企业疏散搬迁到安全地区，以避免和减少遭敌空袭时不必要的损失；"藏"就是隐蔽，在敌人实施空袭时，及时发放和传递空袭警报，组织留城坚持战斗、生产和工作的人员转入地下，并将各种重要的战备和生产、生活物资转入地下，利用人防工程进行隐蔽，减少人员和物资的损失。"消"就是消除空袭后果，组织人防专业队伍和人民群众，迅速消除敌人空袭造成的后果，包括灭火、消除核化污染、抢救受伤人员、清理废墟、开辟通路、运送各种生活物资、修复被毁的人防工程、通信枢纽及城市供电、供水、供热等系统，保证城市生产、生活的稳定，更好地支持反侵略战争。

二、人民防空的产生与发展

第一次世界大战初期，飞机用于实战并开始轰炸城市，城市面临的空中威胁逐渐增大。为了加强对城市居民和经济目标的防护，英国率先成立了"伦敦防空指挥部"，采取灯火管制，构筑防空洞，疏散居民，建立空袭警报报知勤务等措施，收到了一定的防护效果。从此，以防空为主要目的的民防开始出现。第二次世界大战爆发后，由于空袭兵器的迅速发展，城市、军事要地、交通枢纽、工业基地等重要军事和经济目标遭敌空袭的威胁越来越大，世界主要国家相继建立了民防组织，加强了民防建设。英国、前苏联、德国等国家，在大战期间加强了空情监视与报知，构筑了大量防空工事，有计划地疏散了人口，组成了担负消除空袭后果任务的专业队伍，在防空实践中发挥了重要作用，使敌空袭效果明显降低。

战后，世界民防进入了一个大发展的时期，各国纷纷建立民防法规，健全民防机制，完善民防设施，促进了民防水平的提高，使民防成为国防的重要组成部分。当前，世界各国均建有相应的民防体系，特别是发达国家，民防建设发展很快，民防体系已成为一支重要的国防力量。

中国的群众性防空也是随着飞机对城市空袭的出现而产生的。1927年3月，南京首遭空袭，之后，空袭逐渐增多，国民政府开始关注城市防空袭问题。1931年，国民政府颁布了省、市、县防护团组织规程；1937年国民政府颁布了《防空法》。第二次世界大战中，南京、重庆、上海等大、中城市屡遭空袭，在造成重大灾害的同时，也促进了群众性防空活动的开展。1940年国民政府确定每年的11月21日为"中国防空节"。

我军自建军初期就十分重视群众性防空。1933年，工农红军总参谋部成立防空科，在组织部队防空袭的同时，指导根据地群众开展防空活动。新中国成立以后，人民防空受到了党和国家的高度重视。1950年，面对美军、国民党军队对我国实施的空中袭扰，中华人民共和国政务院颁布了《关于建立人民防空工作的决定》，要求"立即紧急动员起来，在一切可能遭受空袭的地区和城市建立人民防空组织，加紧人民防空工作的设施建设"。党的十一届三中全会后，人民防空工作不断解放思想，深化改革，积极探索和平时期我国人民防空建设的新路子，取得了新的成就。

1996年，江泽民主席签署命令，颁布了《人民防空法》，标志着我国的人民防空工作在法制化、正规化、制度化建设方面上了一个新的台阶，全国的人民防空建设迎来又一个新的大发展高潮。2000年召开第四次全国人民防空会议，全面总结了人民防空建设与发展50年，特别是改革开放22年以来的巨大成就和成功经验，明确了我国人民防空当前和今后一个时期发展面临的形势，确定了我国人民防空2015年前建设的战略目标，提出了跨世纪发展的指导思想，对于建设有中国特色的人民防空事业产生了重大而深远的影响。

三、当前我国人防工程建设的必要性

1. 国际政治格局的变化和我国面临的战场环境

第二次世界大战的结束和中国革命的胜利，曾经使国际战略形势与第二次世界大战前相比发生了根本的变化，形成了不同社会制度的两大对立阵营。之后的 40 多年中，全面冷战和局部热战从未中止。在 20 世纪五六十年代，由于美苏的对立，曾出现过世界大战的危险；20 世纪 60 年代后期，由于中苏的对立，我国曾遭受到核袭击和全面进攻的威胁。发生在 20 世纪 80 年代末和 90 年代初的东欧国家社会制度的改变和苏联的解体，使第二次世界大战结束 40 多年后的国际政治格局和战略形势又一次发生了根本的变化。这次变化的直接结果表现为：

（1）东西方对立阵营完全消失，冷战时代彻底结束，在欧洲和全世界发生全面战争的可能性已大为减少，我国的战场环境也随之发生了重大变化。

（2）美国得到了称霸世界的机会，正寻找各种借口（如人权、民族矛盾、边境冲突、反恐问题等），干涉别国内政，甚至不惜动用武力，对妨碍其实现霸权的主权国家发动局部战争，以逼迫这些国家就范。因此，霸权与反霸权的斗争成为当前和今后国际政治斗争的主要形式，并有可能导致局部战争。美国将固守"美国始终是一个国际领袖"的信念不变。

（3）俄罗斯一国的国力已无法与前苏联相比，从而失去了与美国全面争夺世界霸权的能力。虽然在核武器等方面还可与美国保持大体上的均势，但美俄发生直接军事冲突并引发世界大战的可能性已经很小。

（4）世界多极化的政治格局正在动荡之中开始形成，对霸权主义构成一种制约。但同时也应看到，在多极化的同时，多核化的趋势正在增长，因而核战争的危险并未完全消除。

（5）30 多年来，中国成功走出了一条符合自身特色，顺应世界潮流的道路，形成了科学的发展理念与模式，产生了世界影响，以自己卓然的"个性"和独特的风貌，改变了国际政治力量对比。中国独特的政治经济发展模式让西方感受到"重大威胁"。西方从未停止过对中国要崩溃的预测，冷战后的 20 年，中国非但没有乱，反倒是西方不安宁了；中国的崛起，又让西方患上了不适应症：西方"感觉到战略上的震动"，认为"中国模式"已经成为美国和欧洲自冷战结束以来必须认真对待的挑战。

（6）从周边地理环境来看，中国政治、经济、军事上的快速发展令周边的国家莫名地感到恐惧。尽管我国奉行和平外交政策，承诺不首先使用核武器，在政治、经济和军事上对世界资本主义制度不会构成威胁。然而，不同类型的国家在全方位聚焦中国：支持、期待、炒作、捧杀、质疑、忧虑、牵制、敌意、围堵者应有尽有，"中国模式"成为国际政治中热议、热门、热点与敏感话题。周边国家对我国防范；一些发展中国家既希望我国给

予支持，又以焦虑的心态看待中国。

（7）我国处于一个高度敏感期和矛盾多发期，面临以下几大矛盾：

1）中国特色社会主义同西方意识形态的矛盾；

2）中国崛起与西方遏制的矛盾；

3）中国快速发展与世界各类国家日益增多的利益摩擦的矛盾；

4）中国发展的实际水平与国际社会赋予更高期待的矛盾；

5）同周边国家"疑华"、"借美制华"的矛盾；

6）同新兴大国关系利益调适磨合出现的矛盾；

7）有效化解所谓大国崛起必然引发国际战略格局剧烈动荡的矛盾；

8）大国崛起应避免与当下的霸权国家和世界政治体系发生正面对抗的矛盾。

2. 现代战争新特点及其打击和防御战略的变化

在核战争危险减弱的同时，现代战争的主要形式是高科技条件下的局部战争，如空袭。1991年的海湾战争和1999年以美国为首的北约对南联盟发动的战争和2003年美英联军对伊拉克的战争，都是武器最先进和以大规模空袭为主要打击方式的局部战争，显示出现代常规战争的一些新特点。打击战略的变化引起防御战略的变化。从防御的角度看，有以下几个值得注意的变化：

（1）在核武器没有彻底销毁和停止制造以前，在世界多核化的情形下，有可能在常规武器进攻不能生效或不能挽救失败时局部使用核武器；并且，核武器已向多功能、高精度、小型化发展。因此，我们对核武器不能失去警惕。

（2）现代常规战争主要依靠高科技武器实行压制性的打击，因此，任何目标都难以避免遭到直接命中的打击。但另一方面，打击目标的选择比以前更集中、更精确，袭击所波及的范围更小。打击目标通常为指挥系统、控制系统、通信系统、情报系统及工业和基础设施。

（3）以大规模杀伤平民和破坏城市为主要目的的打击战略已经过时，用准确的空袭代替陆军短兵相接式的进攻，以最大限度地减少士兵和平民的伤亡已成为主要的打击战略，因而防御战略也应与全面防核袭击有所不同，人防建设在国防中的地位应更突出。

（4）进行高科技常规战争要付出高昂的代价，一场持续几十天的局部战争就要耗费数百亿美元，这是任何一个国家难以承受的，因而战争的规模和持续时间只能是有限的。

（5）尽管高科技武器的打击准确性高，重点破坏作用大，但仍然是可以防御的。在军事上处于劣势的情况下，完善的民防组织和充分的物质准备，仍能在相当程度上减少损失，保存实力，甚至有可能一直坚持到对方消耗殆尽而无力进攻时为止。

（6）在以多压少、以强凌弱的情况下，发动局部战争在战略上已无保密的必要。由于军事调动和物质准备都在公开进行，因而防御一方有较充分的时间进行应战准备，战争的突发性较前已有所减弱。

3. 现代战争的主要方式——空袭

（1）现代空袭的特点。现代战争是空中、海洋、陆地乃至宇宙空间多种方式的联合作战；空袭已越来越成为决定现代战争命运的重要因素。现代空袭的主要特点为：

1）机动性强，突然性大。突然袭击是一切侵略者发动战争所惯用的军事手段，如第一次世界大战和第二次世界大战、以色列对阿拉伯国家发动的两次侵略战争和美英攻打伊拉克，都是由突然袭击开始的。现在的洲际导弹，几分钟进入发射状态，每秒能飞行几千米，并穿过地球大气层，然后迅速落在预定地点，其发射速度之快、发动攻击之突然，是前所未有的。

2）精度高，破坏性大。第二次世界大战中，美国在日本广岛投掷一枚当量约 1.5 万 t 级的小型原子弹，爆炸后死亡人数占全市总人口的 35.7%，同时引起全市大火、建筑物倒塌、水电破坏、道路堵塞，广大市区受到放射性污染。海湾战争中，以美国为首的多国部队仅仅使用了一些常规武器，通过高强度的持续轰炸，在 42 天内出动飞机 10.8 万架次，差不多每分钟 1.5 架次，共投弹 10 多万 t 使伊拉克所有道路、军用机场、通信网络均遭到严重破坏，防空系统处于瘫痪状态，丧失还击能力。

3）射程远，范围大。现代空袭兵器的多样性和灵活性，使战争从一开始就打破了前方和后方的传统概念；另外，现代兵器的杀伤范围也在扩大。

4）信息化，快速化。信息化战争突发性强、预警时间短，防空预警在发放时机上遇到挑战。我们现在的防空预案和居民的防护心理仍然定格在机械化战争条件下的全员防护掩蔽理念中。原有的警报发放时机在信息化战争中相对滞后。假如我们在几百千米处发现一飞行速度为上千米/小时的来袭飞机或导弹并及时拉响预警警报，而此飞行器半个小时左右就飞达目标。

（2）现代空袭的武器。在未来战争中，核武器、化学武器、生物武器（简称核化生武器）是城市居民可能遭受空袭的大规模杀伤性、破坏性武器。因此，对这三种武器的防护称为"三防"。它是人民防空（简称人防）的基本内容。

1）核武器。核武器是利用核反应（原子核裂变或聚变）瞬间释放出的巨大能量起杀伤破坏作用的武器，原子弹、氢弹、中子弹（依靠中子辐射杀伤人员）统称为核武器。核武器用飞机、导弹、火箭、火炮和潜艇等工具运输。可以投向世界上任何地方。

2）化学武器。在战争中以毒性杀伤人、畜，破坏植物的化学物质叫作毒剂，如芥子气、肉毒素、维埃克斯、沙林等。装有并能施放毒剂的武器、器材总称为化学武器，如装有毒剂的化学地雷、炮弹、航弹、火箭弹、导弹、飞机布洒器等。化学武器在使用时，将毒气分散成蒸气、液滴、胶质或粉末等状态，使空气、地面、水源和物体染毒，以杀伤敌方或预定的生命目标，打击对方的军事力量或达到破坏的目的。

3）生物武器。生物制剂及施放它的武器、器材总称生物武器。生物制剂是指在战争中杀伤人、畜，毁伤农作物的微生物及其毒素，如橙色战剂、炭疽热等。生物制剂按照对人员伤害程度分为失能性战剂和致死性战剂,按照所致疾病分有传染性、无传染性和传染性战剂。

4）激光武器。激光武器是一种利用沿一定方向发射的激光束攻击目标的定向能武器,激光的能量高度集中,比太阳亮 200 亿倍,足以摧毁任何坚固的目标。它以每秒 30 万 km 的速度在空中传播,瞄准射击时不需计算提前量。激光射击时几乎没有后坐力,可随意变换射击方向,精确打击目标的要害部位。具有快速、灵活、精确和抗电磁干扰等优异性能,在光电对抗、防空和战略防御中可发挥独特作用。它分为战术激光武器和战略激光武器两种,是一种常规威慑力量。由于激光武器的速度是光速,因此在使用时一般不需要提前量,但因激光易受天气的影响,所以时至今日激光武器也没有得到普及。

四、人民防空工程的防护作用

按标准建造的人防工程是人员的安全防护设施。它能在一定程度上抵御冲击波、光热辐射、核辐射、毒剂、放射性和生物战剂污染空气及常规爆炸碎片等各种杀伤因素的危害。例如,工程最外面的防护门,可使冲击波杀伤半径减少 2/3。防护密闭门和密闭门上的橡胶密封圈能有效防止烟尘、毒剂污染空气渗入。在工程口部两道密闭门之间是防毒通道或洗消间。在进风口处有滤毒通风设施,能将污染空气过滤成清洁空气,供工程内的人员使用。在排风口一侧设有洗消间,能保障人员在染毒情况下进入工程时的安全。另外,人防工程还有很好的抗地震效果。

加强民用防空建设,是许多国家的战备策略。享有"世界花园"美誉的瑞士,在 1815 年维也纳会议上被确认为永久中立国。此后 180 多年来,瑞士以和平中立著称于世。然而,在这没有战争的 180 多年里,中立国瑞士不仅没有停止备战,而且建成了世界上最完善的地下掩蔽系统。访问过瑞士的人发现,这个国家不仅在地下有许多民防工事,地上还有许多伪装成山丘的飞机坦克洞库。据说,第二次世界大战时,纳粹德国并非不想入侵瑞士,只是因为瑞士备战扎实,才不敢轻率入侵。

历史的经验证明,人口或工业高度集中的城市,往往是战时敌人空袭的目标。为了减少空袭造成的损失,就应该构筑相应的防空设施。第二次世界大战中,德国的斯图加特市,人口 50 万,由于构筑了大量防空地下室,虽然遭到 53 次空袭,投下 2.5 万 t 炸弹,只死亡 4 000 人,死亡率只有 0.8%。然而,同样是德国的普福尔茨海姆市,人口只有 8 万,由于没有足够的防空设施,仅仅一次空袭（投下 1 600 t 炸弹）,就死了 1.7 万人,死亡率竟高达 22%,相当于斯图加特市的 27.5 倍。又例如我国重庆市,在抗战初期,由于没有足够数量的防空洞,平均每颗炸弹要炸死 22 人,但到 1937 年 8 月 15 日以后,因为有了能容纳 60 万人的各种防空洞（当时重庆人口为 110 万）,平均每颗炸弹只能炸死 1 人。

可见,有人防措施和没有人防措施在战时是大不一样的。特别是随着核武器、化学武器、细菌武器、激光武器等现代大规模杀伤性武器的出现,人防工程的作用就显得更加突出了。所以人民防空工程是国防的组成部分,是现代化城市建设的重要方面,是城市抗灾减灾不可缺少的生命线工程，是防备敌人空中袭击，有效掩蔽人员和物资，保证战争潜力的重要设施。

有专家作过统计分析：在现代战争中，直接伤亡于炮火之下的人口仅占20%，而间接伤亡于次生灾害的占80%。军事专家用计算机模拟预测：一个城市如果没有人防设施，它的人口生存概率只有30%；而有人防设施的，再加上有效的人防措施和计划，它的人口生存概率可达到90%以上。

目前，世界上有130多个国家和地区设有民防机构，担负战时防空平时防灾双重任务。国外民防发展的主要特点：在指导思想上，把民防建设置于重要的战略位置。世界不少国家认为，民防是"现代战争条件下的重要战略措施"，是"战时的决定性战略因素"和"有效的威慑力量"，是国家战略的重要组成部分。俄罗斯认为，民防是保卫国家安危最重要的战略措施，没有强大的民防，任何国家在现代核战争中都无法生存，明确"必须不断改善居民的防御工作，加强民防体制"。美国视民防为其核威慑战略的重要组成部分，认为核时代威胁的可靠性不仅取决于国家的战略进攻能力，而且取决于保存自己的能力。第二次世界大战后，许多国家不惜花费大量资金修建人防工程，并仍在继续修建当中。据资料介绍，目前美国民防掩蔽部可容纳人数占总人口的70%，俄罗斯民防工程可掩蔽全国人口的80%左右，瑞士民防掩蔽部可容纳人数占总人口的89%，而以色列民防掩蔽部可掩蔽100%的人口。

据对地震后的调查，凡有地下室的楼房，地震破坏就小。唐山地震后，在地面建筑一片废墟的情况下，防空地下室基本完整无损，震后有很多人在地下室内生活和避震，保护了居民的生命和财产安全。事实表明，人防工程不仅在战时，而且在平时和自然灾害来临时显示出它的防护作用。

第二节　我国人防工程的建设原则和措施

一、我国人防工程的建设原则

1986年国家颁布了《人民防空条例》，1996年又颁布了《中华人民共和国人民防空法》，强制性规定城市新建民用建筑必须结合地面建筑修建可用于战时防空的地下室，即所谓的结建工程，其功能主要体现在远可以应对战争，防患于未然，近可以防灾减灾，提高城市应急能力。国家对结建工程颁布了严格的技术战术标准，使防空地下室建设，不仅要具备防核武器、化学武器、生物武器等各种破坏性打击的能力，同时要为战时和和平时期人员的掩蔽提供必备的生存条件。

人民防空建设的原则，是指导人民防空建设的基本法则，是人民防空建设方针的具体化，也是组织实施人民防空建设的基本依据。《人民防空法》明确提出：我国人民防空建设"贯彻与经济建设协调发展，与城市建设相结合的原则"。其精神实质是：要求经济建设发展的水平，与城市建设的规模相适应，把人民防空建设规划纳入经济建设和城市建设的统一规划，同步建设。同时，在经济建设和城市建设中要贯彻人民防空的要求，兼顾人民防空的需要，从建设、维护、使用、管理上等力求做到一笔投资，多种效益。

我国人民防空遵循的是长期准备、重点建设、平战结合的原则。

1. 长期准备

在和平时期，居安思危，有计划、有步骤地实施人防建设。经过国防建设，外交努力，战争也许几年、十几年遇不上，但天灾人祸却几乎年年有，而且往往难以预测。因此把防空建设与城市长期防灾减灾工作结合起来，进行一体化建设和管理，就可以充分利用和发挥其防护功能，减少灾害和各种事故造成的破坏损失，保护人民生命安全，保障经济建设的顺利进行。人民防空工程应当从规划、建设、维护、使用，管理等方面，力求做到统一规划，同步建设，节省投资，提高效益，符合经济规律。既要为国家节约人力、物力、财力，又要依法进行人民防空建设。

2. 重点建设

由于人民防空建设涉及面广，工作量大，而且建设周期长，规模大，投入高，必须在统一规划的基础上，突出重点，分步实施。在服从经济建设大局的前提下，区分轻重缓急，有重点、分层次地实施人防建设。

3. 平战结合

人民防空各项建设和准备，既符合战备的需求，又能在平时经济建设中发挥作用，把战备效益、社会效益和经济效益统一起来。

人防工程有防灾抗毁和应付突发事件的功能，也是发展经济和现代化城市建设的需要。随着经济发展，现代化的城市人口膨胀、交通拥挤、地皮紧张、生态失衡等问题日益严重。要解决这些问题，城市建设必须开辟新的空间，向立体化发展。结合民用建筑修建的防空地下室在平时可开发利用，充分发挥社会效益和经济效益，进一步完善城市功能。另外，人防工程为经济建设和城市建设服务，有自己的独特优势。一是冬暖夏凉，节省能源；二是没有噪声、尘土，免受震动影响；三是温湿度适当，易于储藏、保鲜。据统计，地下搞科研、商场、医院、仓库，不仅安全，而且便于管理，还可降低成本。

二、人民防空的防护措施

人民防空的防护措施是一个含义非常宽泛的概念。它涉及与防空和减轻空袭危害相关的各个方面。概括起来说，有两个大的方面：一是人民群众自身采取的防护措施，二是政府动员和组织群众采取的防护措施。

人民群众自身采取的防护措施，是接受各种形式的人民防空知识教育，使广大群众熟悉人民防空的基本知识技能，学会自救互救器材的使用，熟悉掩蔽地点和疏散方案，学会在特殊情况下自救求生的技能，从而达到自救互救、自我保护的目的。

政府动员和组织群众采取的防护措施，主要是指按照人民防空要求，修建各类人民防空工程、通信警报设施，组建群众性防空组织，做好城市人口疏散和安置的准备等。

（1）建立完善的空情预报、警报报知和指挥通信系统，及时通报空情，及时快速地传递和报知敌人的空袭行动，使战时人民群众能够获得充分的预警时间，采取相应的疏散、掩蔽等防护措施，是最大限度地避免和减轻空袭损失的重要一环。

（2）构筑人员、物资防护工程，是高技术空袭条件下人民防空最基本、最有效的防护方法。设施完善的防护工程，可以防护多种杀伤因素危害，有效地保护人员和各种生产、生活物资的安全。

（3）储备生活、医疗、救护和防护器材。利用各种防护设施，储备充足的生活、医疗、急救和防护器材，是保证防空袭斗争能够长期坚持下去，最终夺取战争胜利的前提。

（4）进行适当的城市人口疏散。高技术条件下进行的空袭作战，虽然不以消灭对方有生力量为重点，但作为城市防空袭行动，适当地进行人口疏散，可以减轻战时城市人口压力，减少物资消耗，提高城市支持战争的能力。

（5）进行人民防空知识教育，使居民掌握防护技能。政府要采取各种可能的手段，特别是充分利用各种现代媒体，对广大群众进行人民防空知识教育和技能的传授，这是提高战时人民防空防护有效性的基本措施。

（6）组织训练群众防空队伍，组织抢险、抢修、抢救。群众防空队伍是人民防空的专业保障力量，是战时完成急难险重任务的主要力量，担负着抢险、抢修、抢救、抢运、灭火、堵漏等多种任务。

城市人防工程是用以保护人员、物资免受空袭杀伤破坏的工程建筑物。它对核、化、生武器的杀伤因素和普通炸弹都有较好的防护作用。假如某城市遭到 500 万 t 数量的核弹地爆袭击，人防工程可使核弹对人员的伤害半径缩小到 1/5。唐山地震时，地下工程的损坏要比地上建筑轻得多。事实表明，人防工程在战时、平时都有防护效果，它是人民防空的重要措施。

第三节　城市人防工程规划

人防是国防的重要组成部分，是一项全民性的长期的战备工作。在和平建设的新时期，我们更要重视人防建设，尤其是城市人防建设。这是因为：城市不仅是政治文化中心，而且是国家工业生产、经济设施、交通枢纽、通信设施、公众居住的中心，是国家战争潜力聚集地。当今以空袭为主要作战模式的全局或局部战争，其打击的重点都集中在以城市为中心的工业区、交通枢纽等经济目标上。据联合国估计，在 2030 年，全世界将有 2/3 的人口生活在城市地区。这意味今后如发生战争和冲突，客观上会有很多是在城市内展开。这一点已经引起军事学者、战略专家的广泛关注。美国国防问题专家就认为：城市是 21 世纪最可能成为战场的地区。从朝鲜战争、越南战争、两伊战争、海湾战争、北约对南联盟的军事打击以美英攻打伊拉克以及 2011 年美英等国空袭利比亚的战争，都把大中城市作为袭击的重要目标。正因为如此，我国于 1997 年 1 月 1 日正式颁布实施了《中华人民共和国人民防空法》，并提出"城市是人民防空的重点"，要求"城市人民政府应当制定人民防空工程建设规划，并纳入城市总体规划"。

人防工程规划作为城市资源开发利用规划的重要组成部分，在编制人防建设规划时，应根据城市发展需要，具有前瞻性和可操作性。规划内容包括：人防工程现状及发展预测，发展战略，开发层次、内容、期限、规模与布局，实施步骤，人防工程的具体位置，各地下空间之间的相互连通方式，与地面建筑的关系，配套工程的综合布置方案，战备、社会、经济效益指标等。

一、城市人防工程的内容

人防工程主要起隐蔽和防护作用，为人民群众的生命财产提供安全保障，是人民防空中最重要的物质基础。

1. 人民防空指挥工程

人民防空指挥工程是人民防空指挥机构在战时实施安全、稳定、有效指挥的重要场所，在人民防空工程中居于核心位置。它不仅要求有较高的抗常规武器直接打击和抗核武器效应的能力，还要求采取防生化武器、防震和减震措施。为保证指挥活动的顺利进行，工程内部除必须配齐生活设施外，还需要配备人民防空指挥自动化系统。

2. 公用的人员掩蔽工程和疏散干道工程

公用的人员掩蔽工程和疏散干道工程，是解决城市公共场所和人口密集地区人员掩蔽疏散的公共防护设施，对确保战时人民生命安全极为重要。公用的人员掩蔽工程建设，要符合城市人口分布情况和就地就近掩蔽的要求。通常是划区分片进行，并结合改造，利用城市地下空间（如城市地下交通干线、地下公共设施和地下建筑等），达到建设标准。疏散干道工程要求经过城市人口稠密区域，市一级应设置疏散主干道工程，区一级应设置支干道工程。重要人民防空工程、居民区人员掩蔽工程应通过支干道工程彼此相连，干道工程则连通不同区域的人民防空工程群。

3. 医疗救护和物资储备等专用工程

医疗救护和物资储备等专用工程，是指地下医院、救护站（所），各类为战时储备物资的仓库、车库，人民防空专业队伍集结掩蔽部等。它是保障战时各级人民政府统一组织医疗救护、物资供应、集结人民防空专业队伍的专用工程。这一工程建设对于战时消除空袭后果，减少空袭所造成的损失，意义十分重大。

4. 民用建筑地下室

民用建筑地下室，是指住宅、旅馆、招待所、商店、大专院校教学楼和办公、科研、医疗用房等民用建筑，按照国家有关规定修建可用于战时防空的地下室。由于防空地下室便于进出和防护，设计抗力不高，而投资效费比高，所以结合城市民用建筑，修建可用于战时防空的地下室，是战时保障城市居民就近就地掩蔽，减少伤亡损失的重要途径，也是世界各国普遍采用的做法。国务院、中央军委和国家有关部门先后颁发了一系列关于结合民用建筑修建防空地下室的规定。目前，国家规定：新建 10 层（含）以上或基础埋置深度达 3 m 以上（含）的民用建筑，应建"满堂红"（即与地面建筑底层相等的面积）防空地下室；开发区、工业园区、保税区和重要经济目标区的新建民用建筑，按照一次性规划地面总建筑面积的 2%～5%集中修建防空地下室。该项工程建设由建设单位负责，所需资金列入项目的设计任务书和概（预）算，并纳入基本建设投资计划。

5. 城市的地下交通干线以及其他地下工程的人民防空配套工程

城市的地下交通干线以及其他地下工程，无论平时还是战时，对城市的稳定都起着极其重要的作用，是保障城市正常运转和人民群众生产、生活的"生命线"工程。《人民防空法》规定："城市的地下交通干线以及其他地下工程的建设，应当兼顾人民防空的需要。"据此，城市的地下交通干线以及其他地下工程的人民防空配套建设就成为人民防空工程建设的重要内容。地下交通干线是指地铁、隧道、地下公路等，如图 8-1 所示。其他地下工程是指地下管网和供水、供电、供气、供热、通信等公用基础设施。这些地下设施都要根据人民防空的需要，修建人民防空配套工程。该项工程建设应由建设单位负责，所需经费列入城市的地下交通干线以及其他地下工程建设的概（预）算，纳入基本建设投资计划。

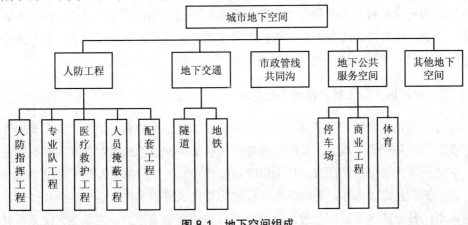

图 8-1　地下空间组成

二、人防工程规划布局应考虑的问题

1. 整体布局

我国人防工程的建设基本是结合城市地面建筑进行，各类人防工程之间缺乏整体规划布局和功能与形态上的联系，对今后的人防工程建设和地下空间开发也造成极大困难。另外，人民防空的规划布局应与城市其他专项规划相协调，目前在我国各城市建设中基本上没有形成合理的人防工程体系布局。

2. 城市人员防护布局

人员防护是人防的重要任务之一，主要是由人员掩蔽、医疗救护等工程组成。对人防指挥工程和人员掩蔽工程等建设的选址要有专门的论证，确保战争期间人防工程的整体防护效率。但目前城市人口密集的住宅小区，由于大部分是多层建筑，建设防空地下室需增加较多投资，开发商主要通过以缴代建方式履行义务，造成了人员掩蔽工程布局不合理。

3. 重要经济目标防护

根据现代战争的特点，重要经济目标是敌空袭打击的重点。人防工程中战时能为重要经济目标服务的工程主要是防空专业队工程。防空专业队建设的布局要求应主要围绕其保障的重要经济目标进行人防工程建设。但如果重要经济目标附近没有地面建筑或地面建筑已完成，就很难进行相应的防空专业队工程建设。

三、人防工程规划布局的基本原则

1. 协调发展的原则

人防工程协调发展主要是指各类人防工程面积应按适当比例进行建设，提高人防工程的数量与质量，使之符合防护人口和防护等级要求同时还要考虑物质储备工程、医疗工程和其他配套工程的建设，使各类工程建设保持适当比例，协调发展。

2. 各防护片区人防工程自成体系的原则

自成体系是指每个防护片区都应有独立的指挥工程、医疗救护工程、人员掩蔽工程、防空专业队工程和配套工程。以就近分散掩蔽代替集中掩蔽，加强对常规武器直接命中的防护，以适应现代战争突发性强、打击精度高的特点。大型的单项人防工程中要划分防护单元，各防护单元自成体系，提高单个工程的防空抗毁能力。城市划分防护片区时，应尽可能与城市的各行政区设置相一致，以利于各防护片区形成独立、完备的人防工程体系。

3．平战结合的原则

由于平时防灾与战时防空在预警、应急反应、救灾物资储备及抢险救灾等方面有天然的相似性，综合利用城市地下设施，将城市各类地下空间纳入人防工程体系，研究平战功能转换的措施与方法。实现真正意义上的平战结合。

4．功能相适应原则

根据城市总体规划，在居住用地上以安排人员掩蔽工程建设为主，在工业用地内以布置防空专业队工程建设为主。加强人防工事间的连通，使之更有利于对战时次生灾害的防御，并便于平战结合和防御其他灾害。

5．人口防护与重要目标防护并重原则

突出人防工程的防护重点，人口和重要目标的防护是人防工程建设的两项基本任务。选择一批重点防护城市和重点防护目标，并提高城市防护等级，以保障重要目标城市与设施的安全。因此人防工程规划布局时，应优先保证这两项基本任务的完成。

城市人防工程建设布局还没有成熟的理论，认识也还不完全统一，需进一步加强人防工程规划布局的研究和探讨。

四、城市地下空间与人防工程的转换

城市的其他地下空间，通过一定的处理与转换措施后可以转换为人防工程。同样，人防工程在平时也可行使其他功能。

1．指挥通信系统的平战转换（见图8-2）

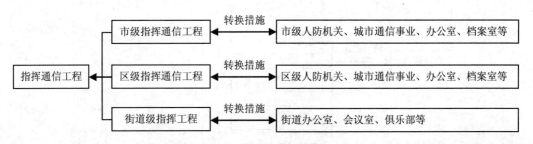

图8-2　指挥通信系统的平战转换

2. 人防医疗救护工程的平战转换（见图8-3）

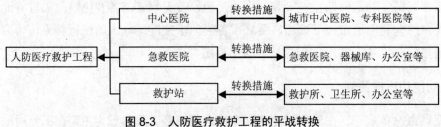

图8-3 人防医疗救护工程的平战转换

3. 人防专业队伍车库的平战转换（见图8-4）

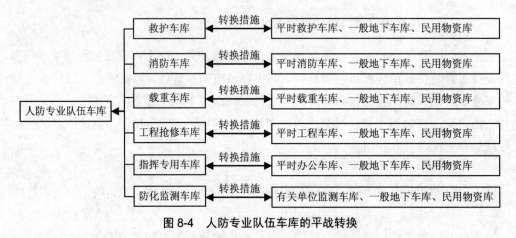

图8-4 人防专业队伍车库的平战转换

4. 人员掩蔽部的平战转换、后勤保障的平战转换（见图8-5、图8-6）

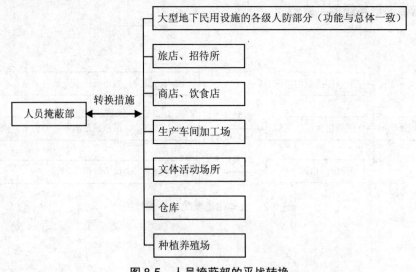

图8-5 人员掩蔽部的平战转换

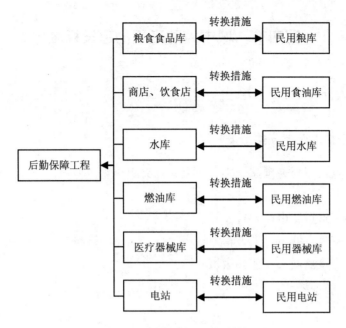

图 8-6　后勤保障的平战转换

5．人防通道工程的平战转换（见图 8-7）

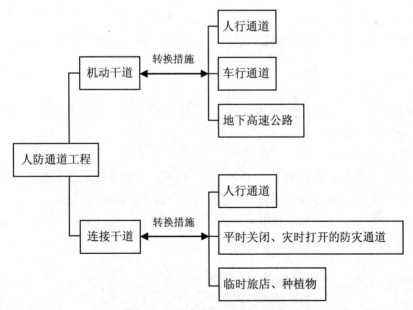

图 8-7　人防通道工程的平战转换

第四节 城市人防工程的建设标准

一、城市人防工程的分类

1. 人民防空重点城市分类

人民防空重点城市分为国家一类、二类、三类防空重点城市，以及大军区和省定防空重点城市。

国家一类防空重点城市，如省会；

国家二类防空重点城市，如省辖地级市；

国家三类防空重点城市，如县级市。

2. 人防工程分类

（1）按功能分。

1）指挥、通信。

2）中心医院及急救医院。

3）人员掩蔽部：专业队员、一等人员（局级和局级以上）、二等人员。

4）专业队装备部。

5）配套工程：区域水源、电源、监测中心、食品加工、物资加工、物资库、人防通道等。

（2）按抗力分。

按抗力分为 1、2、2B、3、4、4B、5、6 八个等级，其中 5 级人防抗力为 0.1MPa，6 级人防抗力为 0.05 MPa。

（3）按防化等级分。

按防化等级分为甲、乙、丙、丁四个等级。根据人民防空战术技术要求，防空地下室分为甲类和乙类。甲类防空地下室设计必须满足其预定的战时对核武器、常规武器和生化武器的各项防护要求。乙类防空地下室设计必须满足其预定的战时对常规武器和生化武器的各项防护要求。

二、城市人防工程建设标准

1. 城市人防工程总面积的确定

城市人防规划首先要确定人防工程的大致总量规模，然后才能确定人防设施的布局。而预测城市人防工程总量又需先确定城市战时留城人口数。一般来说，战时留城人口占城市总人口的 30%～40%。按人均 1～1.5 m² 的人防工程面积标准，就可推算出城市所需的人防工程面积。

在居住区规划中，应按总建筑面积的 2% 设置人防工程，或按地面建筑总投资的 6% 左右进行安排。居住区防灾地下室战时用途应以居民掩蔽为主，规模较大的居住区的防灾地下室项目应尽量配套齐全。

2．城市专业人防工程的规模

城市防灾专业工程的规模见表 8-1。

表 8-1　城市防灾专业工程的规模要求

项目	名称	使用面积/m²	参考标准
医疗救护工程	中心医院	3 000～5 000	200～300 张病床
	急救医院	2 000～2 500	100～150 张病床
	救护站	1 000～1 300	10～30 张病床
连队、专业队工程	救护	600～700	救护车 8～10 台
	消防	1 000～1 200	消防车 8～10 台，小车 1～2 台
	防化	1 500～1 600	大车 15～18 台，小车 8～10 台
	运输	1 800～2 000	大车 25～30 台，小车 2～3 台
	通信	800～1 000	大车 6～7 台，小车 2～3 台
	治安	700～800	摩托车 20～30 台，小车 8～10 台
	抢险抢修	1 300～1 500	大车 5～6 台，施工机械 8～10 台

3．城市人防工事的抗力标准

根据抗地面超压（指动压）的不同，城市人防工事的抗力标准分为五级：一级为 240 t/m²，二级为 120 t/m²，三级为 60 t/m²，四级为 30 t/m²，五级为 10 t/m²。

4．城市人防工事防早期核辐射的标准

通过防空地下室顶部、外墙和出入口进入室内的早期核辐射总剂量不得超过 50R。防早期核辐射的土壤保护层和临空墙（系按照钢筋混凝土或混凝土墙计算；如按砖墙，表 8-2 中所列的数值应乘以修正系数 1.4）的最小厚度。

表 8-2　防早期核辐射防空保护层的最小厚度　　　　　单位：cm

防护等级	三级	四级	五级
土壤防护层厚度	130	105	65
室外出入口临空墙	70	55	25
室内出入口临空墙	35	25	20

5. 城市防空地下室使用面积标准和房间净高

城市防空地下室使用面积标准和房间净高见表 8-3。

表 8-3　城市防空地下室使用面积标准和房间净高

	使用面积/（m²/人）	房间净高/m
人员隐蔽室	1.0	2.4
全国人防重点城市、直辖市区的指挥所、通信工程	2.0～3.0	2.4～2.8
医院、救护所	4.0～5.0	2.4～2.8
防空专业队伍隐蔽室	1.0～1.2	2.4～2.8

6. 城市各类防空地下室战时新鲜空气量标准

城市各类防空地下室战时新鲜空气量标准见表 8-4，城市人防工事生活用水量标准见表 8-5。

表 8-4　城市各类防空地下室战时新鲜空气量标准

	清洁式通风量[m³/（人·h）]	过滤式通风量[m³/（人·h）]
人员隐蔽室	3～7	1.5～3
全国人防重点城市、直辖市区的指挥所、通信工程	10～20	3～5
医院、救护所	15～20	3～5
防空专业队伍隐蔽室	10～15	2～3

表 8-5　城市人防工事生活用水量标准

用水项目	用水量/[L/（人·d）]	用水项目		用水量/[L/（人·d）]
饮用水	3～5	伤病员用水	住院	60～80（含以上用水）
洗漱用水	5～10		门诊	4～6
冲厕用水	24	煮食物用水		4～6

《人民防空法》规定："城市新建民用建筑，按照国家有关规定修建战时可用于防空的地下室。"

人防地下室主要功能是战时作为人员掩蔽之用，有防常规武器和防核武器之分。防常规武器抗力级别 5 级和 6 级（简称常 5 级和常 6 级）；防核武器抗力级别 4 级、4B 级、5 级、6 级和 6B 级（简称核 4 级、核 4B 级、核 5 级、核 6 级和核 6B 级）。

国家四部委[2003]18 号文件对城市新建民用建筑修建防空地下室作出了明确规定和具体要求：

（1）城市规划区内，新建 10 层（含）以上或者基础埋深 3 m（含）以上的民用建筑，按照地面首层建筑面积修建 6 级（含）以上防空地下室。

（2）新建除一款规定和居民住宅以外的其他民用建筑，地面建筑面积在 2 000 m² 以上的，按照地面建筑面积的 2%～5%修建 6 级（含）以上防空地下室。

（3）开发区、工业园区、保税区和重要经济目标区除一款规定和居民住宅以外的新建民用建筑，按照一次性规划地面总建筑面积的 2%～5%集中修建 6 级（含）以上防空地下室。

（4）新建除一款规定以外的人民防空重点城市的居民住宅楼，按照地面首层建筑面积修建 6B 级防空地下室。

（5）人民防空重点城市危房翻新住宅项目，按照翻新住宅地面首层建筑面积修建 6B 级防空地下室。

按照规定应同步修建防空地下室的新建民用建筑，因地质、地形等原因不宜修建的，或者规定应建面积小于新建民用建筑首层建筑面积的，经人民防空主管部门批准，可以不修建，但必须按规定缴纳防空地下室易地建设费。

按照《人民防空法》规定，重要的经济目标主要包括：重要的工矿企业、科研基地、交通枢纽、通信枢纽、桥梁、水库、仓库、电站等。

人防建设与城市建设相结合的平战两用项目有：地下街、地下停车场（车库）、地下旅游服务设施、地下物资库、地下医疗设施、地下生产车间、地下通信枢纽、电站、水源、地下室等。

城市规划区内新建民用建筑应按照下列标准同步修建防空地下室：

（1）在人防重点城市的市区（中央直辖市含近郊区）新建民用建筑（指住宅、旅馆、招待所、商店、大专院校教学楼和办公、科研、医疗用房）按下列标准修建防空地下室：

1）一、二、三类人防重点城市新建 10 层以上或基础埋置深度达 3 m（含 3 m）以上的 9 层以下民用建筑，应利用地下空间建设"满堂红"防空地下室。

2）一、二类人防重点城市，城市规划确定新建的住宅区、小区和统建住宅，按一次下达的规划设计任务地面新建总面积（不含执行第 1 条规定的楼房面积）的 2%统一规划修建防空地下室。

3）中央和地方各企业、事业、行政单位和部队，在一、二类人防重点城市新建的 9 层以下，基础埋置深度小于 3 m 的民用建筑项目，其总建筑面积达 7 000 m² 以上的，按地面总建筑面积的 2%修建防空地下室。按此标准修建职工家属住宅的防空地下室面积不足一个楼门地基面积的，按一个楼门的地基面积另加室外出入口进行安排；其他民用建筑防空地下室面积不足 150 m² 的，按 150 m² 另加室外出入口进行安排。

4）三类人防重点城市，除符合第 1 条规定者外，原则上暂不修建防空地下室。

（2）结合民用建筑修建防空地下室，应贯彻平战结合的原则，确保工程质量，提高投资效果。防空地下室的设计既要符合战时防空的要求，又要充分考虑平时使用的需要，使其具有战时能防空，平时能为生产、生活服务的双重功能。在报批民用建筑的设计任务书时，要明确防空地下室的平时用途。

（3）结合民用建筑修建防空地下室，一律由建设单位负责修建。所需的资金，列入建设项目的设计任务书和概（预）算之内，纳入基本建设投资计划。所需材料，按现行规定，根据建设项目的不同所有制、不同隶属关系、不同投资渠道，分别由部门、地方和企事业单位安排。

（4）各级基建管理部门，在审批民用建筑项目的设计和概（预）算时，对防空地下室的部分要吸收人防和城建部门参加。凡不按规定修建防空地下室的，城建部门不得发给施工执照。

第五节　建筑工程中的人防工程设计

一、城市人防工事设施布局的要求与模式

1. 布局要求

（1）避开易遭袭击的重要军事目标，如军事基地、机场、码头等；

（2）避开易燃易爆品生产、储运单位和设施，控制距离应大于 50 m；

（3）避开有害液体和有毒气体储罐，距离应大于 100 m；

（4）人员掩蔽所距人员的工作、生活地点不宜大于 200 m；

（5）面上分散，点上集中，有重点地组成集团或群体，便于开发利用，便于连通，使单建式与附建式结合，地上、地下统一安排，注意人防工程经济效益的充分发挥。

2. 布局模式

（1）建于较大型公共绿地的地下（单建式）。一般在此处布置单建式综合人防工事，战时便于人员集结，同时也有利于人员、物资的疏散。平时可充分利用，作为商业空间，与绿地结合，为人们提供休闲娱乐场所和商业服务网点。

（2）与大型公共建筑相结合（附建式）。大型公共建筑一般位于各分区中心位置，附建人防工事可满足服务半径要求，且大型公建一般层数较高，面积较大，本身就需要一定的地下空间，这样在和平时期即可得到充分利用，经济效益十分显著。

（3）建于大型企业中（单建式、附建式）。城市大型企业较多，这些企业大多占地面积大，防护重点较多，在此布置综合人防工事一方面可在战时对大型企业提供必要的防护，且便于统一指挥、协调作战；另一方面在平时也可为企业提供服务。

二、各类城市人防工事的设计

1. 指挥通信工事

它包括中心指挥所和各专业队指挥所、通信站、广播站等工事，要求有完善的通信联络系统，坚固的掩蔽工事且标准要高一些，其布局原则为：

（1）根据人民防空部署，从便于保障指挥、组织群众疏散以及物资调度，便于组织对空及地面的警戒任务，保障通信联络顺畅出发，综合比较，慎重选定布局方案。尽可能避开火车站、飞机场、码头、电厂、广播电台等敌人空袭目标，以及影响无线电通信的金属矿区。

（2）充分利用地形、地物、地质条件，提高工程防护能力，对地下水位较高的城市宜建掘开式工事和结合地面建筑修建防空地下室。

（3）市、区级工程宜建在政府所在地附近，便于临战转入地下指挥。街道指挥所结合小区建设布置。

（4）指挥所定员一般为 30～50 人，大城市要到 100 人，面积按每人 2～3 m^2 计。全国重点城市和直辖市的区级指挥所的抗力等级一般为四级，特别重要的定为三级。

2. 医疗救护工事

包括急救医院和救护站，负责战时救护医疗工作，其布局原则为：

（1）除应从本城市所处的战略地位，预计敌人可能采取的袭击方式，城市人口构成和分布情况，人员掩蔽条件以及现有地面医疗设施及其发展情况等因素进行综合分析外，还应考虑：

1）根据城市发展规划，与地面新建医院结合修建，按人员比例设置；

2）救护站应在满足平时使用需要的前提下，尽量分散布置；

3）急救医院、中心医院应避开战时敌人袭击的主要目标及容易发生次生灾害的地带；

4）尽量设置在宽阔道路或广场等较开阔地带，以利于战时解决交通运输，主要出入口应不致被堵塞，并设置明显标志，便于辨认；

5）尽量选在地势高、通风良好及有害气体和污水不致集聚的地方；

6）尽量靠近城市人防干道，并使之连通；

7）避开河流堤岸或水库下游以及在战时遭到破坏时可能被淹没的地带；

8）各级医疗设施的服务范围，在没有更可靠资料作为依据时可参考表 8-6。

（2）地下医疗设施的建筑形式应结合当地地形、工程地质和水文条件及地面建筑布局确定，与新建地面医疗设施结合，或在地面建筑密集区采用附建式，平原空旷地带、地下水位低、地质条件有利时可采用单建式或地道式，在丘陵和山区采用坑道式。

表 8-6　各级医疗设施服务范围

序号	设施类型	服务人口/人	备注
1	救护站	0.5 万~1 万	按战时城市人口计
2	急救中心	3 万~5 万	
3	中心医院	10 万左右	

（3）医疗救护工程的抗力等级为五级，个别重要的可为四级。其面积应按伤员和医护人员数量计，每人 4~5 m²。

3. 专业队工事

指为消防、抢修、防化、救灾等各专业队提供的掩蔽场所和物资基地。其中，车库的布局尤为重要，应遵循以下原则：

（1）各种地下专用车库应根据人防工程总体规划，形成一个以各级指挥所直属地下车库为中心的、大体上均匀分布的地下专用车库网点，并尽可能以能通行车辆的疏散机动干道在地下互相连通起来。

（2）各级指挥所直属的地下车库应布置在指挥所附近，并能从地下互相连通。在有条件时，车辆应能开到指挥所门前。

（3）各级和各种地下专用车库应尽可能结合内容相同的现有车场或车队布置在其服务范围的中心位置，使所服务的各个方向上的行车距离大致相等。

（4）地下公共小客车库宜充分利用城市的公用社会地下车库。

（5）地下公共载重车库宜布置在城市边缘地区，特别应布置在通向其他省、市的重要公路的终点附近，同时应与市内公共交通网联系起来，并在地下或地上附设生活服务设施，战时则可作为所在区域内的防灾专业队的专用车库。

（6）地下车库宜设置在出露于地面以上的建筑物附近，如加油站、出入口等。其位置应与周围建筑物和其他易燃、易爆设施保持必要的防火和防爆间距，具体要求见《汽车库、修车库、停车场设计防火规范》（GB 50067—97）及有关防爆规定。

（7）地下车库应选择在水文、地质条件比较有利的位置，避开地下水位过高或地质构造特别复杂的地段。地下消防车库的位置应尽可能选择有较充分的地下水源的地段。

（8）地下车库的排风口位置应尽可能避免对附近建筑物、广场、公园等造成污染。

（9）地下车库的位置宜邻近比较宽阔的、不易堵塞的道路，并使出入口与道路直接相通，以保证战时车辆出入的方便。

4. 后勤保障工事

包括物资仓库、车库、电站、给水设施等，为战时人防设施提供后勤保障。后勤保障工事中各类仓库的布局原则为：

（1）粮食库工程应避开重度破坏区的重要目标，并结合地面粮店进行规划。

（2）食油库工程应结合地面油库修建地下油库。

（3）水库工程应结合自来水厂或其他城市平时用给水水库建造，在可能情况下规划建设地下水池。

（4）燃油库工程应避开重点目标和重度破坏区。

（5）药品及医疗器械工程应结合地下医疗保护工程建造。

（6）其面积应根据留守人员和防卫计划预定的储食、储水及物资数量来确定。

5. 人员掩蔽工事

指掩蔽部和生活必需的房间，由多个防护单元组成，形式多种多样，包括各种单建或附建的地下室、地道、隧道等，为平民和战斗人员提供掩蔽场所。其布局原则为：

（1）规划布局以市区为主，根据人防工程技术、人口密度、预警时间、合理的服务半径，进行优化设置，其分布应便于掩蔽人员的安全，快捷使用。

（2）结合城市建设情况，修建人员掩蔽工程，对地铁车站、区间段、地下商业街、共同沟等市政工程作适当的转换处理，皆可作为人员掩蔽工程。

（3）结合小区开发、高层建筑、重点目标及大型建筑修建防空地下室，作为人员掩蔽工程，使人员就近掩蔽。凡建筑面积达 7 000 m^2 的城市居民小区，新建 10 层或 10 层以上，基础埋深达 3 m 以上的高层建筑，都应配建防空地下室。

（4）通过地下通道加强各掩体之间的联系。

（5）临时人员掩体可考虑使用地下通道等设施。当遇常规武器袭击时，应充分利用各类非等级人防附建式地下空间和单建式地下建筑的深层。

（6）专业队掩体应结合各类专业车库和指挥通信设施布置。

（7）人员掩体应以就地分散掩蔽为原则，尽量避开敌方重要袭击地点，布局适当均匀，避免过分集中。

（8）人员掩蔽工事的面积按留守人员每人 1 m^2 计，抗力等级一般为五级。

6. 人防疏散干道

包括地铁、公路隧道、人行地道、人防坑道、大型管道沟等，用于人员的隐蔽、疏散和转移，负责各战斗人防片之间的交通联系。其布局原则如下：

（1）结合城市地铁建设、城市市政隧道建设，建造疏散连通工程及连接通道，联网成片，形成以地铁为网络的城市有机战斗整体，增强城市防护机动性。浅埋的疏散机动干道的走向应考虑城市地面情况，使其从城市人口较密集的地区通过，以便一旦发生警报，群众能迅速疏散，并尽可能沿街道或空旷地带，避开大型建筑物的基础和大型管道。

（2）结合城市小区建设，使小区人防工程体系联网，通过城市机动干道与城市整体连接。

（3）其抗力等级一般为五级，内部装修、防潮等标准可低一些。当通道较宽时，在满足人员通行外，还应设一排座位供掩蔽用，其面积指标可列入掩蔽工事。

7. 射击工事

规划时，应确定其数量和具体位置，平时不一定要全部建成，可在临战前修建。

三、人防工事的平面布置形式

城市人防工事的平面布置形式多种多样，合理的布置形式应使用方便、经济合理，且有利于防护能力的提高。

1. 掘开式工事

它为采用掘开方式施工，其上部无较坚固的自然防护层或地面建筑物的单建式工事。工事顶部只有一定厚度的覆土，称为单层掘开式工事。顶层构筑遮弹层的，称为双层掘开式工事。这类工事有以下特点：受地质条件限制少。作业面大，便于快速施工。一般需要足够大的空地，且土方量较大。自然防护能力较低。

若抵抗力要求较高时，则需耗费较多材料，造价较高。它大体上可分三种布置形式。

（1）集中式：其优点是工作联系方便，防水面积、土方量较少，作业面较大，结构较复杂，不便于自然通风。

（2）分散式：其优缺点和集中式正好相反。

（3）混合式：其优缺点介于集中式和分散式之间。

单层式工事宜采用分散式或混合式。

2. 附建式工事（防空地下室）

按防护要求，在高大或坚固的建筑物底部修建的地下室，称防空地下室。

（1）不受地形条件影响，不单独占用城市用地，并便于平时利用。

（2）可利用地面建筑物增加工事的防护能力。

（3）地下室与地面建筑基础合为一体，降低了工程造价。

（4）能有效地增强地面建筑的抗震能力。

其特点为：受地面建筑物平面形状和承重墙分布的制约，防空地下室的布置形式基本上和地面建筑物一样，即多属集中式。

3. 坑道式工事

是在山地岩石或土中暗挖构筑，其基本平面形式是由若干通道相连，然后沿通道按一定的方式布置房间而形成。该通道中心线称为轴线。轴线长度主要决定于地形和工事的使用要求。在满足使用的前提下，为节省人力和材料，轴线的长度越短越好。其特点是：自然防护层厚，防护能力强。利用自然防护层，可减少人工被覆厚度或不做被覆，大大节省材料。便于自然排水和实现自然通风。施工、使用较方便。受地形条件的限制，作业面小，不利于快速施工。

坑道工事房间的布局形式有两种：即平行通道式和垂直通道式。

（1）平行通道式：优点是形式简单，表面积小，便于施工和通风，内部隔墙可根据使用要求的变化灵活分隔。缺点是跨度较大，岩石条件差时不便施工。

（2）垂直通道式：优缺点正好和前者相反。岩石条件许可时，应尽量采用平行通道式。

4．地道式工事

在平地或小起伏地区，采用暗挖或掘开方法构筑的线形单建式工事，称地道工事。其出入口坡向内部，特点如下：

（1）能充分利用地形、地质条件，增加工事防护能力。

（2）不受地面建筑物和地下管线影响，但受地质条件影响较大。高水位和软土质地区构筑工事较困难。

（3）防水、排水和自然通风较坑道工事困难。

（4）施工工作面小，不便于快速施工。

（5）工事多构筑于土中，故支撑结构耗费材料较高，增加了工程造价。

（6）跨度受限制，平时利用范围有限。

其布置形式基本上与坑道工事相同，房间尽可能采用平行通道式。

四、防空地下室的设计

1．防空地下室的防护要求

（1）防御的武器。

1）甲类防空地下室：防常规武器、化学武器、生物武器和核武器。

2）乙类防空地下室：防常规武器、化学武器和生物武器。

（2）武器效应与工程防护原则。

1）常规武器：指非精确制导的依靠炸药爆炸作用杀伤人员、破坏建筑的武器；炸药爆炸产生空气冲击波和土中压缩波。

2）化学武器：依靠化学毒剂杀伤人员的武器。

3）生物武器：依靠致病性微生物杀伤人员的武器。

4）核武器：依靠瞬间核爆炸杀伤人员、破坏建筑的武器，即原子弹、氢弹的总称。核爆炸产生的五种杀伤破坏因素：

① 热辐射：爆炸瞬间火球辐射的。

② 早期核辐射：主要是 γ 射线和中子流等贯穿能力极强的辐射线。

③ 核电磁脉冲：瞬间强电场。

④ 冲击波：空气中传播的具有强间断面的纵波。

⑤ 放射性灰尘：具有放射性的核爆炸产物及感生放射性灰尘。

5）火灾：全城性火灾形成的长时间的高温烘烤。

6）倒塌：地面建筑倒塌形成的倒塌荷载和对孔口的堵塞。

2．工程防护要求

（1）防爆波：对爆炸波防护的简称。对乙类工程爆炸波指常规武器非直接命中爆炸形成的空气冲击波和土中压缩波，对甲类工程爆炸波还包括核爆炸形成的空气冲击波和土中压缩波的防护。

（2）防命中：对常规武器命中防护的简称。防命中主要指非精确制导的常规武器，如普通炸弹命中。由于常规武器命中会产生强烈的冲击、贯穿等局部破坏作用，一般防空地下室都未按抗常规武器直接命中设计，因此需要采取其他有效的防常规武器命中的技术措施。

（3）防倒塌：对地面建筑倒塌防护的简称。地面建筑倒塌不仅会对防空地下室结构产生倒塌荷载，而且会造成口部的堵塞。

（4）防毒剂：对化学毒剂防护的简称。对于甲类工程"毒剂"包括化学毒剂、生物战剂和放射性灰尘；对于乙类工程"毒剂"包括化学毒剂和生物战剂。

（5）防辐射：对核辐射、热辐射防护的简称。对于甲类工程"辐射"包括早期核辐射、热辐射和城市火灾；对于乙类工程"辐射"指城市火灾。

3．防空地下室的组成

（1）主体。主体是防空地下室中能满足战时防护及其主要功能要求的部分。设计时主要考虑以下问题：

1）空袭时主体内有无人员停留，其防护要求、使用要求均不同。有人员停留的主体应为清洁区；无人员停留的主体为染毒区。

2）主体除主要功能房间（如人员掩蔽所的人员掩蔽空间）外，还包括必要的辅助房间。

3）主体的范围：有人员停留的防空地下室，其主体为最里面一道密闭门以内的部分。无人员停留的防空地下室，其主体为防护密闭门以内的部分。

（2）口部。口部是防空地下室的主体与地表面，或与其他地下建筑的连接部分。口部主要指战时出入口、战时通风口等。主要考虑以下问题：

1）口部的范围：对于有人员停留的防空地下室，其口部不仅包括防护密闭门（防爆波活门）以外的通道、竖井，而且还包括防护密闭门（防爆波活门）与密闭门之间的房间、通道等。

2）室内、室外出入口的界定：按通道的出地面段是处在上部地面建筑投影范围的内、外确定。

3）战时出入口的分工：

① 主要出入口：指战时空袭前、空袭后都要使用的出入口。因此是设计中尤其要重点保证空袭后的出入口使用，如在出入口位置、结构抗力、防毒剂、洗消设施以及出入口防堵塞等方面均应根据战时需要，采取相应的措施。一个防护单元应该设置一个主要出入口。

② 次要出入口：指战时主要供空袭前使用，空袭后可不使用的出入口。因此该出入口除了需要满足口部的强度及密闭以外，其防护密闭门外的结构抗力、防堵塞等方面问题都不必考虑。一个防护单元需要设置一个或几个次要出入口。

③ 备用出入口：指战时空袭前一般不使用，空袭后当其他出入口无法使用时，应急使用的出入口。备用出入口一般采用竖井式，而且通常与通风竖井相结合设置。

4. 防空地下室设计

（1）人防主体设计。

1）防护单元。

① 根据使用功能，按照一定的面积划分防护单元，每个防护单元的防护设施和内部设备自成体系；

② 防护单元的面积：专业队员掩蔽部、一般人员掩蔽部不超过 800 m²，专业队装备掩蔽部不超过 2 000 m²，配套工程不超过 2 400 m²。

2）抗爆单元。

① 根据使用功能，按照一定面积，在防护单元内划分抗爆单元。

② 抗爆单元的面积：专业队员掩蔽部、一般人员掩蔽部不超过 400 m²，专业队装备掩蔽部不超过 1 000 m²，配套工程不超过 1 200 m²。

③ 当人防内部用墙体进行小房间布置时，可不划分抗爆单元；人防设置位于多层建筑地下二层及二层以下，可不划分防护单元和抗爆单元；人防设置位于高层建筑地下三层及三层以下时，可不划分防护单元和抗爆单元。

④ 抗爆单元之间应设置抗爆隔墙，连通口处设置抗爆挡墙，可在临战时砌筑。钢筋混凝土墙厚度大于等于 200 mm；砖墙厚度大于等于 370 mm，高度方向每 500 mm 配 3 根 φ6 通长钢筋。

3）净面积标准和净高。

一等人员掩蔽所 1.3 m²/人，房间净高大于等于 2.4 m，梁底大于等于 2.0 m；

二等人员掩蔽所 1.0 m²/人，房间净高大于等于 2.4 m，梁底大于等于 2.0 m；

专业队员掩蔽所 3.0 m²/人，房间净高大于等于 2.4 m，梁底大于等于 2.0 m；

专业装备掩蔽部小型车辆 2.5～4.5 m^2/辆，中型车辆 5.0～8.0 m^2/辆。梁底管道底净高为车高加 0.20 m。

4）防护单元之间的关系。

① 各防护单元建筑设备自成体系，相邻防护单元之间应设置防护密闭隔墙，当相互之间连通时，应在两侧设置防护密闭门。对防护单元而言，防护密闭门根据本单元的抗力要求，设置在本单元的外侧，此处墙的厚度根据门的构造形式而定，一般大于等于 500 mm。

② 防护单元内部不应设缝，相邻防护单元之间设缝需要开连通口时，要增加一段小走道，以便设置防护密闭门。

5）防护单元和地面的关系。

① 人防顶板底层一般不高出室外地面；

② 6 级人防，当上部为砖混结构可高出不超过 1.0 m；

③ 5 级人防，当上部为砖混结构并有取土条件时，可高出不超过 0.5 m，并在临战时覆土。

6）防护单元与管道的关系。与防空地下室无关的管道，不宜穿过人防围护结构，需划出人防防护单元，当条件限制需穿过其顶板时，只允许水、暖、空调冷媒等，直径不大于 75 mm 的管道穿过，且应采取防护密闭措施。

（2）人防口部设计。人防口部是指防空地下室主体与地表面连接部分，包括人员出入口、物资出入口、进排风口。

1）出入口形式。出入口是人防工事与外界联系的部分，其形式是指防护门前部分的基本形状，它与防护效果有密切关系，常见出入口形式按照平面方向划分有直通式、单向式（拐弯）和穿廊式，按照垂直方向划分有水平式、倾斜式和竖井式。

① 直通式：优点是人员、设备的进出及施工均较方便，结构简单，材料节省。缺点是冲击波自正前方来时，防护门上的荷载较大，自卫性能差。

② 单向式：优点是自卫能力较好，人员进出方便，结构简单，而且节省材料。缺点是大设施（如柱架、电机等）进出不便，冲击波从侧前方来时，防护门荷载较穿廊式大。

③ 穿廊式：优点是冲击波无论从何方来，作用于防护门上的荷载均较小，自卫性能较好，人员出入方便。缺点是结构较复杂，耗费材料多，大设施进出不便。

④ 竖井式：优点是节省材料，无论冲击波来自何方，作用在门上的荷载均较小。缺点是出入不方便。

2）出入口的数量和要求。

① 每个防护单元不应少于两个出入口（不包括连通口），战时使用的主要出入口应设在室外，不应采用竖井式。

② 人员掩蔽部中相邻两个防护单元可在防护密闭门外共设一个室外出入口，两者防地面超压不同时，其设的室外出入口应按抗力高的等级设计。

③ 消防车库、大型物资库应分别设置两个室外出入口，中心医院急救医院宜分别设置

两个室外出入口，并宜设置在不同的方向并保持最大距离。

④ 室外出入口敞开段宜布置在地面建筑倒塌范围以外。

⑤ 地面建筑倒塌范围：4、4B 级人防上部建筑为砖混或钢筋混凝土时，倒塌范围为建筑高度；5、6 级人防上部砖混倒塌范围为 0.5 倍建筑高度；5、6 级人防上部为钢筋混凝土不考虑倒塌范围。

⑥ 倒塌范围以外的室外出入口宜采用单层轻型结构，倒塌范围以内的室外出入口应采用防倒塌栅架。

⑦ 备用出入口可采用竖井式，宜与通风竖井合并设置，竖井平面净尺寸不宜小于 1.0 m，如在倒塌范围内时，应设防倒塌栅架。

3）出入口通道、楼梯和门洞尺寸。应满足平时和战时的需要，并和防护密闭门和密闭门的尺寸有关。

① 门洞最小尺寸，人员掩蔽所门洞宽 0.8 m，门洞高 1.8 m，走道宽 1.2 m，走道高 2.2 m，楼梯宽 1.0 m；医疗工程和专业队员掩蔽所门洞宽 1.0 m，门洞高 2.0 m，走道宽 1.5 m，走道高 2.2 m，楼梯宽 1.2 m。

② 人员掩蔽所战时出入口门洞宽度之和按每 100 人 0.375 m 计算，每樘门通过人数不超过 500 人。

4）出入口的伪装。人防工事的抗力，不仅取决于工事结构和各种孔口防护设备的强度，还和工事隐蔽条件密切相关。工事结构程度很高，但十分暴露，这样就易被发现而遭破坏。这种工事的实际防护能力不能算高。所以，必须重视人防工事的伪装，即出入口部分的伪装。

出入口的伪装主要由当地地形、地貌环境所决定，应做到就地取材、灵活多种。如平坦地区可用轻便、防火的建筑物进行伪装，坑道工事出入口接通道路时可用接近道路的伪装。

5）清洁区和染毒区。有防毒要求的人防防护单元最内侧的一道密闭门以内，能满足防毒要求的区域为清洁区，此密闭门以外能抵御预定的核爆动荷载作用的区域为染毒区。染毒区应包括下列房间或通道：

① 扩散室、密闭通道、防毒通道、除尘室、滤毒室、简易洗消间或洗消间；

② 医疗救护工程的分类厅及其所属的急救室、厕所、染毒衣物间；

③ 柴油发电机室及其进排风机室、储油室；

④ 汽车库停车部分；

⑤ 战时无须防毒的房间或通道。

6）防护密闭门、密闭门、防毒通道和洗消间的设置。

① 医疗工程、专业队员、一等人员掩蔽所设主要出入口，设一道防护密闭门。两个防毒通道和洗消间，两道密闭门。次要出入口设一道防护密闭门，一个防毒通道，一道密闭门。

② 二等人员掩蔽所，有防毒要求的配套工程设一道防护密闭门，一个防毒通道和简易洗消间，一道密闭门。

③ 汽车库等不需要防毒的配套工程只设一道防护密闭门。

④ 防毒通道应由防护密闭门与密闭门或密闭门与密闭门的通道组成，并应在通道内设置能满足换气次数要求的通风换气设备，在满足使用前提下缩小通道容积。

⑤ 人防门设置由外向内的顺序为：防护密闭门、密闭门，防护密闭门应向外开启，密闭门宜向外开启。

⑥ 洗消间设置位于防毒通道一侧，由脱衣、淋浴、检查、穿衣室组成。从室外至内部的顺序为防护密闭门、第一防毒通道、脱衣室、淋浴室、检查穿衣室、第二防毒通道、第二道密闭门。医疗救护工程：脱衣室、淋浴室、穿衣室，每一淋浴器 6 m²。其他工程：脱衣室、检查穿衣室，每一淋浴器 3 m²，淋浴室每一淋浴器 2 m²。

⑦ 简易洗消间设置宜在防毒通道一侧单独设置，其使用面积宜为 5～10 m²，亦可与适当加宽的防毒通道合并设置。

7）进风口、排风口、防爆波活门、扩散室、扩散箱、滤毒室和进风机房。

① 进风口、排风口宜在室外单独设置。

② 设有洗消间或者简易洗消间的防空地下室，其战时排风口应设置在室外主要出入口。只有一个室外出入口时，进风口宜在室外单独设置。5、6 级人防室外确无进风条件时，可结合室内出入口设置进风口，但防爆波活门外侧应采取防堵塞措施。

③ 不设洗消间和简易洗消间的防空地下室，当只有一个室外出入口时，战时进风口宜结合室外出入口设置，战时排风宜通过厕所排出。

④ 进风口、排风口、排烟口的防爆活门、扩散室和扩散箱等消波设施按相应规范要求设置。

⑤ 门式悬板活门的嵌入深度：正面冲击波嵌入 200 mm；侧面冲击波嵌入 300 mm。

⑥ 扩散室横截面净面积大于等于 9 倍悬板活门通风面积，当有困难时横截面净面积大于等于 7 倍悬板活门通风面积，净宽与净高比大于等于 0.4 且小于等于 2.5，通风管与扩散室的连接口在侧墙上时应设在后 1/3，通风管与扩散室的连接口在后墙上时应设在弯头中心距离后墙后 1/3。常用扩散室的内部空间取最小尺寸。

⑦ 扩散箱宜采用不小于 3 mm 的钢板制作。

⑧ 滤毒室设置在染毒区，滤毒室门宜为密闭门，设置在密闭通道或防毒通道内。进风机室应设置在清洁区。150 人以下的二等人员掩蔽所，滤毒室和进风机室可合并布置为滤毒风机房，滤毒风机房宜设在清洁区，并应设密闭门。

8）洗消污水集水坑。防护密闭门外以及防爆波活门外应设洗消污水集水坑。

（3）其他要求。

1）重要出入口附近应设置能控制出入口部的火力点（视情况在临战前修建），并与主体工事连通，有条件的应与附近的城防、国防工事衔接连通，以便相互支援。

2）人防工事应按照工事用途、防护等级以及行政地位等划分为若干防护单元，分片进行保护。每个防护单元应自成防护体系，有 2 个以上的出入口（包括连通口），有独立的通风系统。防护单元之间的连接通道内应设置1~2道防护密闭门。

3）疏散机动干道分为主干道和支干道两种类型：主干道可构筑人行通道和车行通道，作为前运粮弹、后运伤员和机动疏散之用；支干道是贯通各片工事与主干道相连接的人行隧道。保护单元之间、防护单元与支干道之间均应构筑连接通道。

主干道、支干道和连接通道的走向，应根据工事分布情况、战时机动疏散的需要和有利于平时使用来确定。主干道宜从入口稠密区通过，并连接重要工事。地上、地下要统一安排，避免与地面建筑、地下管线及其他地下构筑物相互影响和矛盾。

人行主干道、支干道每600~800 m设置迂回通道和管理站，内设指挥、救护、隐蔽、饮水、厕所和出入口等设施。车行主干道的单车道每隔一定距离设置错车道。主干道、支干道和连接通道的交叉口应设置路牌。

采取自流排水时，应使防护单元和连接道的地面标高高于支干道，而支干道的地面标高高于主干道。

4）人防工事一般在半径为300~500 m范围内设置给水点，无内水源的人防工事可设置储水池。

5）重点人防工事应设置独立的内部电源。一般人防工事应因地制宜，采取多种方式，优先保障战时工事照明。人防工事照明用电应做到分片、分段控制，有条件时可集中构筑较大的平战两用区域性的地下电站和变电站，战时统一向地下工程供电，平时在地面用电高峰时投入电网。

6）应将全部或部分通信枢纽站的机线转入地下。重点单位均应具备地下通信手段，形成通信骨干，保障战时指挥、警报畅通。防空战斗片和主干道、支干道内部应设置有线通信设备或广播对讲机设备的预装设施。

7）人防工事的消防应以防为主，制定防火管理规定，主干道、支干道和连接通道内应按照分段防毒、防烟、防灌水的要求进行分段防火且密闭。多层工事宜采用封闭防火楼梯间，并设置防火门。工事的重要部位，必要时可装置灭火设备和消防器材。

人防的地位与作用正在被世界各国所进一步认识。20世纪90年代以来，人防的概念在发展，它不仅限于军事意义，不仅是防空措施，不仅在战时发挥作用，在许多国家，它正发挥着保证城市综合防护和促进城市建设的作用。目前世界上已有100多个国家开展了民防工作，各军事大国以及保持中立的发达国家民防建设已具相当规模。有一组数字可以证明：将全国国民隐蔽于地下的能力，以色列是100%，瑞士是89%，瑞典是85%，美国是70%。像俄罗斯的莫斯科其重要部门和重要目标的人防工程，通过战备地铁已实现了四通八达、快速机动与转移的程度。只不过各国今天的"防空洞"早已摆脱了昔日潮湿、阴冷，以"防"、"藏"为主的被动局面，代之以"能打能防"、"能藏能储"、"平战结合"的全维系统的综合构建，将战争与建设、国防与发展、军用与民用有机地结合起来，将人防（民防）建设与城市规划和开发地下资源有机地结合起来，使人防（民防）工程为国家经济建设和战争准备发挥出综合的效能。

第九章　建筑工程中的安全生产

第一节　生产事故灾害及类型

一、生产事故含义及分类

1. 事故与生产事故含义

事故是一项主观上不愿意出现、导致人员伤亡、健康损失、环境及商业机会损失的不期望事件。

所谓生产安全事故，是指在生产经营活动中发生的意外的突发事件，通常会造成人员伤亡或财产损失，使正常的生产经营活动中断。

2. 分类

（1）按照事故发生的行业和领域划分：建筑工程事故、交通事故、工业事故、农业事故、林业事故、渔业事故、商贸服务业事故、教育安全事故、医药卫生安全事故、食品安全事故、电力安全事故、矿业安全事故、信息安全事故、核安全事故等。

（2）安全生产事故灾难按照其性质、严重程度、可控性和影响范围等因素，一般分为四级：Ⅰ级（特别重大）、Ⅱ级（重大）、Ⅲ级（较大）和Ⅳ级（一般）。

（3）按照事故原因划分：物体打击事故、车辆伤害事故、机械伤害事故、起重伤害事故、触电事故、火灾事故、灼烫事故、淹溺事故、高处坠落事故、坍塌事故、冒顶片帮事故、透水事故、放炮事故、火药爆炸事故、瓦斯爆炸事故、锅炉爆炸事故、容器爆炸事故、其他爆炸事故、中毒和窒息事故、其他伤害事故 20 种。

（4）按照事故的等级划分。

《生产安全事故报告和调查处理条例》第三条，根据生产安全事故（以下简称事故）造成的人员伤亡或者直接经济损失，分为以下四个等级：

1）特别重大事故，是指造成 30 人以上死亡，或者 100 人以上重伤（包括急性工业中毒，下同），或者 1 亿元以上直接经济损失的事故；

2）重大事故，是指造成 10 人以上 30 人以下死亡，或者 50 人以上 100 人以下重伤，或者 5 000 万元以上 1 亿元以下直接经济损失的事故；

3）较大事故，是指造成 3 人以上 10 人以下死亡，或者 10 人以上 50 人以下重伤，或者 1 000 万元以上 5 000 万元以下直接经济损失的事故；

4）一般事故，是指造成 3 人以下死亡，或者 10 人以下重伤，或者 1 000 万元以下直接经济损失的事故。

3．事故原因

事故原因指由于企业安全生产管理方面存在的问题，即人的不安全行为和物（环境）的不安全状态因素作用下，而造成的事故的直接原因。根据《非矿山企业职工伤亡事故月（年）报表》，事故原因有以下 11 种：

（1）技术和设计上有缺陷；

（2）设备、设施、工具、附件有缺陷；

（3）安全设施缺少或有缺陷；

（4）生产场地环境不良；

（5）个人防护用品缺少或有缺陷；

（6）没有安全操作规程或不健全；

（7）违反操作规程或劳动纪律；

（8）劳动组织不合理；

（9）对现场工作缺乏检查或指导错误；

（10）教育培训不够、缺乏安全操作知识；

（11）其他。

二、生产事故灾害严重性

安全生产一般是指通过人、机、环境的和谐运作，社会生产活动中危及劳动者生命健康和财产价值的各种事故风险和伤害因素处于被有效控制的状态。但任何一个社会在其处于急剧变迁（社会转型）时期，社会问题、安全事故的发生总是表现得更加突出（如 1848 年前后的欧洲）。目前我国安全生产事故的频发性和重大特大事故的发生难以避免，较计划经济时期绝对数在上升（相对数在下降），比如我国目前煤矿安全事故死亡率是美国的 100 多倍，是印度的 10 多倍。我国安全生产形势严峻，统计资料显示，频频发生的安全生产事故每年造成的损失数百亿元，相当于中国 GDP（国民生产总值）的 2%，近年来，平均每年发生生产事故 80 万起，年均事故死亡 13 万人，因事故导致的伤残人员年均 70 万人。

世界卫生组织在 1997 年年底发表的一份调查报告宣布，全世界每年发生的工伤事故约有 1.2 亿起，根据国际劳工组织估算，全世界每年发生在生产岗位的死亡人数超过 100 万人。每年约有 17 万农业工人因工作而死亡，几百万农业工人因农药中毒或因农机事故造成严重受伤。建筑场所每年约有 5.5 万人死亡。

第二节 工程事故灾害

一、概念与分类

1. 概念

工程事故灾害是由于勘查、设计、施工和使用过程中存在重大失误造成工程倒塌（或失效）引起的人为灾害。也就是人们常说的"豆腐渣工程"，即劣质建筑工程引起的人员伤亡和经济上的巨大损失。

近几年我国新闻媒体披露的多起工程倒塌事故应引起人们高度重视。据有关部门调查，近几年，全国每年因建筑工程倒塌事故造成的损失和浪费在 1 000 亿元左右。发生在 1999 年 12 月 1 日的广东东莞商业街房屋大坍塌事故，造成 10 余人死亡，房屋倒塌后覆盖了整个商业街。这是典型的人为灾害，据查该工程是典型的"豆腐渣"工程，无办理报建手续、无国土证、无规划许可证、无施工许可证。

2. 建筑工程事故级别

国家现行对工程质量事故通常采用按造成损失严重程度划分为：一般质量事故、严重质量事故和重大质量事故三类。建筑工程重大事故系指在工程建设过程中由于责任过失造成工程倒塌或报废、机械设备毁坏和安全设施失当造成人身伤亡或者重大经济损失的事故。重大质量事故又划分为：一级重大事故、二级重大事故、三级重大事故和四级重大事故。

（1）具备下列条件之一者为一级重大事故：

1）死亡 30 人以上；

2）直接经济损失 300 万元以上。

（2）具备下列条件之一者为二级重大事故：

1）死亡 10 人以上 29 人以下；

2）直接经济损失 100 万元以上，不满 300 万元。

（3）具备下列条件之一者为三级重大事故：

1）死亡 3 人以上 9 人以下；

2）重伤 20 人以上；

3）直接经济损失 30 万元以上，不满 100 万元。

（4）具备下列条件之一者为四级重大事故：

1）死亡 2 人以下；

2）重伤 3 人以上 19 人以下；

3）直接经济损失 10 万元以上，不满 30 万元。

重大事故发生后，事故发生单位必须及时报告。

① 特别重大事故、重大事故逐级上报至国务院安全生产监督管理部门和负有安全生产监督管理职责的有关部门；

② 较大事故逐级上报至省、自治区、直辖市人民政府安全生产监督管理部门和负有安全生产监督管理职责的有关部门；

③ 一般事故上报至设区的市级人民政府安全生产监督管理部门和负有安全生产监督管理职责的有关部门。

3．工程事故发生原因

（1）技术方面的原因：

1）地质资料勘查严重失误，或根本没有进行勘查；

2）地基承载力不够，同时基础设计又严重失误；

3）结构方案、结构计算或结构施工图有重大错误，或凭"经验"、"想象"设计，无图施工；

4）材料和半成品的质量严重低劣，甚至采用假冒伪劣的产品和半成品；

5）施工和安装过程中偷工减料，粗制滥造；

6）施工的技术方案和措施中有重大失误；

7）使用中盲目增加使用荷载，随意变更使用环境和使用状态；

8）任意对已建成工程打洞、拆墙、移柱、改造。

建筑工程的工程质量取决于专业的施工队伍、合理的施工组织程序及合理的工期，如果施工过程中没有遵循合理的工期和工序要求，或者采用不合格的原材料，结构或构件的强度在没有达到设计强度前，过早地承受较大荷载将导致工程事故的发生。如 2007 年 11 月 25 日凌晨 1 时，正在修建的山西侯马市西客站两层候车大厅坍塌，造成至少 2 人死亡，就在事故发生前 10 小时，该建筑刚刚举行了封顶仪式。事故的发生主要是工期要求太紧，周围的大楼建筑工地已经全部建成进入装修阶段，这个车站也要赶在 2008 年"五一"前交付使用，前几天他们刚浇筑的主体支柱还没有晾干，混凝土还没有达到原来工程设计的强度，在工期紧的情况下使用钢管支架进行支撑封顶，钢管支架是有伸缩性的，在不堪负重的情况下发生了倒塌事故。

（2）管理方面的原因。

1）由非相应资质的设计、施工单位（甚至无营业执照的设计、施工单位）进行设计、施工；

2）建筑市场混乱无序，出现前述的"六无"工程项目；

3）"层层分包"现象普遍，使设计、施工的管理处于严重失控状态；

4）企业经营思想不正，片面追求利润、产值，没有建立可靠的质量保证制度；

5）无固定技工队伍，技术工人和管理人员素质太低。

我国台湾地区"9·21"大地震后，台中地方法院检察署对台中县太平市"元宝天厦震害案"侦查终结，认为建筑师与承建商等人未按图施工，依公共危险罪起诉。起诉书指出，芝柏公司负责人委托建筑师负责设计与监造台中县太平市元宝天厦大楼，在施工时，出现柱头搭接不当、钢筋用料不符等偷工减料或未按图施工等情况。

4．工程建设中的危险源

工程事故的发生往往和施工现场不安全因素有关，工程建设中的重大危险源有：

（1）与人有关的重大危险源主要是人的不安全行为。"三违"，即违章指挥、违章作业、违反劳动纪律，集中表现在那些施工现场经验不丰富、素质较低的人员当中。事故原因统计分析表明，70%以上的事故是由"三违"造成的。

（2）存在于分部、分项工艺过程、施工机械运行过程和物料的重大危险源。

1）脚手架、模板和支撑、起重塔吊、物料提升机、施工电梯安装与运行，人工挖孔桩、基坑施工等局部结构工程失稳，造成机械设备倾覆、结构坍塌、人员伤亡等事故。

2）施工高层建筑或高度大于 2 m 的作业面（包括高空、四口、五临边作业），因安全防护不到位或安全兜网内积存建筑垃圾、人员未配系安全带等原因，造成人员踏空、滑倒等高处坠落摔伤或坠落物体打击下方人员等事故。

3）焊接、金属切割、冲击钻孔、凿岩等施工时，由于临时电漏电遇地下室积水及各种施工电器设备的安全保护（如漏电、绝缘、接地保护、一机一闸）不符合要求，造成人员触电、局部火灾等事故。

4）工程材料、构件及设备的堆放与频繁吊运、搬运等过程中，因各种原因发生堆放散落、高空坠落、撞击人员等事故。

（3）存在于施工自然环境中的重大危险源。

1）人工挖孔桩、隧道掘进、地下市政工程接口、室内装修、挖掘机作业时，损坏地下燃气管道等，因通风排气不畅，造成人员窒息或中毒事故。

2）深基坑、隧道、地铁、竖井、大型管沟的施工，因为支护、支撑等设施失稳、坍塌，不但造成施工场所被破坏、人员伤亡，还会引起地面、周边建筑设施的倾斜、塌陷、坍塌、爆炸与火灾等意外事故。基坑开挖、人工挖孔桩等施工降水，造成周围建筑物因地基不均匀沉降而倾斜、开裂、倒塌等事故。

3）海上施工作业由于受自然气象条件如台风、汛、雷电、风暴潮等侵袭，发生翻船等人亡、群死群伤事故。

全国建筑施工伤亡事故类别主要是高处坠落、施工坍塌、物体打击、机械伤害（含机具伤害和起重伤害）和触电等类型，这些类型事故的死亡人数分别占全部事故死亡人数的52.85%、14.87%、10.28%、9.3%和7.4%，合计占全部事故死亡人数的94.7%。

在事故部位方面：在邻边洞口处作业发生的伤亡事故死亡人数占总人数的20.33%；在各类脚手架上作业的事故死亡人数占总数的13.29%；安装、拆除龙门架（井字架）物料提升机的事故死亡人数占总数的9.18%；安装、拆除塔吊的事故死亡人数占事故总数的8.15%；土石方坍塌事故死亡人数占总数的5.85%；因模板支撑失稳倒塌事故死亡人数占总数的5.62%；施工机具造成的伤亡事故死亡人数占总数的6.8%。

5. 桥梁施工事故

对于桥梁、特别是大跨度桥梁来说，施工是非常重要的一个环节，也是安全性最为脆弱的阶段，施工过程是否体现了设计者的意图，同时决定了工程的质量。桥梁施工技术水平，对于桥梁工程建设起着至关重要的作用，特别是对于结构形式复杂的桥梁，由于施工过程临时设施多、结构体系转换多、外界环境因素复杂，桥梁施工中的安全性低，易发生施工事故。

2007年8月13日16时40分湖南凤凰沱江大桥发生坍塌事故，湖南省凤凰县正在建设的堤溪沱江大桥发生特别重大坍塌事故，造成64人死亡，4人重伤，18人轻伤，直接经济损失3 974.7万元。

6. 建筑吊装中的施工事故

对于高层、超高层建筑施工中，为施工材料运输和人员作业需要往往使用塔吊或升降机，由于作业高度大、起吊重量巨大，吊装作业已经成为危险性极高的一种工作，加之设备因素、外界环境因素等影响导致的施工事故时有发生。

2010年8月16日，吉林省通化市梅河口市医院在建的住院部大楼正在进行外墙装饰施工。当运送作业人员的施工升降机升至10层（垂直高度约40 m）时，升降机吊笼突然坠落，造成11人死亡。其原因是由于该升降机驱动减速机固定底板左上角的螺栓断裂后未及时更换新螺栓，而是采取违规焊接的方式代替螺栓固定，且焊接质量不符合相应技术要求，导致升降机在运行过程中因焊接处断裂而发生事故。同时，由于升降机的防坠落安全保护装置事先已被拆除，丧失了防坠落保护功能。

此外，起重吊装设备在吊装过程中，由于各种因素影响导致起重机械倾倒事故不断发生。

二、工程事故灾害的预防

1. 预防措施

根据工程事故发生的原因，主要有以下几方面的解决办法：

（1）搭建施工现场安全生产的管理平台，建立建设单位、监理单位、施工单位三位一体的安全生产保证体系。

（2）实行建设工程安全监理制度，对监理单位及监理人员的安全监理业绩实行考评，作为年检或注册的依据，规定监理单位必须按规定配备专职安全监管人员。

（3）夯实企业基础工作，强化企业主体责任。安全生产的责任主体是企业自身，改善安全生产条件，提高企业安全生产水平，是实现安全生产长治久安的必由之路。

（4）各级政府应进一步高度重视建设安全生产工作，协调市、县、区有关部门，解决区、县安全生产管理机构"机构、人员、职能、经费"问题。

（5）加大建设工程施工机械管理力度，把好入场关，淘汰不符合要求的塔吊等起重机械，对起重机械的产权单位、租赁单位实行登记、验收、检测制度，使起重机械的管理逐步规范化。

（6）将安全工作的违章情况、评估评价与招标投标挂钩；对于"三类人员"不到位、无安全生产许可证的施工企业，不予办理招标投标手续；发生安全事故的企业，在参加工程投标时按相应规定扣减商务标书分；发生重大伤亡事故的企业，酌情给予暂停投标或降低资质等级处分。

（7）坚持以人为本理念，加强对农民工的安全教育，安全培训教育工作是安全管理的中心环节，也是一项基础性工作。

（8）建立长效机制，将各类开发区、工业园、旧村改造工程安全管理依法纳入管理的轨道；强化基本建设程序及手续的严肃性，各级各部门要严格把关，不允许无手续的工程开工；强化村镇建设单位的管理，进一步规范业主行为，取缔私自招标投标、非法招用无资质施工队伍的状况，严肃纪律、不允许施工队伍从事建设手续不齐全的建筑工程的施工。

（9）改进安全监管方式，加大行政执法力度。在安全监管工作中要统筹考虑对建筑市场和工程质量安全的监督，加强"市场"与"现场"联动，在施工资质的审查环节以及招标投标监管环节，切实行使安全生产一票否决权，严把建筑企业市场准入关。不断充实、优化、整合建筑监管资源，加快转变政府职能，彻底改变重审批轻监管的管理方式，将有限的监管资源调整到安全监管工作方面。逐步建立健全安全巡查制度，主动出击，改变单一的运动式检查，重点监督检查施工主体安全。

2. 国外的管理经验

建筑工程施工中，为防止工程事故的发生，国外的主要做法，归纳起来有五个方面：

国家立法、政府执法、员工培训、技术支持及保险。

（1）从国家立法看，各国在安全生产方面都比较完善。各国都颁布有完整的安全生产法律体系，强制业主执行。如日本有《劳动安全卫生法》，政府发布《劳动安全卫生法实行令》，劳动省发布《劳动安全卫生法规则》，细化技术措施。

（2）从政府执法看，各国的体制不同，执法强度就有了较大差别。美国政府采取严格的日常检查制度确保法律的贯彻实施。尤其是对于煤矿，每天约有 5 000 名检察员在工作场所检查；检查的时间安排可视伤害数量、员工投诉而定，也可随机抽查。如在检查中发现违法行为，雇主将受到惩罚，最高罚款额可达 700 万美元。日本设立"中央劳动安全卫生委员会"，负责检查生产单位的安全措施落实情况，指导和督促生产单位履行各项责任和义务。我国则在机构上比较完善，各地建立了建筑安全监督站，有万名执法监督人员，还定期开展全国安全抽查、专项治理等。特别是监理企业要承担监理安全的责任，这是其他国家所没有的。

（3）从员工培训看，新加坡 1984 年起设立建筑业培训学校，开设了超过 80 种培训和测试科目，对工人和管理人员进行培训和测试，每一名员工平均花费 5%的工作时间用于培训。香港 1975 年起设立建造业训练局，为建造业提供训练课程。有些国家还从财政方面给予补贴，使培训更有吸引力：荷兰建筑企业以每一个员工缴纳一定的税金作为研究与培训基金，使研究发展活动和职业培训的成本和风险由整个行业来承担。新加坡实行建筑业奖学金制度，鼓励新工人积极参加建筑相关课程学习。香港则发给参加培训的人员津贴，如参加短期全日制课程，每人每月发给 2 400～3 300 港元。当然，这些费用来自工程总价0.25%的训练费。我国也很重视工人培训，各级建设主管部门每年都要强调施工人员培训问题。

（4）从新技术的推广和采用看，新技术大幅度降低了安全事故，如先进的盾构施工技术设备和各种措施保证了隧道施工的安全，安全高效的新型手持电动机具既提高了效率又减少了事故，信息化技术的广泛采用，增强了对安全隐患的预见性等。我国在施工新技术方面也在缩短与发达国家的差距，国外先进的机具广泛使用在工程中。

（5）从保险情况看，建筑行业安全保险广泛采用。发达国家保险公司通过与风险紧密相连的可变保金对建筑公司进行经济调节，并通过风险评估和管理咨询，促使并帮助其改进安全生产状况。安全生产的保金费率根据企业风险的大小灵活制定，工作环境不安全的代价就是支付昂贵的保险费用，而安全的工作条件将大大减少这笔支出。由于经济上的差异相当可观，在促进企业安全生产方面起到了重要的作用。法国的社会保险机构建立专门的工伤预防基金和专职的安全监督员，雇主缴纳的工伤保险税与其事故伤人率挂钩，这样，使雇主主动改善安全生产条件，控制事故风险，从而获得更大利润。我国建筑法规定：建筑施工企业必须为从事危险作业的职工上意外伤害保险，支付保险费。

在德国，劳动部门代表国家对各行业的安全卫生状况进行监督检查。业主在向当地建管局报建的同时，还必须将建设项目以告知书的形式通知当地劳动局。劳动局将对建设项目建成后涉及使用安全的方面进行重点审查,如果发现其中有不符合《劳动保护法》要求的,就不予审批。此外,劳动部门还对施工中涉及个人劳动保护,即工人的安全防护情况进行检查,发现违章现象,如工人不戴安全帽,或者每名工人徒手搬运物体的重量超过25 kg 等,将对该工人和承包商各处以 100 马克的罚款。

第三节 道路交通事故

一、概念

1. 概念

交通事故是指车辆在道路上因过错或者意外造成人身伤亡或者财产损失的事件。交通事故不仅是由不特定的人员违反交通管理法规造成的,也可以是由于地震、台风、山洪、雷击等不可抗拒的自然灾害造成的。

2. 道路交通事故分类

按照交通事故的人员伤亡和财产损失大小可以分为四类:轻微事故、一般事故、重大事故、特大事故。

(1)轻微事故:是指一次造成轻伤 1～2 人,或者财产损失机动车事故不足 1 000 元,非机动车事故不足 200 元的事故。

(2)一般事故:是指一次造成重伤 1～2 人,或者轻伤 3 人以上,或者财产损失不足 3 万元的事故。

(3)重大事故:是指一次造成死亡 1～2 人,或者重伤 3 人以上 10 人以下,或者财产损失 3 万元以上不足 6 万元的事故。

(4)特大事故:是指一次造成死亡 3 人以上,或者重伤 11 人以上,或者死亡 1 人,同时重伤 8 人以上,或者死亡 2 人,同时重伤 5 人以上,或者财产损失 6 万元以上的事故。

二、交通事故严重性

1. 道路交通事故概况

随着社会经济的发展,我国道路通车里程逐年增长,机动车保有量不断增加,道路交通事故虽呈逐年下降趋势但绝对量仍相当大。表 9-1 给出了 2001—2009 年中国交通事故人员伤亡和财产损失统计情况。9 年间平均每年交通事故约 50 万起，平均每年因交通事故死亡 9 万人，稳居世界第一。统计数据表明，约每 5 min 就有一个人丧生车轮，约每 1 min 会有一个人因交通事故而伤残。

表 9-1 2001—2009 年中国交通事故汇总表

年份	事故数量/万起	死亡/万人	直接经济损失/亿元
2001	75.5	10.6	30.9
2002	77.3	10.9	33.2
2003	66.7	10.4	33.7
2004	56.7	9.4	27.7
2005	45.0	9.8	18.8
2006	37.8	8.9	14.9
2007	32.7	8.1	12.0
2008	26.5	7.3	10.1
2009	23.8	6.8	9.1

铁路交通事故有时伴随着大量人员伤亡和重大经济损失，如 2008 年 4 月 28 日凌晨 4 时 48 分，北京至青岛的 T195 次客车下行至胶济线周村至王村区间时，尾部第 9 至 17 节车厢脱轨，与上行的烟台至徐州的 5 034 次客车相撞，致使该客车机车和 5 节车厢脱轨，造成 70 人死亡，416 人受伤。

2．交通事故对建筑物的损害

交通事故中往往表现为人的伤亡和车辆及货物的损失，但在某些情况下，对周围的建筑物也会造成极大伤害。近年来，由于自然因素或操作失误，水上交通事故导致桥梁受损和坍塌事件不断，如 2007 年 6 月 15 日，一艘运砂船偏离主航道航行，撞击九江大桥 23 号桥墩，致使九江大桥第 23 号、24 号、25 号三个桥墩倒塌，所承桥面约 200 m 坍塌，正在桥上行驶的 4 辆汽车（共有司乘人员 7 人）及 2 名大桥施工人员坠入江中，造成 8 人死亡，1 人失踪。

在陆路交通事故中，车辆引起周围房屋建筑的损害事例也并不少见。如 2010 年 3 月 26 日挪威首都奥斯陆发生的货运列车脱轨事故，一列停在奥斯陆阿尔那布鲁车站的货运列车突然溜车，沿着山坡轨道高速行驶了七八千米，部分车厢脱轨，主体列车在铁路尽头冲出轨道。列车共有 16 节车厢，车厢内没有装载货物或搭载乘客。后 9 节车厢在疾驰途中出轨，与车体分离，前 7 节车厢疾驰数百米，冲出铁轨末端障碍物，撞入奥斯陆港货物检查站一座单层建筑，前两节车厢穿出建筑坠入海中。

第四节　工矿生产事故

一、工矿生产事故概况

工矿生产事故是指工矿商贸企业事故，即工业生产过程中由于人为原因或自然原因导致的人员伤亡和物质损失的事件，由此引起的灾害称为工矿生产事故灾害。2010 年统计数据显示，全国工矿商贸企业事故总量和死亡人数分别为 8 431 起、10 616 人，同比减少 1 111 起、920 人，分别下降 11.6% 和 8%。煤矿事故起数和死亡人数分别为 1 403 起、2 433 人，同比减少 213 起、198 人，分别下降 13.2% 和 7.5%。工矿商贸十万就业人员生产安全事故死亡率由 2.4% 降到 2.13%。但是，我国的工矿企业生产事故发生频率较发达国家高得多，万人死亡率偏高。

1. 工业生产活动引起的事故灾害

2007 年 4 月 18 日 7 时 45 分左右，辽宁省铁岭市清河特殊钢有限公司发生钢水包滑落事故，装有 30 t 钢水的钢包突然滑落，钢水洒出，造成 32 人死亡，6 人受伤。

2. 矿山事故灾难

矿山事故在我国主要表现为煤矿生产事故，经过多年的煤矿综合治理，目前我国煤矿的百万吨死亡率已经从 2000 年的 6.096 降低到 2010 年的 0.49，但是美国 2004—2006 年的百万吨死亡率分别是 0.027，0.021，0.045。从这个比较当中就可以看到，中国煤矿占全世界煤炭总量的 37% 左右，但是事故死亡率却占全世界煤矿死亡率的 70% 左右，煤矿生产仍然是一个高风险的行业，非常危险。

3. 核事故

核事故是指大型核设施（例如，核燃料生产厂、核反应堆、核电厂、核动力舰船及后处理厂等）发生的意外事件，可能造成厂内人员受到放射损伤和放射性污染性物质泄漏到厂外，污染周围环境，对公众健康造成危害。

国际核事故分级标准制定于 1990 年。这个标准是由国际原子能机构起草并颁布，旨在设定通用标准以及方便国际核事故交流通信。核事故分为 7 级，类似于地震级别，灾难影响最小的级别位于最下方，影响最大的级别位于最上方。最低级别为 1 级核事故，最高级别为 7 级核事故。2011 年 3 月 11 日日本地震海啸引起的福岛第一核电站事故，于 4 月 12 日调整为第 7 级核事故。

二、工矿生产事故原因

这些重大事故的原因可以归纳为人为失误、错误操作、技术失误和疲劳工作造成的。但是主要原因还是人为失误，这种失误不仅仅表现在现场的操作者身上，还表现在设备的维护者、管理者、设备的设计者和供应商身上。技术失误也是由于工人对设备缺乏维护或是漠视超期服役造成的。

三、工矿生产事故危害

1. 直接后果

重大事故的直接后果就是人员的伤亡、建筑和设备的损伤、环境的污染等。工人和设备均受到影响，一些重大的事故还将影响大气和环境。如核事故导致的放射性尘埃污染环境，影响人类健康。

2. 间接后果

一起严重事故的间接后果有以下三个方面：企业方面、邻居方面、环境方面。

（1）对企业方面的影响有：不利的公众反应、媒体不利报道、巨额罚单和牢狱风险、受害人以及受害人亲属的赔偿等。

（2）对邻居方面的影响有：住在事故发生地的居民也许会残疾或是精神上受到严重伤害。某些化学物质能够导致疾病或是长潜伏期的疾病。除了事故发生地附近居民的财产受到伤害外，这个地区也会被认为是危险地带而地价猛跌。

（3）对环境方面的影响有：重大的事故也许会导致环境灾难、动物和植物受到伤害，比如农作物被破坏、水资源受到污染、土地在未来很长一段时间不再适合耕作和放牧。

第十章　城市减灾防灾

第一节　防灾减灾体系

一、防灾减灾体系概念

防灾减灾体系是人类社会为了消除或减轻自然灾害对生命财产的威胁，增强抗御、承受灾害的能力，灾后尽快恢复生产生活秩序而建立的灾害管理、防御、救援等组织体系与防灾工程、技术设施体系，包括灾害监测、灾害预报、灾害评估、防灾、抗灾、救灾、安置与恢复、保险与援助、宣教与立法、规划与指挥共十个子系统，是社会、经济持续发展所必不可少的安全保障体系。

二、子系统内涵

（1）灾害监测。是减灾工程的先导性措施。通过监测提供数据和信息，从而进行示警和预报，甚至据此直接转入应急的防灾和减灾的指挥行动。

（2）灾害预报。是减灾准备和各项减灾行动的科学依据。如气象预报以数值预报为主，结合天气图方法、统计学方法和人工智能技术的综合预报方法。有些灾害预报，如地震多年预报成功率仍徘徊在 20%～30%。由于各种自然灾害的发生经常有密切的连发性和关联性，应在发展预报技术的同时，探索自然灾害的综合预报方法及巨灾预报研究。使预报内容与形式系列化、多样化，提高预报的适应性。

（3）灾害评估。是指对灾害规模及灾害破坏损失程度的估测与评定。

灾害评估分为灾前预评估、灾时跟踪评估、灾后终评估。

灾前预评估是指在灾害发生之前，对可能发生灾害的地点、时间、规模、危害范围、成灾程度等进行预测性估测，为制定减灾预案提供依据。

灾时跟踪评估是指灾害发生后，为了使上级管理部门和社会及时了解灾情，组织抗灾救灾，对灾害现实情况和可能趋向所做的适时性评估。

灾后终评估是指灾害结束后通过全面调查，对灾情的完整的总结评定。其主要内容包括：灾害种类、灾害强度、灾害活动时间与地点、人员伤亡和财产破坏数量、经济损失、抗灾救灾措施等。

（4）防灾。包括两方面措施，一是在建设规划和工程选址时要充分注意环境影响与灾害危害，尽可能避开潜在的灾害；二是对遭受灾害威胁的人和其他受灾体实施预防性防护措施。前一方面，在国家的大型工程规划中都按规范进行了考虑。后一方面与防灾知识和技术的普及有关，这方面在提高全民防灾意识的指导下，具有很大减灾潜力。

（5）抗灾。通常是指在灾害威胁下对固定资产所采取的工程性措施。这方面减灾的有效性是明确的，如大江大河的治理，城市、重大工程的抗灾加固，均可大大提高抗灾的水平。反之，若工程质量差，年久失修，抗灾能力远远低于自然灾害的危害强度时，则自然灾害发展趋势会明显增长。

（6）救灾。是一项社会行动，除了国家拨发救灾款外，要大力提倡自救、互救，应大力发展灾害保险，拓宽社会与国际援助渠道。要加强救灾技术与设备、机器的研究。灾害频发区应做好各项救灾物资的储备。

（7）安置与恢复。包括生产和社会生活的恢复，这也是一项具有很大减灾实效的措施。一次重大灾害发生之后，必然造成大量企业的停产、金融贸易的停顿、工程设施的损毁，以致社会家庭结构的破坏等，会引起巨大的损失。尽快缩短恢复生产、重建家园的时间，是减灾的重要措施。

（8）保险与援助。是灾后恢复人民生活、企业生产和社会功能的重要经济保障之一。灾害保险是一种社会的金融商业行为，但它以保户自储和灾时互助的准则，千万保户的自援行动是对国家灾损援助的重要补充。

（9）宣教与立法。减灾的宣传教育是提高全民减灾意识、素质和全社会减灾能力的重要措施，国内外对灾害教育和多种灵活的普及宣传活动都十分重视。灾害立法是保障各项减灾措施、规范减灾行为、实施减灾管理的法律保障，同时也是提高减灾意识和积极性的一种社会舆论。

（10）规划与指挥。制定国家和各级政府的减灾规划和减灾预案，协调全社会的减灾、救灾行为，建立政府的减灾指挥系统，建立减灾试验区、组织减灾队伍及防灾救灾训练、演习等均须统一规划和指挥。

现代灾害的多样性与复杂性，不仅使认识灾害变得越来越困难，而且对现代减灾提出了挑战。防灾减灾是涉及广泛的系统工程，它强调减灾必须多种途径、多种措施相互配合，相互衔接，统筹安排，由此形成结构完整、有序运作的减灾系统工程。与此同时，灾害的影响涉及方方面面，从人员伤亡到社会各界心理；从直接经济损失到间接经济损失；从构筑物的破坏到生态环境的影响；从灾害区的损失到区域社会经济发展。因此应该把灾害看作是社会经济发展的一个重要因素，将减灾与经济建设作为一个统一的系统进行整体的考虑，制定社会经济与减灾同步发展规划。

第二节 指导思想、基本原则和规划目标

一、指导思想

深入贯彻落实科学发展观，按照以人为本、构建社会主义和谐社会的要求，统筹考虑各类自然灾害和灾害过程各个阶段，综合运用各类资源和多种手段，始终坚持防灾减灾与经济社会发展相协调、坚持防灾减灾与应对气候变化相适应、坚持防灾减灾与城乡区域建设相结合，发挥各级政府在防灾减灾工作中的主导作用，努力依靠健全法制、依靠科技创新、依靠全社会力量，着力提高全民防灾减灾意识，全面加强各级综合防灾减灾能力建设，切实改善民生和维护人民群众生命财产安全，有力地保障经济社会全面协调可持续发展。

二、基本原则

（1）预防为主，防减并重。加强自然灾害监测预警预报、风险调查、工程防御、宣传教育等预防工作，坚持防灾、抗灾和救灾相结合，协同推进灾害管理各个环节的工作。

（2）政府主导，社会参与。坚持各级政府在防灾减灾工作中的主导作用，加强各部门之间的协同配合，积极组织动员社会各界力量参与防灾减灾。

（3）以人为本，科学减灾。关注民生，尊重自然规律，以保护人民群众的生命财产安全为防灾减灾的根本，以保障受灾群众的基本生活为工作重点，全面提高防灾减灾科学与灾害风险科学理论与技术支撑水平，规范有序地开展综合防灾减灾各项工作。

（4）统筹规划，突出重点。从战略高度统筹规划防灾减灾各个方面工作，着眼长远推进防灾减灾能力建设，优先解决防灾减灾领域的关键问题和突出问题。

三、防灾减灾基本目标

《国家综合防灾减灾"十二五"规划》（征求意见稿）提出的防灾减灾发展目标如下：

（1）全面提升国家综合防灾减灾能力，有效抑制自然灾害风险的上升趋势，最大限度地减少自然灾害造成的损失，全民防灾减灾素养明显增强，自然灾害对国民经济和社会发展的影响明显降低。

（2）自然灾害监测、预警和信息发布能力进一步提高，基本摸清全国重点区域自然灾害风险底数，基本建成国家综合减灾与风险管理信息平台。

（3）自然灾害造成的死亡人数在同等致灾强度下较"十一五"期间明显下降，年均因

灾直接经济损失占国内生产总值的比例控制在 1.5%以内。

（4）防灾减灾工作纳入各级国民经济和社会发展规划，并将防灾减灾作为土地利用、资源开发、能源供应、城乡建设、气候变化和扶贫等规划的优先事项。

（5）自然灾害发生 12 h 之内，保证受灾群众基本生活得到初步救助。增强保险在灾害风险管理中的作用，自然灾害保险赔款占自然灾害损失的比例明显提高。

（6）严格执行灾后恢复重建选址灾害风险评估，基础设施和民房普遍达到规定的设防水平。到 2015 年经济社会灾后可恢复性基本达到中等收入国家水平。

（7）全民防灾减灾意识明显增强，建立国家防灾减灾科普教育网络平台。全国防灾减灾人才资源总量达到 275 万人，创建 5 000 个综合减灾示范社区。

（8）防灾减灾体制机制进一步完善。各省、自治区、直辖市，多灾易灾的地（市）、县（市、区）建立防灾减灾综合协调机制。

第三节　灾害应急预案

应急预案是针对具体设备、设施、场所和环境，在安全评价的基础上，为降低事故造成的人身、财产与环境损失，就事故发生后的应急救援机构和人员，应急救援的设备、设施、条件和环境，行动的步骤和纲领，控制事故发展的方法和程序等，预先做出的科学而有效的计划和安排。

应急预案指面对突发事件如自然灾害、重特大事故、环境公害及人为破坏的应急管理、指挥、救援计划等。它一般应建立在综合防灾规划上。其几大重要子系统为：完善的应急组织管理指挥系统；强有力的应急工程救援保障体系；综合协调、应对自如的相互支持系统；充分备灾的保障供应体系；体现综合救援的应急队伍等。

总体预案是全国应急预案体系的总纲，明确了各类突发公共事件分级分类和预案框架体系，规定了国务院应对特别重大突发公共事件的组织体系、工作机制等内容，是指导预防和处置各类突发公共事件的规范性文件。

我国于 2006 年 1 月 8 日颁布了《国家突发公共事件总体应急预案》，同时还编制了若干专项预案和部门预案，以及若干法律法规。截至 2007 年年初，全国各地区、各部门、各基层单位共制定各类应急预案超过 150 万件，我国应急预案框架体系初步形成。

一、应急预案类型

应急预案的类型有以下四类：

（1）应急行动指南或检查表。针对已辨识的危险制定应采取的特定的应急行动。指南简要描述应急行动必须遵从的基本程序，如发生情况向谁报告，报告什么信息，采取哪些应急措施。这种应急预案主要起提示作用，对相关人员要进行培训，有时将这种预案作为其他类型应急预案的补充。

（2）应急响应预案。针对现场每项设施和场所可能发生的事故情况，编制的应急响应预案。应急响应预案要包括所有可能的危险状况，明确有关人员在紧急状况下的职责。这类预案仅说明处理紧急事务的必需的行动，不包括事前要求（如培训、演练等）和事后措施。

（3）互助应急预案。相邻企业为在事故应急处理中共享资源，相互帮助制定的应急预案。这类预案适合于资源有限的中、小企业以及高风险的大企业，需要高效的协调管理。

（4）应急管理预案。应急管理预案是综合性的事故应急预案，这类预案详细描述事故前、事故过程中和事故后何人做何事，什么时候做，如何做。这类预案要明确制定每一项职责的具体实施程序。应急管理预案包括事故应急的四个逻辑步骤：预防、预备、响应、恢复。

二、应急预案主要内容

应急预案要形成完整的文件体系。重大事故应急预案可根据 2004 年国务院办公厅发布的《国务院有关部门和单位制定和修订突发公共事件应急预案框架指南》进行编制。应急预案主要内容应包括：

（1）总则。说明编制预案的目的、工作原则、编制依据、适用范围等。

（2）组织指挥体系及职责。明确各组织机构的职责、权利和义务，以突发事故应急响应全过程为主线，明确事故发生、报警、响应、结束、善后处理处置等环节的主管部门与协作部门；以应急准备及保障机构为支线，明确各参与部门的职责。

（3）预警和预防机制。包括信息监测与报告，预警预防行动，预警支持系统，预警级别及发布（建议分为四级预警）。

（4）应急响应。包括分级响应程序（原则上按一般、较大、重大、特别重大四级启动相应预案），信息共享和处理，通信，指挥和协调，紧急处置，应急人员的安全防护，群众的安全防护，社会力量动员与参与，事故调查分析、检测与后果评估，新闻报道，应急结束 11 个要素。

（5）后期处置。包括善后处置、社会救助、保险、事故调查报告和经验教训总结及改进建议。

（6）保障措施。包括通信与信息保障，应急支援与装备保障，技术储备与保障，宣传、培训和演习，监督检查等。

（7）附则。包括有关术语、定义，预案管理与更新，国际沟通与协作，奖励与责任，制定与解释部门，预案实施或生效时间等。

（8）附录。包括相关的应急预案、预案总体目录、分预案目录、各种规范化格式文本，相关机构和人员通讯录等。

三、应急预案的编制方法

应急预案的编制一般可以分为五个步骤，即组建应急预案编制队伍、开展危险与应急能力分析、预案编制、预案评审与发布和预案的实施。

（1）组建编制队伍。

预案从编制、维护到实施都应该有各级各部门的广泛参与，在预案实际编制工作中往往会由编制组执笔，但是在编制过程中或编制完成之后，要征求各部门的意见，包括高层管理人员，中层管理人员，人力资源部门，工程与维修部门，安全、卫生和环境保护部门，邻近社区，市场销售部门，法律顾问，财务部门等。

（2）危险与应急能力分析。

分析国家法律、地方政府法规与规章，如安全生产与职业卫生法律、法规，环境保护法律、法规，消防法律、法规与规程，应急管理规定等。调研现有预案内容包括政府与本单位的预案，如疏散预案、消防预案、工厂停产关闭的规定、员工手册、危险品预案、安全评价程序、风险管理预案、资金投入方案、互助协议等。

（3）预案编制。

（4）预案的评审与发布。

（5）预案的实施。

四、应急培训与演习

（1）应急预案培训的原则和范围。应急救援培训与演习的指导思想应以加强基础、突出重点、边练边战、逐步提高为原则。应急培训的范围应包括：政府主管部门的培训、社区居民的培训、企业全员的培训和专业应急救援队伍的培训。

（2）应急培训的基本内容。基本应急培训主要包括：报警、疏散、灾害应急培训、不同水平应急者培训等。

（3）训练和演习类型。根据演习规模可以分为桌面演习、功能演习和全面演习。根据演习的基本内容不同可以分为基础训练、专业训练、战术训练和自选科目训练。

五、国家专项应急预案

（1）国家自然灾害救助应急预案。

（2）国家防汛抗旱应急预案。

（3）国家地震应急预案。

（4）国家突发地质灾害应急预案。

（5）国家处置重、特大森林火灾应急预案。

（6）国家安全生产事故灾难应急预案。

（7）国家处置铁路行车事故应急预案。

（8）国家处置民用航空器飞行事故应急预案。

（9）国家海上搜救应急预案。

（10）国家处置城市地铁事故灾难应急预案。

（11）国家处置电网大面积停电事件应急预案。

（12）国家核应急预案。

（13）国家突发环境事件应急预案。

（14）国家通信保障应急预案。

（15）国家突发公共卫生事件应急预案。

（16）国家突发公共事件医疗卫生救援应急预案。

（17）国家突发重大动物疫情应急预案。

（18）国家重大食品安全事故应急预案。

六、灾害风险

1. 灾害风险概念及发展现状

风险定义为遇到危险或遭受伤害或损失的概率。对灾害来说，风险专门用来评述灾害将要发生的概率，并且应用如高风险、中等风险、低风险等相应术语来表明概率值。根据灾害作用和易损性分析，风险评估有几个步骤，即什么能够并应该保护、保护到何种程度、如何采取科学措施来对付原先没有采取减轻风险措施而潜在的灾害影响。

灾害风险的区域灾害风险评价与管理是随着社会经济高速发展应运而生的一门新兴学科。由于社会经济高速发展，各种不同风险的新技术、新能源的采用，人口的集中，人类活动和各类设施高度密集，综合性的复杂工业体系的形成，虽然个别设施采取了必要的安全措施，但区域内各种危险因素同时并存，交互作用，从而诱发出新的环境风险的可能性。对现代城市危险源的关注，不再是某个危险点的概念，必须关注它对城市面源的危害程度。一个工厂的事故常常给整个区域带来灾害，如 1984 年印度博帕尔市的一个农药厂毒气泄漏，引起该市 2 500 人死亡，上万人双目失明，经济损失达 1.7 亿美元。1997 年 6 月 27 日北京东方化工厂燃炉爆炸损失也很严重。以上这些都是区域灾害风险管理不善，从而给社会公众带来灾难。这些灾难性的事故，早就引起各国减灾部门与世界有关国际组织重视。1986 年联合国环境规划署、世界卫生组织、国际原子能机构联合呼吁各国开展区域风险评价与管理研究活动，强调区域灾害风险评价与管理研究是保护环境生态，维护公众健康，发展经济的不可缺少的工作。

科学地看，城市建设中灾害风险有多种分类方法，如可按风险发生机制划分：

（1）常规风险。灾害常规风险主要是区域内各种技术设施（如工厂、矿山、交通等）在常规运行时，有的技术设施向环境排放有害物质。例如，燃煤电厂运行时，向环境排放燃煤烟尘、二氧化碳、氮氧化物等，这些污染使区域环境大气质量受到影响，公众健康受到慢性危害，形成酸雨时会毁坏农作物、森林等，使环境生态受到影响。我们把由于各种技术设施常规运行时排放的有害物质而危害环境、健康的风险称为常规风险。

（2）事故风险。是指人们在从事生产活动和社会活动时，由于种种原因，致使技术设施发生故障，产生人员伤亡，经济损失，环境受到损害。按事故风险的危害程度，可粗分为3种等级：灾难性事故风险；严重事故风险；一般事故风险。

（3）潜在风险。灾害潜在风险是指在区域环境内，那些具有发生环境危害可能而暂时还没有发生的风险。

2. 灾害保险

《国家综合防灾减灾"十二五"规划》（征求意见稿）透露，1990—2009 年 20 年间，我国因灾直接经济损失占国内生产总值的 2.48%，平均每年约有 1/5 的国内生产总值增长率因自然灾害损失而抵消。目前，中国大灾之后的重建基本上是靠国家财政和民间捐助，应对自然灾害，政府当然要有所作为，但仅靠政府是不够的。有关专家认为，推动建立符合国情的巨灾风险管理体系已成为当务之急。

随着我国经济和社会的快速发展和城市化进程的加快，财富集中程度的上升，灾害事故造成的经济损失呈现出快速增长的趋势，巨灾风险问题已成为我国经济社会发展过程中必须关注的重大问题。

建立巨灾风险金融保障机制十分必要，保险作为一种市场化的风险转移机制、社会互助机制和社会管理机制，与和谐社会建设的目标具有内在的一致性。政府应通过建立巨灾保险制度，使广大人民群众遭受巨灾损失后能够及时得到经济补偿，可以保障社会正常的生产生活秩序不被重大意外和风险事件破坏和打断。

应用保险机制管理巨灾风险可通过政府推动、政策支持的方式进行推广，巨灾风险发生频率较低，群众投保商业险的意愿不强，同时巨灾造成的损失程度大，保险公司很难独立承担。因此建立巨灾保险为重要内容的巨灾风险管理体系，政府推动和政策支持是必要的条件。这也是从国际国内政策性保险发展实践得出的重要结论。同时，由于巨灾风险的破坏性很大，涉及范围广，保险业要通过再保险业务进一步分散风险。再保险使风险在更广泛的区域内分散，可减少巨灾对保险行业的冲击，更大程度上规避风险。

参考文献

[1] 杨金铎. 建筑防灾与减灾[M]. 北京：中国建筑工业出版社，2002.

[2] 李凤. 工程安全与防灾减灾[M]. 北京：中国建筑工业出版社，2005.

[3] 万艳华. 城市防灾学[M]. 北京：中国建筑工业出版社，2003.

[4] 赵运铎，等. 建筑安全学概论[M]. 哈尔滨：哈尔滨工业大学出版社，2006.

[5] 中国建筑工业出版社. 现行建筑设计规范大全（修订缩印本）[M]. 北京：中国建筑工业出版社，2009.

[6] 周云，等. 土木工程防灾减灾概论[M]. 北京：高等教育出版社，2005.

[7] 张有良. 最新工程地质手册[M]. 北京：中国知识出版社，2006.

[8] 罗元华，等. 地质灾害风险评估方法[M]. 北京：地质出版社，1998.

[9] 陈龙珠，等. 防灾工程学导论[M]. 北京：中国建筑工业出版社，2006.

[10] 陈祥军，等. 地质灾害防治[M]. 北京：中国建筑工业出版社，2011.

[11] 肖和平. 城市地质灾害及对策[J]. 灾害学，2000.

[12] 江见鲸，等. 防灾减灾工程学[M]. 北京：机械工业出版社，2005.

[13] 李新乐. 工程灾害与防灾减灾[M]. 北京：中国建筑工业出版社，2012.

[14] 王绍玉，等. 城市灾害应急与管理[M]. 重庆：重庆出版社，2005.

[15] 张庆贺，等. 隧道与地下工程灾害防护[M]. 北京：人民交通出版社，2009.

[16] 李海江. 2000—2008 年全国重特大火灾统计分析[J]. 中国公共安全（学术版），2010.

[17] 郭进修，李泽椿. 我国气象灾害的分类与防灾减灾对策[J]. 灾害学，2005.

[18] 李治平. 工程地质学[M]. 北京：人民交通出版社，2002.

[19] 黄本才. 结构抗风分析原理及应用[M]. 上海：同济大学出版社，2001.

[20] 朱永全. 隧道工程（第 2 版）[M]. 北京：中国铁道出版社，2011.

[21] 徐占发，等. 混凝土与砌体结构[M]. 北京：中国建材工业出版社，2004.

[22] 李爱群，等. 工程结构抗震与防灾[M]. 南京：东南大学出版社，2003.

[23] 李凤. 建筑安全与防灾减灾[M]. 北京：中国建筑工业出版社，2012.

[24] 王茹，土木工程防灾减灾学[M]. 北京：中国建材工业出版社，2008.

[25] 李忠，等. 工程地质概论[M]. 北京：中国铁道出版社，2005.

[26] 王文睿，等. 建筑抗震设计[M]. 北京：中国建筑工业出版社，2011.

[27] 姜春云. 拯救地球生物圈[M]. 北京：新华出版社，2012.

[28] 窦立军，等. 建筑结构抗震[M]. 北京：机械工业出版社，2009.

[29] 张树平. 建筑防火设计[M]. 北京：中国建筑工业出版社，2009.

[30]　郭晓云. 建筑抗震[M]. 北京：清华大学出版社，2012.

[31]　仇保兴. 灾区重建规划指导[M]. 北京：中国建筑工业出版社，2008.

[32]　戴慎志. 城市综合防灾规划[M]. 北京：中国建筑工业出版社，2011.

[33]　张培红，等. 建筑消防[M]. 北京：机械工业出版社，2012.

[34]　胡广霞，等. 防火防爆技术[M]. 北京：中国石化出版社，2012.